华东交通大学专著基金资助项目

ANSYS Workbench

现代机械设计实用教程

有限元分析·优化设计·可靠性设计

任继文　舒盛荣　邓芳芳　编著

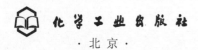

化学工业出版社

·北京·

内容简介

本书主要介绍常用的现代机械设计方法的基本原理及解题步骤，并以软件 ANSYS Workbench 2021 为工具，从有限元分析、优化设计和可靠性分析三个方面，结合典型工程应用实例着重介绍这些方法求解实际工程问题的步骤。

本书可作为高等工科院校机械类专业的高年级本科生、研究生的教材和教学参考书，亦可供从事产品设计、仿真和优化的工程技术人员及广大 CAE 爱好者阅读与参考。

图书在版编目（CIP）数据

ANSYS Workbench 现代机械设计实用教程：有限元分析·优化设计·可靠性设计 / 任继文，舒盛荣，邓芳芳编著. —北京：化学工业出版社，2022.9（2023.6 重印）

ISBN 978-7-122-41624-7

Ⅰ.①A… Ⅱ.①任… ②舒… ③邓… Ⅲ.①机械设计-有限分析-应用软件 Ⅳ.①TH12-39

中国版本图书馆 CIP 数据核字（2022）第 099938 号

责任编辑：陈　喆　王　烨
责任校对：王　静
装帧设计：王晓宇

出版发行：化学工业出版社（北京市东城区青年湖南街 13 号　邮政编码 100011）
印　　装：北京天宇星印刷厂
787mm×1092mm　1/16　印张 19¾　字数 485 千字
2023 年 6 月北京第 1 版第 2 次印刷

购书咨询：010-64518888
售后服务：010-64518899
网　　址：http://www.cip.com.cn
凡购买本书，如有缺损质量问题，本社销售中心负责调换。

定　　价：99.00 元　　　　　　　　　　　　　　　版权所有　违者必究

ANSYS Workbench

现代机械设计实用教程 有限元分析·优化设计·可靠性设计

20 世纪中后期以来，在社会经济发展需求的推动下，新的设计理念不断涌现，随着计算机技术的飞速发展，设计方法发生了革命性的变化。目前，现代设计方法的工程应用已经在世界范围内产生了巨大的社会效益和经济效益，各个高校纷纷在本科生中开设这些课程。现代设计方法涵盖了大多数新出现的设计方法和分析方法，除了较早的有限元法、优化设计、可靠性、计算机辅助设计、模糊设计外，像稳健设计、虚拟设计、绿色设计、并行工程、智能 CAD、机电一体化设计、创新设计、动态设计、神经网络及其在机械工程中的应用、工程遗传算法、智能工程、价值工程、工业艺术造型设计、人机工程模块化设计、相似性设计、反求工程设计、建模与仿真技术、面向 X 的设计等都属于现代设计方法范畴。其中应用最广的还是有限元法、优化设计和可靠性、计算机辅助设计等技术。

但是，目前市场上这方面的教材侧重于理论，而不是应用，如何利用相关理论解决实际工程问题介绍较少，学生面对枯燥晦涩的理论难以理解，容易望而生畏，知难而退，失去学习兴趣，即使理解了原理也不知道怎样运用相应的软件快速解决工程问题。而且这些教材要求课时较多。因此，编写一本适合应用型大学、特别针对以工程机械为设计分析对象的本科生和研究生的现代设计方法的教材，同时也可作为这些行业的工程技术人员的参考书是非常必要的。

1. 本书的内容

本书以最新版本 ANSYS Workbench 2021 为软件工具，结合典型机械与结构工程应用实例，对常用现代机械设计方法（包括有限元分析、优化设计和可靠性分析）进行了详细的介绍。全书共 16 章，第 1 章为绪论；第 2~11 章为有限元分析篇，第 12~14 章为优化设计篇，第 15、16 章为可靠性分析篇。

第 1 章绪论简要介绍了现代设计方法发展历程、特点以及常用的现代设计方法。

第 2~11 章为有限元分析篇，其中，第 2 章以一个简单的例子——梯形板受拉，对有限元及 ANSYS 分析的基本思想及步骤进行了介绍；第 3 章结合实例详细介绍了 ANSYS Workbench 的分析流程，包括材料选择与定义、几何模型的建立、网格划分、施加边界条件、求解与查看结果；第 4~9 章结合工程机械实例，着重介绍有限元分析的平面问题、空间问题、对称问题、梁问题、板壳问题、接触问题；第 10 章介绍了动力学问题，包括模态分析、谐响应分析；第 11 章介绍了耦合问题，包括电-热耦合问题和热-力耦合问题。

第 12~14 章为优化设计篇，其中，第 12 章主要介绍了优化设计的数学模型组成部分及建立；第 13 章结合汽车轮毂拓扑优化实例介绍 ANSYS Workbench 拓扑优化流程；第 14 章结合汽车发动机曲轴优化实例介绍 ANSYS Workbench 尺寸优化流程，包括模型参数化、相关性分析、DOE 实验设计、响应面拟合及优化。

第 15、16 章为可靠性分析篇，其中，第 15 章介绍了可靠性工程的基础知识以及机械零件的可靠性设计；第 16 章结合连杆实例，介绍 ANSYS Workbench 进行六西格玛可靠性分析的具体步骤。

2. 本书的特点

本书主要特色是面向应用型大学人才的培养，目标是使得学生以最短的时间掌握现代设计方法的基本原理、实际运用步骤和方法，来解决机械实际工程问题。因此教材采用理论与实例结合的方法撰写，以"适当阐述原理、力求学以致用、着重实例示范"为宗旨，在课时有限的条件下，尽量避免过多的繁琐理论叙述，注重理论在实践中的应用。教材在对必要的理论介绍之后，运用 ANSYS Workbench 软件结合大量机械与结构方面的工程实例，针对各类机械实际工程问题进行专题讲解，将有限元分析、优化设计、可靠性分析等现代机械设计方法融合在一起，而不是简单介绍软件操作，使得学生进一步加深对理论的理解及提高解决实际问题的能力。

本书中实例及习题资源可扫描封底二维码获取。

3. 编写分工及致谢

本书由任继文、舒盛荣、邓芳芳编著，由任继文负责统筹规划。具体分工如下：任继文（第 1、2 章，第 4～14 章），舒盛荣（第 15、16 章），邓芳芳（第 3 章）。

感谢孟宪颐、买买提明·艾尼等专家学者，正是通过讲授他们的著作使本人受益匪浅，同时本书也吸收了这些教材中的精华。另外，本书编写过程中还参阅了国内外相关论文论著，主要的都已列举于参考文献中，如有遗漏深表歉意！

编写完稿过程中杨梦雪、刘钧、赖强煌、张冲等同学参加了校对工作，在此表示感谢！最后还要特别感谢华东交通大学专著基金的资助！

由于本书涉及范围广，笔者学识有限，加之时间仓促，难免会有疏漏或不当之处，欢迎广大读者及业内人士予以指正。如果读者在阅读本书的过程中遇到问题或有其他意见或建议，请发邮件至：renjiwen@163.com。

编著者

第 1 章　绪论···001

1.1　概述···001
1.2　现代设计方法特点···001
1.3　常用现代设计方法简介···003
　　1.3.1　计算机辅助设计···003
　　1.3.2　有限元分析···004
　　1.3.3　优化设计···004
　　1.3.4　可靠性设计···004
　　1.3.5　绿色设计···004
　　1.3.6　虚拟设计···006
　　1.3.7　并行设计···007
　　1.3.8　智能设计···009
　　1.3.9　创新设计···009
　　1.3.10　模糊设计···010
　　1.3.11　模块化设计···010
　　1.3.12　动态分析设计···011
习题··012

有限元分析篇

第 2 章　有限元法理论简介···014

2.1　有限元方法基本思想···014
2.2　有限元模型基本构成···015
2.3　有限元分析基本步骤···016
2.4　有限元分析解题步骤实例——梯形板···017
　　2.4.1　提出问题···017
　　2.4.2　预处理阶段···018
　　2.4.3　求解阶段···023
　　2.4.4　后处理阶段···024

　　　　2.4.5　精确解析解与有限元数值法近似解的比较 ····················026

　　习题 ···027

第3章　ANSYS Workbench 分析流程 ···028

　3.1　ANSYS Workbench 分析流程 ···028
　3.2　项目管理与文件管理 ···029
　　　　3.2.1　项目管理 ···029
　　　　3.2.2　操作界面 ···029
　　　　3.2.3　文件管理 ···031
　3.3　选择或定义材料 ···033
　　　　3.3.1　选择材料 ···034
　　　　3.3.2　新建材料 ···035
　3.4　建立几何模型 ···036
　　　　3.4.1　DM 建模 ···036
　　　　3.4.2　导入外部 CAD 建模 ··046
　　　　3.4.3　DM 三维建模——支座 ···047
　3.5　网格划分 ···056
　　　　3.5.1　网格划分步骤 ···056
　　　　3.5.2　分析类型的选择 ···056
　　　　3.5.3　网格形状的控制 ···057
　　　　3.5.4　网格大小的控制 ···060
　3.6　施加边界条件 ···063
　　　　3.6.1　载荷类型 ···063
　　　　3.6.2　结构支撑 ···064
　3.7　求解及结果 ···065
　　　　3.7.1　常用结果 ···065
　　　　3.7.2　四大强度理论 ···066
　　　　3.7.3　应力工具 ···067
　3.8　ANSYS Workbench 解题步骤——支座 ···068
　　　　3.8.1　问题描述 ···068
　　　　3.8.2　有限元分析过程 ···068
　　习题 ···071

第4章　三维空间问题 ··073

　4.1　三维实体单元类型 ···073
　4.2　空间问题实例——汽车连杆 ···074
　　　　4.2.1　问题描述 ···074
　　　　4.2.2　有限元分析过程 ···075
　　习题 ···080

第5章　平面问题 ·· 081

5.1　平面应力与平面应变 ·· 081
5.2　平面单元类型 ·· 082
5.3　平面应力问题实例——带孔矩形板 ··········· 084
　　5.3.1　问题描述 ·· 084
　　5.3.2　有限元分析过程 ······································· 084
习题 ··· 090

第6章　对称问题 ·· 092

6.1　对称问题 ··· 092
　　6.1.1　对称与反对称 ··· 092
　　6.1.2　对称类型 ·· 093
6.2　实例1：平面对称问题实例——带孔矩形板 ····· 093
　　6.2.1　问题描述 ·· 093
　　6.2.2　有限元分析过程 ······································· 093
6.3　实例2：三维对称问题实例——汽车连杆 ·········· 100
　　6.3.1　问题描述 ·· 100
　　6.3.2　有限元分析过程 ······································· 100
6.4　实例3：轴对称问题实例——油缸 ······················ 106
　　6.4.1　问题描述 ·· 106
　　6.4.2　有限元分析过程 ······································· 106
6.5　实例4：圆周循环对称问题实例——带孔飞轮 ····· 112
　　6.5.1　问题描述 ·· 112
　　6.5.2　有限元分析过程 ······································· 112
习题 ··· 118

第7章　梁单元分析问题 ··· 119

7.1　梁单元类型 ·· 119
7.2　实例1——悬臂梁 ·· 119
　　7.2.1　问题描述 ·· 119
　　7.2.2　有限元分析过程 ······································· 120
7.3　实例2——简支梁 ·· 129
　　7.3.1　问题描述 ·· 129
　　7.3.2　有限元分析过程 ······································· 129
习题 ··· 136

第8章　薄板、壳问题 ··· 138

8.1　壳单元类型 ·· 138

8.2　壳模型的建立——抽中面操作 ································ 139

8.3　壳单元应用实例——挂钩 ································· 139

　　8.3.1　问题描述 ································· 139

　　8.3.2　有限元分析过程 ································· 140

习题 ································· 144

第9章　装配体接触问题 ································· 146

9.1　接触类型 ································· 146

9.2　接触问题实例——螺栓连接 ································· 147

　　9.2.1　问题描述 ································· 147

　　9.2.2　有限元分析过程 ································· 147

习题 ································· 153

第10章　动力学问题 ································· 155

10.1　动力学分析概述 ································· 155

10.2　模态分析 ································· 156

　　10.2.1　模态分析理论基础 ································· 156

　　10.2.2　Workbench模态分析步骤 ································· 156

10.3　模态分析实例——飞机机翼 ································· 159

　　10.3.1　实例1：不带预应力的模态分析 ································· 159

　　10.3.2　实例2：带预应力的模态分析 ································· 163

10.4　谐响应分析 ································· 166

　　10.4.1　谐响应分析理论基础 ································· 166

　　10.4.2　谐响应分析步骤 ································· 167

10.5　谐响应分析实例——飞机机翼 ································· 171

习题 ································· 179

第11章　电–热–力耦合问题 ································· 180

11.1　传热学基础 ································· 180

　　11.1.1　传热学经典理论 ································· 180

　　11.1.2　热传递方式 ································· 180

　　11.1.3　温度场 ································· 181

　　11.1.4　传热学在工程领域中的应用 ································· 181

11.2　热应力耦合分析 ································· 182

　　11.2.1　热分析过程 ································· 182

　　11.2.2　热应力分析过程 ································· 186

11.3　实例1：热应力耦合分析——冷却栅管 ································· 187

　　11.3.1　问题描述 ································· 187

11.3.2 冷却栅管稳态热分析 ·······188
11.3.3 冷却栅管热应力分析 ·······194
11.4 实例2：电热耦合分析——平板式汽车氧传感器 ·······197
11.4.1 问题描述 ·······197
11.4.2 氧传感器电热耦合分析 ·······198
习题 ·······204

优化设计篇

第12章 优化设计理论简介 ·······208

12.1 概述 ·······208
12.1.1 优化设计与传统设计方法的比较 ·······208
12.1.2 优化设计一般过程 ·······209
12.2 优化设计的数学模型 ·······210
12.2.1 设计变量与设计空间 ·······210
12.2.2 约束 ·······211
12.2.3 目标函数 ·······212
12.2.4 数学模型 ·······212
12.2.5 应用实例 ·······213
12.3 优化设计基本方法 ·······216
习题 ·······218

第13章 ANSYS Workbench 拓扑优化 ·······220

13.1 拓扑优化介绍 ·······220
13.1.1 什么是拓扑优化 ·······220
13.1.2 拓扑优化实现方法 ·······221
13.1.3 拓扑优化设计流程 ·······221
13.1.4 拓扑优化分析界面 ·······222
13.2 拓扑优化工具 ·······222
13.3 拓扑优化设置 ·······223
13.4 设计结果与验证 ·······223
13.4.1 拓扑优化求解结果 ·······223
13.4.2 拓扑优化结果验证分析 ·······224
13.5 拓扑优化实例——汽车轮毂 ·······225
13.5.1 问题描述 ·······225
13.5.2 汽车轮毂静力分析 ·······225
13.5.3 汽车轮毂拓扑优化 ·······227
13.5.4 汽车轮毂优化验证分析 ·······229

习题 ……………………………………………………………………………………… 233

第 14 章　ANSYS Workbench 尺寸优化 …………………………………………………… 235

14.1　ANSYS Workbench 设计探索优化介绍 …………………………………………… 235
14.1.1　设计探索优化模块及流程 ……………………………………………… 235
14.1.2　模型参数化 ………………………………………………………………… 236
14.1.3　相关性分析 ………………………………………………………………… 239
14.1.4　DOE 实验设计 ……………………………………………………………… 241
14.1.5　响应面拟合 ………………………………………………………………… 243
14.1.6　目标驱动优化 ……………………………………………………………… 245
14.2　基于参数敏感性的响应面尺寸优化实例——发动机曲轴 ……………………… 248
14.2.1　问题描述 …………………………………………………………………… 248
14.2.2　发动机曲轴静力分析 ……………………………………………………… 248
14.2.3　发动机曲轴模态分析 ……………………………………………………… 258
14.2.4　相关性分析 ………………………………………………………………… 260
14.2.5　发动机曲轴尺寸优化设计 ………………………………………………… 264
习题 ……………………………………………………………………………………… 271

可靠性分析篇

第 15 章　可靠性基本概念与理论 …………………………………………………… 274

15.1　概述 …………………………………………………………………………………… 274
15.1.1　可靠性发展历程 …………………………………………………………… 274
15.1.2　可靠性定义 ………………………………………………………………… 275
15.1.3　可靠性设计的基本内容 …………………………………………………… 276
15.1.4　可靠性设计的特点 ………………………………………………………… 276
15.2　可靠性基础概念 ……………………………………………………………………… 277
15.2.1　可靠性与故障率 …………………………………………………………… 277
15.2.2　产品失效模型 ……………………………………………………………… 279
15.2.3　产品的平均寿命 …………………………………………………………… 282
15.3　零件机械强度可靠性设计 ………………………………………………………… 283
15.3.1　应力-强度干涉模型 ……………………………………………………… 283
15.3.2　用分析法进行可靠性预计 ………………………………………………… 283
15.3.3　受拉零件静强度的可靠性设计 …………………………………………… 285
15.3.4　梁的静强度可靠性设计 …………………………………………………… 288
习题 ……………………………………………………………………………………… 291

第 16 章　ANSYS Workbench 的六西格玛可靠性分析 …………………………… 292

16.1　六西格玛可靠性分析简介 ………………………………………………………… 292

16.2 六西格玛可靠性分析的基本步骤 ·······················293
16.3 六西格玛可靠性分析实例——连杆 ·······················293
    16.3.1 问题描述 ·······················293
    16.3.2 静力学分析 ·······················293
    16.3.3 六西格玛分析 ·······················297

习题 ·······················302

参考文献 ·······················303

第 1 章

绪论

1.1 概述

机械设计技术发展大致分为以下阶段。

17 世纪以前的直觉设计阶段：这一阶段的设计是从自然现象中直接得到启示，全凭人的直观感觉来设计，设计方案存在于手工艺人头脑之中，无法记录表达。

17 世纪以后的是经验设计阶段：随着生产的发展，单个手工艺人的经验或其头脑中的构思已很难满足要求，于是手工艺人联合起来，相互协作，一部分经验丰富的手工艺人将自己的经验或构思用图纸表达出来，然后根据图纸组织生产。图纸的出现，既可将艺人的丰富经验通过图纸记录下来，传于他人，还可满足更多的人同时参加同一产品的生产，对产品进行分析、改进和提高，推动设计工作向前发展。

20 世纪以后的半理论半经验设计阶段：由于科学和技术的发展与进步，设计理论研究和实验研究得到加强，形成一套半经验半理论的设计方法，这种方法以理论计算和长期设计实践形成的经验、公式、图表、设计手册等作为设计依据，通过经验公式、近似系数或类比方法进行设计。

以上为传统设计阶段，近几十年来进入现代设计阶段。现代设计是以市场需求为驱动，以知识获取为中心，以现代设计思想、方法和手段为工具，考虑产品的整个生命周期和人、机、环境相容性等因素的设计。由于科学和技术迅速发展，特别是电子计算机技术的发展及应用，为设计工作提供了实现设计自动化和精密计算的条件，设计方法产生了革命性突变。例如：CAD技术能得出所需要的设计计算结果资料、生产图纸和数字化模型，一体化的 CAD/CAM 可直接输出加工零件的数控代码程序，可直接加工出所需要的零件；对产品的设计已不仅考虑产品本身，还要考虑对系统和环境的影响；不仅要考虑技术领域，还要考虑经济、社会效益；不仅要考虑当前，还要考虑长远发展。现代设计是以市场需求为驱动，以知识获取为中心，以现代设计思想、方法和手段为工具，考虑产品的整个生命周期和人、机、环境相容性等因素的设计。

1.2 现代设计方法特点

现代设计方法是新理论与计算机应用相结合的产物，它是以思维科学、设计理论系统工程为基础，以方法论为手段，以计算机为工具的各种技术的总和。与传统设计方法比较，它的主要特点表现在以下几个方面。

① 系统性：现代设计方法是逻辑的、系统的设计方法。目前有两种体系：一种是德国倡导的设计方法学，用从抽象到具体的发散的思维方法，以"功能-原理-结构"框架为模型的横向变异和纵向综合，用计算机构造多种方案，评价决策选出最优方案。另一种是美国倡导的创造性设计学，在知识、手段和方法不充分的条件下，运用创造技法，充分发挥想象，进行辩证思维，形成新的构思和设计。传统设计方法是经验、类比的设计方法，用收敛性的思维方法，过早地进入具体方案，对功能原理的分析既不充分又不系统，不强调创新，也很难得到最优方案。

② 社会性：现代设计将产品设计扩展到整个产品生命周期，发展了"面向 X"技术，即在设计过程中同时考虑制造、维修、成本、包装、运输、回收、质量等因素。在现代设计开发新产品的整个过程中，从产品的概念形成到报废处理的全生命周期中的所有问题，都要以面向社会、面向市场为主导思想考虑解决，设计过程中的功能分析、原理方案确定、结构方案确定、造型方案确定，都要进行市场分析、经济分析、价值分析。传统设计是由技术主管指导设计，设计过程中多为单纯注意技术性，设计产品试制后才进行经济分析、成本核算，很少考虑社会问题。

③ 创造性：现代设计强调激励创造冲动，突出创新意识，力主抽象的设计构思，扩展发散的设计思维、多种可行的创新方案，广泛深入地评价决策，集体运用创造技法，搜索创新工艺试验，不断要求最优方案。传统设计一般是封闭收敛的设计思维，陷入思维定势，过早进入定型实体结构，陷入思维定式，过早地进入定型实体结构，采用经验类比和直接主观的评价决策。

④ 宜人性：现代设计强调产品内在质量的实用性，外观形体的美观性、艺术性和时代性，在保证产品物质功能的前提下，尽量使用户产生新颖舒畅等精神感受，满足人-机-环境之间的协调关系。工业艺术造型设计和人机工程提高了产品的精神功能，满足宜人性要求。传统设计往往强调产品的物质功能，忽视或不全面考虑精神功能，而仅凭经验或自发地考虑人-机-环境之间的关系，强调训练用户来适应机器的要求。

⑤ 最优化：现代设计重视综合集成，在性能、技术、经济、制造工艺、使用、可持续发展等各种约束条件之下，利用优化设计、人工神经网络算法和遗传算法等求出各种工作条件下的最优解。传统设计属于自然优化，在设计-评定-再设计的循环中，凭借设计人员的有限知识、经验和判断力选取较好方案，难以对多变量系统在广泛影响因素下进行定量优化。

⑥ 动态化：现代设计在静态分析的基础上，考虑生产中实际存在的多种变化量（如产品工作可靠性问题中考虑载荷谱等随机变量）的影响，进行动态特性的最优化，根据概率论和统计学的方法，针对载荷、应力等因素的离散性进行可靠性设计。传统设计以静态分析和少变量为主，如将载荷、应力等因素做集中处理，再考虑安全系数，这与实际工况相差较远。

⑦ 设计过程智能化：这是指借助于人工智能和专家系统技术，由计算机完成一部分原来必须由设计者进行的创造性工作。

⑧ 设计手段的计算机化和数字化：计算机在设计中的应用已从早期的辅助分析、计算机绘图，发展到现在的优化设计、并行设计、三维建模、设计过程管理、设计制造一体化、仿真和虚拟制造等，特别是网络和数据库技术的应用，加速了设计进程，提高了设计质量、便于设计进程管理。传统设计使人工计算、绘图、设计准确性和效率都受到限制，修改设计也不方便。

⑨ 设计和制造一体化：它强调产品设计制造的统一数据模型和计算机集成制造。设计过

程组织方式由传统的顺序方式逐渐过渡到并行设计方式，与产品有关的各种过程并行交叉设计，可以减少修改工作量，有利于加速工作进程，提高设计质量。

综上所述，现代设计方法与传统设计方法对比，如表1-1所示。传统设计方法到现代设计方法的转变包括：从静态分析到动态分析、从零部件局部设计到系统全局设计、从定性分析到定量分析、从手工计算到自动设计计算、从安全性设计到优化设计以及从串行设计到并行设计等转变。

表1-1 传统设计与现代设计方法对比

项目	系统	对象	思维	方法	目标	评价	手段	组织方式
传统设计	静态	局部	收敛	经验	安全	定性	手工	串行
现代设计	动态	全局	发散	科学	最优	定量	计算机	并行

1.3 常用现代设计方法简介

如图1-1所示，常用的现代机械设计方法有：计算机辅助设计、有限元分析、优化设计、可靠性设计、绿色设计、虚拟设计、并行设计、智能设计、创新设计、模糊设计、模块化设计、动态设计等。

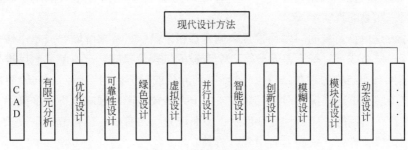

图1-1 常用现代设计方法

1.3.1 计算机辅助设计

利用计算机及其图形设备帮助设计人员进行设计工作，简称计算机辅助设计（CAD）。在工程和产品设计中，计算机可以帮助设计人员担负计算、信息存储和制图等工作。在设计中通常要用计算机对不同方案进行大量的计算、分析和比较，以决定最优方案；各种设计信息，不论是数字的、文字的或图形的，都能存放在计算机的内存或外存里，并能快速地检索；设计人员通常用草图开始设计，将草图变为工作图的繁重工作可以交给计算机完成；利用计算机可以进行与图形的编辑、放大、缩小、平移和旋转等有关的图形数据加工工作。CAD特点是将人的创造力和计算机的高速运算能力、巨大的存储能力和逻辑判断能力很好地结合起来，可以极大提高设计质量、减轻设计人员的劳动强度、缩短设计周期、降低产品成本，为开发新产品和新工艺创造有利条件。

早在20世纪50年代，美国诞生第一台计算机绘图系统，就开始出现具有简单绘图输出功能的被动式的计算机辅助设计技术。60年代初期出现了CAD的曲面片技术，中期推出商品化的计算机绘图设备。70年代，完整的CAD系统开始形成，后期出现了能产生逼真图形的光栅扫描显示器，推出了手动游标、图形输入板等多种形式的图形输入设备，促进了 CAD 技术的发展。80 年代，随着强有力的超大规模集成电路制成的微处理器和存储器件的出现，工程工作站问世，CAD 技术在中小型企业逐步普及。80 年代中期以来，CAD 技术向标准化、集成化、智能化方向发展。一些标准的图形接口软件和图形功能相继推出，为 CAD 技术的推广、软件的移植和数据共享起了重要的促进作用；系统构造由过去的单一功能变成综合功能，出现了计算机辅助设计与辅助制造连成一体的计算机集成制造系统；固化技术、网络技术、多处理机和并行处理技术在 CAD 中的应用，极大地提高了 CAD 系统的性能；人工智能和专家系统技术引入 CAD，出现了智能 CAD 技术，使 CAD 系统的问题求解能力大为增强，设计过程更趋自动化。CAD 已在建筑设计、电子和电气、科学研究、机械设计、软件开发、机器人、服装业、出版业、工厂自动化、土木建筑、地质、计算机艺术等各个领域得到广泛应用。

　　CAD 系统一般由许多功能模块构成，各功能模块相互独立工作，又相互传递信息，形成一个相互协调有序的系统。这些功能模块一般有：图形处理模块、三维几何造型模块、装配模块、机构动态仿真模块、计算机辅助工程模块、数据库模块、用户编程模块。

1.3.2　有限元分析

　　有限元分析（FEA，Finite Element Analysis）利用数学近似的方法对真实物理系统（几何和载荷工况）进行模拟。利用简单而又相互作用的元素（即单元），就可以用有限数量的未知量去逼近无限未知量的真实系统。

　　有限元分析是用较简单的问题代替复杂问题后再求解。它将求解域看成是由许多称为有限元的小的互连子域组成，对每一单元假定一个合适的（较简单的）近似解，然后推导求解这个域总的满足条件（如结构的平衡条件），从而得到问题的解。因为实际问题被较简单的问题所代替，所以这个解不是准确解，而是近似解。由于大多数实际问题难以得到准确解，而有限元不仅计算精度高，而且能适应各种复杂形状，因而成为行之有效的工程分析手段。有限元分析方法贯穿本书始终，详细介绍参考有限元分析篇。

1.3.3　优化设计

　　优化设计是从多种方案中选择最佳方案的设计方法。它以数学中的最优化理论为基础，以计算机为手段，根据设计所追求的性能目标，建立目标函数，在满足给定的各种约束条件下，寻求最优的设计方案。详细介绍参考优化设计篇。

1.3.4　可靠性设计

　　可靠性表示产品在规定的条件下、在规定的时间内完成规定的功能的能力，是衡量产品质量的一个重要指标。

　　可靠性设计是保证机械及其零部件满足给定的可靠性指标的一种机械设计方法，是近年来发展起来的，包括对产品的可靠性进行预计、分配、技术设计、评定等工作。详细介绍参考可靠性分析篇。

1.3.5　绿色设计

　　(1) 绿色设计概念

　　资源、环境、人口是当今人类社会面临的三大主要问题，特别是环境问题，正对人类社会生存与发展造成严重的威胁。随着全球环境问题的日益恶化，在节能环保的要求下，人们愈来愈重视对于环境问题的研究。为了寻求从根本上解决制造业环境污染的有效方法，力图通过设计活动，在人-社会-环境之间建立起一种协调发展的机制，"绿色设计"概念应运而生，成了当今工业设计发展的主要趋势之一。

绿色设计（Green Design）也称为生态设计（Ecological Design），环境设计（Design for Environment）。绿色设计处于资源领域、环境领域与设计领域的交叉领域，如图 1-2 所示。绿色设计是指在产品整个生命周期内，要充分考虑对资源和环境的影响，在充分考虑产品的功能、质量、开发周期和成本的同时，更要优化各种相关因素，使产品及其制造过程中对环境的总体负影响减到最小，使产品的各项指标符合绿色环保的要求。其基本思想是：在设计阶段就将环境因素和预防污染的措施纳入产品设计之中，将环境性能作为产品的设计目标和出发点，力求使产品对环境的影响为最小。

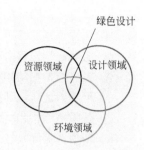

图1-2　绿色设计所属范畴

(2) 绿色设计原则

对工业设计而言，绿色设计的核心原则是"3R1D"，即 Reduce 减量化、Recycle 循环再生、Reuse 回收重用，Degradable 可降解，不仅要减少物质和能源的消耗，减少有害物质的排放，而且要使产品及零部件能够方便地分类回收并再生循环或重新利用。当今世界主要工业国都要求包装应做到"4R1D"（Reduce、Reuse、Recycle、Recover 能量再生和 Degradable）原则。

(3) 绿色设计研究内容

绿色设计的主要内容有：

1) 绿色产品设计评价系统模型的建立

① 绿色产品设计理论和方法。从寿命周期角度对绿色产品的内涵进行全面系统的研究，提出绿色产品设计理论和方法。

② 绿色产品的描述和建模技术。在绿色产品设计理论和方法的基础上，对绿色产品进行描述，建立绿色产品评价体系，在产品生命周期中，对所有与环境相关的过程输入输出进行量化和评价，并对产品生命周期中经济性和环境影响的关系进行综合评价，建立数学模型。

③ 绿色产品设计数据库。建立与绿色产品有关的材料、能源及空气、水、土、噪声排放的基础数据库，为绿色产品设计提供依据。

④ 典型产品绿色设计系统集成。针对具体产品，收集、整理面向环境设计的资料，形成指导设计的设计指南，建立绿色产品系统设计工具平台，并与其它设计工具（如 CAD、CAE、CAPP 等）集成，形成集成的设计环境。

2) 绿色产品清洁生产技术

① 节省资源的生产技术。本项目主要从减少生产过程中消耗的能量、减少原材料的消耗和减少生产过程中的其他消耗三方面着手研究。

② 面向环保的生产技术。主要研究减少生产过程中的污染，包括减少生产过程的废料、减少有毒有害物质（废水、废气、固体废弃物等）、降低噪声和振动等。

③ 产品包装技术。包装是产品生产过程中的最后一个环节，产品包装形式、包装材料以及产品贮存、运输等方面都要考虑环境影响的因素。

3) 绿色产品回收利用技术

① 产品可卸性技术。提出产品可卸性评价方法，提出产品可卸性评价指标体系，进行可

拆卸结构模块划分和接口技术研究。

② 产品可回收技术。提出可回收零件及材料识别与分类系统，并开展零件再使用技术研究，包括可回收零部件的修复、检测，使其符合产品设计要求，进行再使用（再使用包括同化再使用和异化再使用）技术、材料再利用技术的研究（包括同化再利用和异化再利用）。

4）机电产品噪声控制技术

① 声源识别、噪声与声场测量以及动态测试、分析与显示技术；

② 机器结构声辐射计算方法与程序；

③ 机器结构振动和振动控制技术；

④ 低噪声优化设计技术；

⑤ 低噪声结构和材料；

⑥ 新型减振降噪技术。

5）面向环境、面向能源、面向材料的绿色制造技术

① 面向环境的绿色制造技术。研究使产品在使用过程中能满足水、气、固体三种废弃物减量化、降低振动与噪声等环境保护要求的相关技术。

② 面向能源的绿色制造技术。研究能源消耗优化技术、能源控制过程优化技术等以达到节约能源、减少污染的目的。

③ 面向材料的绿色制造技术。研究材料无毒、无害化技术，针对高分子材料，研究废旧高分子材料回收的绿色技术，高分子过滤材料——功能膜材料，玻璃纤维毡增强热塑性复合材料等，对现有材料的环境性能改进技术等。

1.3.6　虚拟设计

（1）虚拟设计概念

虚拟设计（Virtual Design）是以虚拟现实技术为基础，以机械产品为设计对象的设计手段。虚拟设计是计算机图形学、人工智能、计算机网络、信息处理、机械设计与制造等技术综合发展的产物，在机械行业有广泛的应用前景，如虚拟布局、虚拟装配、产品原型快速生成、虚拟制造等。由于虚拟设计系统基本上不消耗资源和能量，也不生产实际产品，而是产品的设计、开发与加工过程在计算机上的本质实现，即完成产品的数字化过程。与传统的设计和制造相比较，它具有高度集成、快速成型、分布合作等特征。它能使产品设计实现更自然的人机交互，能系统考虑各种因素，把握新产品开发周期的全过程，提高产品设计的一次性成功率，缩短产品开发周期，降低生产成本，提高产品质量。

（2）虚拟设计特点

虚拟设计是指设计者在虚拟环境中进行设计，主要表现在设计者可以用不同的交互手段在虚拟环境中对参数化的模型进行修改。

就"设计"而言，传统设计的所有设计工作都是针对物理原型（或概念模型）展开的，而虚拟设计所有的设计工作都是围绕虚拟原型展开的，只要虚拟原型能达到设计要求，则实际产品必定能达到设计要求。就"虚拟"而言，传统设计的设计者是在图纸上用线条、线框勾勒出概念设计，而虚拟设计设计者在沉浸或非沉浸环境中随时交互、实时、可视化地对原型进行反复改进，并能马上看到修改结果。一个虚拟设计系统具备三个功能：3D用户界面、选择参数、数据传送机制。

① 3D用户界面。设计者不再用2D鼠标或键盘作为交互手段，而是用手势、声音、3D虚

拟菜单、球标、游戏操纵杆、触摸屏幕等多种方式进行交互。

② 选择参数。设计者用各种交互方式选择或激活一个在虚拟环境中的数据修改原来的数据，参数修改后，在虚拟环境中的模型也随之变成一个新的模型。

③ 数据传送机制。模型修改后所生成的数据要传送到和虚拟环境协同工作的 CAD/CAM 系统中，有时又要将数据从 CAD/CAM 系统中返回到虚拟环境中，这种虚拟设计系统中包含一个独立的 CAD/CAM 系统，为虚拟环境提供建造模型的功能。在虚拟环境中所修改的模型有时还要返回到 CAD/CAM 系统中进行精确处理和再输出图形。因此，这种双向数据传送机制在一个虚拟设计系统中是必要的。

（3）虚拟设计优点

① 虚拟设计继承了虚拟现实技术的 3I 特点，即：沉浸感（Immersion）、交互性（Interaction）和想象性（Imagination）。

② 继承了传统 CAD 设计的优点，便于利用原有成果。

③ 具备仿真技术的可视化特点，便于改进和修正原有设计。

④ 支持协同工作和异地设计，利于资源共享和优势互补，从而缩短产品开发周期。

⑤ 便于利用和补充各种先进技术，保持技术上的领先优势。

1.3.7 并行设计

（1）并行设计概念

并行设计（Concurrent Design）是一种对产品及其相关过程（包括制造过程和支持过程）进行并行和集成设计的系统化工作模式。其基本思想是在产品开发的初始阶段（即规划和设计阶段），就以并行的方式综合考虑其寿命周期中所有后续阶段（包括工艺规划、制造、装配、试验、检验、经销、运输、使用、维修、保养直至回收处理等环节），降低产品成本，提高产品质量。

传统的产品设计，是按照一定的顺序进行的，它的核心思想是将产品开发过程尽可能细地划分为一系列串联的工作环节，由不同技术人员分别承担不同环节的任务，依次执行和完成。图 1-3 为传统的产品开发过程示意图，传统的产品开发过程划分为一系列串联环节，忽略了各个环节，特别是不相邻环节之间的交流和协调。每个阶段的技术设计人员只承担局部工作，影响了对产品开发整体过程的综合考虑。并且如果任一环节发生问题，都要向上追溯到某一环节中重新开始，从而导致设计周期冗长。

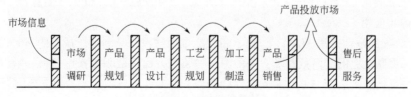

图 1-3　传统串行设计

并行设计工作模式是在产品设计的同时考虑其相关过程，包括加工工艺、装配、检测、质量保证、销售、维护等。在并行设计中，产品开发过程的各阶段工作交叉进行，及早发现与其相关过程不相匹配的地方，及时评估、决策，以达到缩短新产品开发周期、提高产品质量、降低生产成本的目的。并行设计的工作模式如图 1-4 所示，设计从一开始就考虑到产品生命周期中的各种因素，将下游设计环节的可靠性以及技术、生产条件作为设计的约束条件，以避免或减少产品开发到后期才发现设计中的问题，以致再返回到设计初期进行修改。每一个设计步骤都可以在前面的步骤完成之前就开始进行，尽管这时所得到的信息并不完备，但相互之间的设计输出与传送是持续的。设计的每一阶段完成后，就将信息输出给下一个阶段，使得设计在全过程中逐步得到完善。

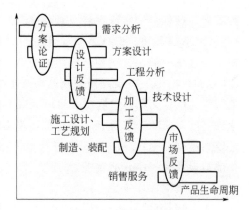

图1-4　现代并行设计

　　(2) 并行设计的关键技术

　　① 并行设计过程建模　并行设计的实施是在产品数据集成的基础上实现过程的集成。并行设计的过程建模是描述产品开发的各个过程以及相关信息的一种系统化的方法，是产品开发过程的抽象，是进行并行设计理论研究的第一步。

　　② 协同工作　机械产品的并行设计需要由分布在不同部门或不同场所的、具有不同领域知识的专家群组协同合作完成。在计算机网络环境下，模拟人类专家群组合作工作的自然属性，开发具有网络协同作业功能的 CAD 系统，是实施并行设计的一项重要技术。

　　③ 集成化产品模型　产品结构是产品数据的核心部分，传统的静态产品结构定义方式无法满足新产品开发过程中对产品结构的动态修改的要求，也不适合并行设计中数据交换的需求，为此需要建立集成化的产品模型。

　　(3) 并行设计的基本方法

　　① 集成 CAD/CAM 并行设计方法　目标是同时进行产品和工艺过程的设计，使设计的产品或零件是可制造和便于制造的。传统的 CAD 系统缺乏对复杂数据模型的管理机制，不能处理或提供工艺计划活动所需要的大量信息，产品设计与其工艺设计缺乏有效的通信。实现 CAD/CAM 集成的一种方法是特征建模技术，是自动化并行设计首先要解决的关键问题。

　　② 面向制造的设计方法（DFM）　虽然产品制造的费用占产品成本的绝大部分比例，但改进制造方法所带来的成本节约是十分重要的。采用 DFM 技术，提供改进的反馈信息，及时改进设计，以保证产品设计、工艺设计、制造能依次成功，达到降低成本、提高产品质量、缩短产品开发周期的目的。DFM 方法对于不同的企业有不同的制造准则和设计约束以及制造可行性评估方法。DFM 实现的关键在于制造知识的有效表达和使用，基于产品特征模型的 DFM 方法通过对特征的可制造性评价，比对整个零件或产品可制造性评价更方便直接，特征制造知识更便于表达和使用。

　　③ 面向装配的设计方法（DFA）　由于装配成本通常占产品制造总成本的 40%以上，因此，为降低成本，提高企业的经济效益和竞争能力，在装配方面采取积极措施显得非常重要和迫切。然而设计决策直接影响装配方法和装配顺序的选择，是决定产品装配成本的主要因素。在设计阶段就充分考虑产品的装配性和工艺性是提高装配效益，保证装配质量，实现自动化装配，降低装配成本的一个重要因素。装配系统的最大柔性主要来源于被制造零件族的全面、合理的设计。

　　由于装配操作是用操作的零件特征来定义的，所以基于装配特征的产品模型是面向装配设计的基础。产品特征信息建模仍然是问题的关键所在。整个设计的性能检验主要来自产品的装配层，因此 DFA 方法已被认为是并行设计的重要组成部分和关键的单元技术。

　　④ 面向维修的设计方法（DFS）　维修性表示产品进行维修的难易程度，维修性和产品

的功能、可靠性一样，都是通过设计、制造赋予产品的基本性质。实践证明:无论产品可靠度如何提高，也不可能排除对产品维修的必要，产品维修活动在产品生命周期中是不可避免的，是保证产品正常使用的基本措施。然而，产品或设备的维修简化性、维修效率等直接是由设计确定的。同时，降低产品维修成本，也是设计所要考虑的因素之一。

1.3.8　智能设计

（1）智能设计概念

智能设计（Intelligent Design）是指应用现代信息技术，采用计算机模拟人类的思维活动，提高计算机的智能水平，从而使计算机能够更多、更好地承担设计过程中各种复杂任务，成为设计人员的重要辅助工具。

（2）智能设计特点

① 以设计方法学为指导。智能设计的发展，从根本上取决于对设计本质的理解。设计方法学对设计本质、过程设计思维特征及其方法学的深入研究是智能设计模拟人工设计的基本依据。

② 以人工智能技术为实现手段。借助专家系统技术在知识处理上的强大功能，结合人工神经网络和机器学习技术，较好地支持设计过程自动化。

③ 以传统 CAD 技术为数值计算和图形处理工具。提供对设计对象的优化设计、有限元分析和图形显示输出上的支持。

④ 面向集成智能化。不但支持设计的全过程，而且考虑到与 CAM 的集成，提供统一的数据模型和数据交换接口。

⑤ 提供强大的人机交互功能。使设计师对智能设计过程的干预，即与人工智能融合成为可能。

（3）智能设计类型

智能设计按设计能力可以分为三个层次：常规设计、联想设计和进化设计。

常规设计即设计属性、设计进程、设计策略已经规划好，智能系统在推理机的作用下，调用规则模型进行设计。国内外投入应用的智能设计系统大多属于此类，如日本 NEC 公司用于 VLSI（超大规模集成电路）产品布置设计的 Wirex 系统，华中理工大学开发的标准 V 带传动设计专家系统（JDDES）、压力容器智能 CAD 系统等。

联想设计借助于设计事例和设计数据，实现了对常规设计的一定突破。研究可分为两类：一类是利用工程中已有的设计事例进行比较，获取现有设计的指导信息，这需要收集大量良好的、可对比的设计事例，对大多数问题是困难的；另一类是利用人工神经网络数值处理能力，从试验数据、计算数据中获得关于设计的隐含知识，以指导设计。

进化设计是基于遗传算法（GA，Genetic algorithms）发展起来的设计方法，GA 是一种借鉴生物界自然选择和自然进化机制的、高度并行的、随机的、自适应的搜索算法，它在人工搜索、函数优化等方面得到广泛应用。

1.3.9　创新设计

创新是任何设计的本质特征，没有创新，世界也不会多姿多彩。现在，产品市场的竞争越来越厉害，创新也是促使企业赢得竞争的重要方式。

创新设计是指充分发挥设计者的创造力，利用人类已有的相关科技成果进行创新构思，设计出具有科学性、创造性、新颖性及实用成果性的一种实践活动。

在机械生产工业，产品的革新分为两类。一类是产品外在形式的创新，这种创新并不包含重要的技术内容，比如包装上的变化、造型改变或颜色的改变等；另一类包含了重要技术内容的内在创新，采用新材料、新方法、新技术，如基因技术、高速率芯片等。

创新设计可以从以下几个侧重点出发：

① 从用户需求出发，以人为本，满足用户的需求。

② 从挖掘产品功能出发，赋予老产品以新的功能、新的用途。

③ 从成本设计理念出发，采用新材料、新方法、新技术，降低产品成本、提高产品质量、提高产品竞争力。

常用的创新方法包括：群体激智法、系统探求法、5W2H 法、奥斯本设问法、特性列举法、联想类比法、组合创新法等。

1.3.10　模糊设计

在现实的客观世界及工程领域中，既有许多确定性与随机性的现象，还存在着模糊现象。所谓的模糊现象是指边界不清楚，在质上没有确切的含义，在量上没有确切界限的某种事物的一种客观属性，是事物差异之间存在着中间过渡过程的结果。科学家基于这一现象创立了模糊集合论，进而形成了模糊数学。

模糊设计是以模糊数学为理论基础，它首先通过对设计对象的各项性能指标建立满足某些模糊集合的隶属度函数，并按其重要性乘以不同的加权因子，然后按一定的算法得到综合模糊集合的隶属函数，再通过优化策略，把模糊问题向非模糊化转化，从而实现寻优的过程。现在机电产品中涉及模糊理论的场合很多，如模糊冰箱、模糊洗衣机、模糊微波炉，它们正悄然改变人们的生活方式。

目前，国内外模糊优化理论及研究已取得较大进展，我国在机械结构的模糊优化设计、抗震结构的模糊优化设计等方面已取得了较多成果。对产品进行模糊可靠性设计是一种新的设计理论与方法，是常规可靠性设计的拓展，也是可靠性设计理论的重要研究方法之一。

1.3.11　模块化设计

（1）模块化设计概念

为开发具有多种功能的不同产品，不必对每种产品施以单独设计，而是精心设计出多种模块，将其经过不同方式的组合来构成不同产品，以解决产品品种、规格与设计制造周期、成本之间的矛盾，这就是模块化设计的含义。所谓模块是指一组具有同一功能和接合要素（指连接部位的形状、尺寸、连接件间的配合或啮合等），但性能、规格或结构不同却能互换的单元。

模块化设计与产品标准化设计、系列化设计密切相关，即所谓的"三化"。"三化"互相影响、互相制约，通常合在一起作为评定产品质量优劣的重要指标，使现代化原理开始用于机床设计，20 世纪 50 年代，欧美一些国家正式提出"模块化设计"概念，把模块化设计提到理论高度来研究。模块化设计的思想已渗透到许多领域，例如机床、减速器、家电、计算机等。在每个领域，模块及模块化设计都有其特定的含义。

模块化产品设计的目的是以少变应多变，以尽可能少的投入生产尽可能多的产品，以最为经济的方法满足各种要求。由于模块具有不同的组合可以配置生成多样化的满足用户需求的产品的特点，同时模块又具有标准的几何连接接口和一致的输入输出接口，如果模块的划分和接口定义符合企业批量化生产中采购、物流、生产和服务的实际情况，这就意味着按照模块化模式配置出来的产品是符合批量化生产的实际情况的，从而使定制化生产和批量化生产这对矛盾得到解决。

（2）模块化特点

模块是模块化设计和制造的功能单元，具有三大特征：

① 相对独立性，可以对模块单独进行设计、制造、调试、修改和存储，这便于由不同的专业化企业分别进行生产；

② 互换性，模块接口部位的结构、尺寸和参数标准化，容易实现模块间的互换，从而使模块满足更大数量的不同产品的需要；

③ 通用性，有利于实现横系列、纵系列产品间的模块的通用，实现跨系列产品间的模块的通用。

（3）机械产品模块化设计的主要方式

① 横系列模块化设计。不改变产品主参数，利用模块发展变型产品。这种方式易实现，应用最广。常是在基型品种上更换或添加模块，形成新的变型品种。例如，更换端面铣床的铣头，可以加装立铣头、卧铣头、转塔铣头等，形成立式铣床、卧式铣床或转塔铣床等。

② 纵系列模块化设计。在同一类型中对不同规格的基型产品进行设计。主参数不同，动力参数也往往不同，导致结构形式和尺寸不同，因此较横系列模块化设计复杂。若把与动力参数有关的零部件设计成相同的通用模块，势必造成强度或刚度的欠缺或冗余，欠缺影响功能发挥，冗余则造成结构庞大、材料浪费。因而，在与动力参数有关的模块设计时，往往合理划分区段，只在同一区段内模块通用；而对于与动力或尺寸无关的模块，则可在更大范围内通用。

③ 横系列和跨系列模块化设计。除发展横系列产品之外，改变某些模块还能得到其它系列产品者，便属于横系列和跨系列模块化设计了。德国沙曼机床厂生产的模块化镗铣床，除可发展横系列的数控及各型镗铣加工中心外，更换立柱、滑座及工作台，即可将镗铣床变为跨系列的落地镗床。

④ 全系列模块化设计。全系列包括纵系列和横系列。例如，德国某厂生产的工具铣，除可改变为立铣头、卧铣头、转塔铣头等形成横系列产品外，还可改变床身、横梁的高度和长度，得到三种纵系列的产品。

⑤ 全系列和跨系列模块化设计。主要是在全系列基础上用于结构比较类似的跨产品的模块化设计上。例如，全系列的龙门铣床结构与龙门刨、龙门刨床和龙门导轨磨床相似，可以发展跨系列模块化设计。

1.3.12　动态分析设计

（1）动态分析设计概念

机械产品和设备日益向高速、精密、轻量化方向发展，产品结构日趋复杂，对其工作性能的要求越来越高，为满足机械具有良好的静、动特性和低振动、低噪声的要求，必须对机械产品和设备进行动态分析设计。

传统的机械设计主要是依据静态条件下强度、刚度、稳定性及结构要求和材料选择来进行设计的。动态设计则是设计时考虑机械结构或系统的动态性能，运用动态分析技术、借助于计算机分析来完成设计，达到缩短设计周期、提高设计效率和设计水平的目的。

（2）动态分析方法

动态分析技术的主要理论基础是模态分析和模态综合理论，采用的主要方法有：有限元分析方法、模型试验方法及传递函数分析法等。

① 有限元分析方法　有限元法是一种应用最广泛的理论建模方法，它是运用计算机求解数学、物理问题的近似数值解法。在动力分析中，利用弹性力学有限元方法建立结构的动力学模型，进而计算出结构的固有频率、振型等模态参数及动力响应（动位移和动应力），在此基础上还可根据不同需要对机械结构进行动态设计。

因为有限元法具有精度高、适应性强、计算格式规范统一等特点，故应用十分广泛。

② 模型试验方法　模型试验方法主要应用激振响应法测定系统动力特性，包括各阶固有频率、各阶模态振型、有关点的动柔度等，再利用这些数据进行分析，找出系统的薄弱环节，然后提出改进措施加以实现。动态测试技术已经能对各种测试信号进行多种变换和分析，如快速傅里叶变换、频谱分析、相关分析、功率谱分析等，并已然发展了相应的分析仪器和软件系统。利用测试信号的有关分析和处理，便能揭示机构系统的动态特性。但是，没有利用动力学模型的试验方法只能得出改进设计的方向性指导，不能定量地显示设计的改进细节。

③ 传递函数分析法　传递函数分析法是动态分析设计法研究的中心内容。因为利用传递函数不必求解微分方程就可研究初始条件为零的系统在输入信号作用下的动态过程，同时还可以研究系统参数变化或结构参数变化对动态过程的影响，因而使分析和研究过程大为简化。另一方面，还可以把对系统性能的要求转化为对系统传递函数的要求，把系统的各种特性用数学模型有机地结合在一起，使综合设计易于实现。

（3）动态分析设计的基本原则

① 防止共振；

② 减小外界作用下的振动幅度；

③ 提高产品结构的各阶模态刚度；

④ 避免疲劳破坏，提高产品的疲劳强度；

⑤ 提高产品或系统的振动稳定性，避免失稳。

习题

1-1　常用的现代设计方法有哪些？

1-2　与传统设计方法对比，现代设计方法特点有哪些？

1-3　绿色设计的原则是什么？绿色设计的研究内容包括哪些方面？

1-4　虚拟现实技术的特征是什么？

1-5　并行设计的关键技术是什么？

1-6　动态分析包括哪几种方法？

有限元分析篇

第 2 章

有限元法理论简介

2.1　有限元方法基本思想

　　有限元方法是广泛应用于解决结构分析、传热学、电磁学和流体力学等工程问题的数值方法。解决工程问题的一般步骤是：首先抽象出问题的物理模型，然后根据物理模型，运用物理定律建立其数学模型。数学模型是带有相关边界条件和初值条件的微分方程组，微分方程组是通过对系统或控制体应用自然定律和原理推导出来的，这些控制微分方程代表了质量、力或能量的平衡。最后根据对数学模型即微分方程组进行求解，得到所需要的结果，对结果进行评价分析。求解的方法包括解析法和数值法。解析法是精确求解的方法，由两部分组成：一般部分和特殊部分。在许多实际工程问题中，我们一般不能得到系统的精确解，这可能是由于控制微分方程组的复杂性或边界条件和初值条件的难以确定性。为解决这个问题，我们需要借助于数值方法来近似。解析解表明了系统在任何点上的精确行为，而数值解只在称为节点的离散点上近似于解析解。任何数值解析法的第一步都是离散化。这一过程将系统分为一些子区域和节点。数值解法可以分为两大类：有限差分方法和有限元法。使用有限差分方法，需要针对每一节点写微分方程，并且用差分方程代替导数。这一过程产生一组线性方程。有限差分方法对于简单问题的求解是易于理解和应用的，但是使用该方法难以解决带有复杂几何条件和复杂边界条件的问题。对于具有各向异性的物体来说就是如此。相比之下，有限元方法使用公式方法而不是微分方法来建立系统的代数方程组。而且，这种方法假设代表每个元素的近似函数是连续的。假设元素间的边界是连续的，通过结合各单独的解产生系统的完全解。因此，从实用性和使用范围来说，有限单元法是随着计算机发展而被广泛应用的一种有效的数值计算方法。

　　有限单元法的基本思想最早出现在 20 世纪 40 年代初期。直到 1960 年，美国的克拉夫（Clough R. W.）在一篇论文中首次使用"有限元法"这个名词。在 20 世纪 60 年代末 70 年代初，有限单元法的理论基本上成熟，并开始陆续出现商业化的有限元分析软件。

　　有限元法的出现与发展有着深刻的工程背景。20 世纪 40～50 年代，美国、英国等的制造业有了大幅度的发展，随着飞机结构的逐渐变化，准确地了解飞机的静态特性和动态特性显得越来越重要，但是传统的分析设计方法不能满足这种需求，因此工程设计人员开始寻求一种更加适合分析的方法，有限单元法的思想随之应运而生。

　　有限单元法的基本思想是：将连续的结构离散成有限个单元，并在每一个单元中设定有限个节点，将连续体看成是只在节点处相联系的一组单元的集合体，同时选定场函数的节点值作为基本未知量，并在每一单元中假设一插值函数以表示单元中场函数的分布规律，进而利用力学中的某些变分原理去建立用以求解节点未知量的有限元法方程，从而将一个连续域中的无限自由度问题转化为离散域中的有限自由度问题。一经求解就可以利用解得的节点值和设定的插值函数确定单元上以至整个集合体上的场函数。

有限元离散过程中，相邻单元在同一节点上场变量相同达到连续，但未必在单元边界上任一点连续；在把载荷转化为节点载荷的过程中，只是考虑单元总体平衡，在单元内部和边界上不用保证每点都满足控制方程。

由于单元可以设计成不同的几何形状，因此可灵活地模拟和无限逼近复杂的求解域。显然，如果插值函数满足一定要求，随着单元数目的增加，解的精度会不断提高而最终收敛于问题的精确解。从理论上来讲，无限增加单元数目使得数值分析解逐渐收敛于问题的精确解，但这却增加了计算机计算时间。在实际工程应用中，只要所得的数据能够满足工程需要就足够了。因此，有限元分析方法的基本策略就是在分析的精度和分析的时间上找到一个最佳平衡点。

2.2　有限元模型基本构成

有限元模型是真实系统经网格划分离散化后的数学模型，它是由一些简单形状的单元组成，单元之间通过节点连接，并承受一定载荷和边界条件的数学模型。如图 2-1 为人字梯模型，图（a）为实际系统——人字梯的几何模型，它是连续的；而图（b）为有限元模型，它是由其几何模型经过网格划分离散化后得到的有限元模型。

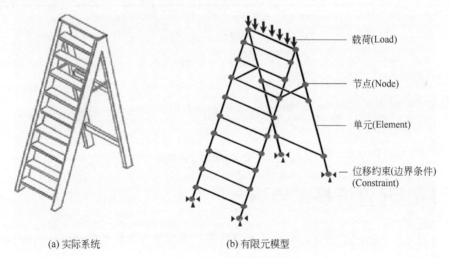

(a) 实际系统　　　　　　　(b) 有限元模型

图 2-1　实际系统与有限元模型

（1）单元（Element）

单元是由几何模型经网格划分得到的每一个小块，它是组成有限元模型的基础，由节点与节点相连而成，具有真实模型的物理意义。常用的有限单元有 Link 单元、Beam 单元、Plane 单元、Solid 单元和 Shell 单元等类型。常见的单元形状包括点单元、线单元、面单元（三角形和四边形）、体单元（四面体和六面体）。通过合理选择这些单元类型，可以模拟和分析绝大多数的工程问题。

(2) 节点（Node）

节点是有限元模型的一个点的坐标位置，是构成有限元系数的基本对象，具有一定物理意义的自由度且它们之间存在相互物理作用。

(3) 自由度（DOF，Degree of Freedom）

节点具有自由度，表示工程系统受到外力后的反应结果。不同学科方向的有限元模型应选择不同的单元，不同单元的节点具有的自由度含义也不同，如表 2-1 所示，结构分析单元节点的自由度为位移，热分析单元节点自由度为温度，电磁分析单元节点的自由度为电位和磁位，流体分析单元的自由度为流体压力等，即使是同一学科方向，如结构分析，由于有限元模型不同，选择不同的单元，其自由度也略微不同，如二维单元节点只有 UX、UY 两个方向平动位移的自由度，三维单元节点具有 UX、UY、UZ 三个方向平动位移的自由度，如果模型承受弯矩，选择的单元节点除了具有 UX、UY、UZ 三个方向平动位移的自由度外，还必须具有 ROTX、ROTY、ROTZ 转动位移自由度，如图 2-2 所示。

表 2-1 节点自由度含义

学科方向	自由度
结构	位移
热	温度
电	电位
流体	压力
磁	磁位

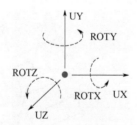

图 2-2 结构分析节点自由度

2.3 有限元分析基本步骤

采用有限元法分析问题的过程包括预处理阶段、求解阶段和后处理阶段，如图 2-3 所示。其基本步骤如下：

(1) 预处理阶段

① 建立求解域并将其离散化为有限单元，即将连续体问题分解成节点和单元等个体问题。

② 选择合适的形函数，即选择一个用单元节点解描述整个单元解的连续函数。

③ 对每个单元建立单元刚度矩阵。

④ 按照一定节点编码顺序，将各个单元刚度矩阵叠加以构造结构整体刚度矩阵。

⑤ 施加边界条件，包括位移约束和载荷。

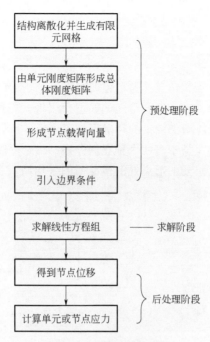

图 2-3　有限元求解过程

（2）求解阶段

求解后得到节点上的自由度值。

（3）后处理阶段

根据节点的值和形函数，得到其他的物理量，例如，应力、支座反力等。

2.4　有限元分析解题步骤实例——梯形板

2.4.1　提出问题

如图 2-4 所示，带有负荷 P 的梯形板，一端固定，另一端承受负荷 P。板的上边宽度为 w_1，板的下边宽度为 w_2，板的厚度为 t，长度为 L。板的弹性模量用 E 表示。求当板承受负载 P 时，沿板长度的不同点的变形位移及应力。在以下分析中，我们假设应用的负载比板的重量要大得多，因此忽略板的重量。

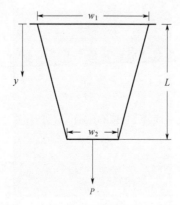

图 2-4　轴向负荷下的梯形板示意图

2.4.2 预处理阶段

（1）将问题域离散成有限的单元

我们首先将问题分解成节点和单元。为了强调有限元分析中的基本步骤，我们将保持问题的简单性。因此我们将用五个节点和四个单元的模型代表板，如图 2-5 所示。然而，需要说明的是，使用更多的节点和单元能增加结果的精确度。这个任务留做读者作为练习来完成（请参阅本章末尾的习题 2-1）。板的模型中有四个独立的分段，每个分段均有一个统一的横截面。每个单元的横截面面积，由定义单元的节点处的横截面的平均面积表示。模型如图 2-5 所示。

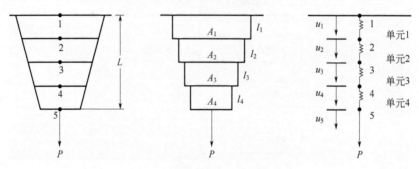

图 2-5 将梯形板分解为单元和节点

（2）假设近似单元的近似解

为了研究典型单元的行为，考虑一个带有统一横截面 A 的实体的变形量，横截面的长度为 l，承受的外力为 F，如图 2-6 所示。

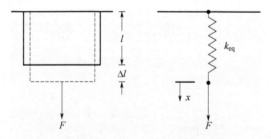

图 2-6 承受外力为 F 的统一横截面的实体

实体的平均应力由以下方程给出：

$$\sigma = \frac{F}{A} \tag{2-1}$$

实体的平均应变定义为实体每单位原始长度 l 上，承受的长度变化 Δl：

$$\varepsilon = \frac{\Delta l}{l} \tag{2-2}$$

在变形区域内，应力和应变与虎克（HOOKE）定律相关，根据方程

$$\sigma = E\varepsilon \tag{2-3}$$

这里的 E 是弹性模量。结合方程式（2-1）～方程式（2-3）并简化，我们有：

$$F = \frac{AE}{l}\Delta l \tag{2-4}$$

注意方程式（2-4）和线性弹簧的方程式 $F=kx$ 很相似。因此，一个中心点集中受力且横截面相等的实体可以视为一个弹簧，其等阶的刚度为：

$$k_{\text{eq}}=\frac{AE}{l} \tag{2-5}$$

注意到板的横截面在 y 方向上是变化的。作为第一次近似，可以将板看作一系列中心点承受负荷不同的断面，如图 2-5 所示。因此，板可以视为由四个弹簧串联起来的弹簧（单元）组成的模型，每个单元的弹性行为可以由相应的线性弹簧模型描述，有如下的方程：

$$f=k_{\text{eq}}(u_{i+1}-u_i)=\frac{A_{\text{avg}}E}{l}(u_{i+1}-u_i)=\frac{(A_{i+1}+A_i)E}{2l}(u_{i+1}-u_i) \tag{2-6}$$

这里等价的弹簧单元的刚度由下式给出：

$$k_{\text{eq}}=\frac{(A_{i+1}+A_i)E}{2l} \tag{2-7}$$

A_i 和 A_{i+1} 分别是 i 和 $i+1$ 处的节点的横截面积，l 单元的长度。运用以上的模型，让我们考虑施加在各个节点上的力。图 2-7 描述了模型中节点 1～节点 5 的受力情况。

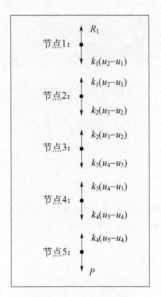

图 2-7　节点受力图

静力平衡要求每个节点上的力的总和为零。这一平衡条件产生如下五个方程：

$$\begin{cases}\text{节点1：} R_1-k_1\left(u_2-u_1\right)=0\\\text{节点2：} k_1\left(u_2-u_1\right)-k_2\left(u_3-u_2\right)=0\\\text{节点3：} k_2\left(u_3-u_2\right)-k_3\left(u_4-u_3\right)=0\\\text{节点4：} k_3\left(u_4-u_3\right)-k_4\left(u_5-u_4\right)=0\\\text{节点5：} k_4\left(u_5-u_4\right)-P=0\end{cases} \tag{2-8}$$

把反作用力 R_1 和外力 P 从内力中分离出来，重组方程组（2-8），得：

$$\begin{cases} k_1 u_1 & -k_1 u_2 & & & & = -R_1 \\ -k_1 u_1 & +k_1 u_2 & +k_2 u_2 & -k_2 u_3 & & = 0 \\ & & -k_2 u_2 & +k_2 u_3 & +k_3 u_3 & -k_3 u_4 & = 0 \\ & & & & -k_3 u_3 & +k_3 u_4 & +k_4 u_4 & -k_4 u_5 = 0 \\ & & & & & & -k_4 u_4 & +k_4 u_5 = P \end{cases} \quad (2\text{-}9)$$

将方程组（2-9）表示成矩阵形式，我们有：

$$\begin{bmatrix} k_1 & -k_1 & 0 & 0 & 0 \\ -k_1 & k_1+k_2 & -k_2 & 0 & 0 \\ 0 & -k_2 & k_2+k_3 & -k_3 & 0 \\ 0 & 0 & -k_3 & k_3+k_4 & -k_4 \\ 0 & 0 & 0 & -k_4 & k_4 \end{bmatrix} \begin{Bmatrix} u_1 \\ u_2 \\ u_3 \\ u_4 \\ u_5 \end{Bmatrix} = \begin{Bmatrix} -R_1 \\ 0 \\ 0 \\ 0 \\ P \end{Bmatrix} \quad (2\text{-}10)$$

在负荷矩阵中，将反作用力和负荷区分开来是很重要的。因此，与矩阵有关的方程组（2-10）可以写为：

$$\begin{Bmatrix} -R_1 \\ 0 \\ 0 \\ 0 \\ 0 \end{Bmatrix} = \begin{bmatrix} k_1 & -k_1 & 0 & 0 & 0 \\ -k_1 & k_1+k_2 & -k_2 & 0 & 0 \\ 0 & -k_2 & k_2+k_3 & -k_3 & 0 \\ 0 & 0 & -k_3 & k_3+k_4 & -k_4 \\ 0 & 0 & 0 & -k_4 & k_4 \end{bmatrix} \begin{Bmatrix} u_1 \\ u_2 \\ u_3 \\ u_4 \\ u_5 \end{Bmatrix} - \begin{Bmatrix} 0 \\ 0 \\ 0 \\ 0 \\ 0 \end{Bmatrix} \quad (2\text{-}11)$$

我们能够容易地看到，在附加节点负荷和其他固定的边界条件下，方程组（2-11）给出的关系可以写成一般的形式：

$$\{R\} = [K]\{u\} - \{F\} \quad (2\text{-}12)$$

即表示

$$\{反作用力矩阵\} = [刚度矩阵]\{位移矩阵\} - \{负荷矩阵\}$$

由于板的上端是固定的，节点 1 的位移量是零。因此，系统方程组（2-10）的第一行应为 $u_1 = 0$。所以应用边界条件将导致如下的矩阵方程：

$$\begin{bmatrix} 1 & 0 & 0 & 0 & 0 \\ -k_1 & k_1+k_2 & -k_2 & 0 & 0 \\ 0 & -k_2 & k_2+k_3 & -k_3 & 0 \\ 0 & 0 & -k_3 & k_3+k_4 & -k_4 \\ 0 & 0 & 0 & -k_4 & k_4 \end{bmatrix} \begin{Bmatrix} u_1 \\ u_2 \\ u_3 \\ u_4 \\ u_5 \end{Bmatrix} - \begin{Bmatrix} 0 \\ 0 \\ 0 \\ 0 \\ P \end{Bmatrix} \quad (2\text{-}13)$$

求解上面的矩阵方程将得到节点的位移量。在下一节中，我们将建立一般的单元刚度矩阵，并讨论总体刚度矩阵的构造。

（3）对单元建立方程

由于实例中每个单元有两个节点，而且每个节点相对应一个位移量，因此我们需要对每个单元建立两个方程。这些方程必须和节点的位移量及单元的刚度有关。考虑单元内部传递的力 f_i 和 f_{i+1} 以及端点的位移量 u_i 和 u_{i+1}，如图 2-8 所示。

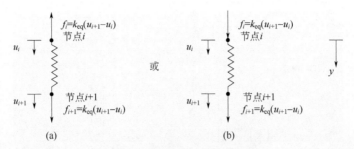

图 2-8　通过任意单元内部传递的力

静态平衡条件要求 f_i 和 f_{i+1} 的和为零。注意，不管选择图 2-8 中的何种表示方法，f_i 和 f_{i+1} 的和为零。但为确保后面推导的一致性，我们将使用图 2-8（b）中给出的表示方法，以便 f_i 和 f_{i+1} 在 y 的正方向给出。这样，我们可根据如下的方程写出在节点 i 及 $i+1$ 处传递的力：

$$\begin{cases} f_i = k_{eq}(u_i - u_{i+1}) \\ f_{i+1} = k_{eq}(u_{i+1} - u_i) \end{cases} \tag{2-14}$$

方程（2-14）可表示为如下的矩阵形式：

$$\begin{Bmatrix} f_i \\ f_{i+1} \end{Bmatrix} = \begin{Bmatrix} k_{eq} & -k_{eq} \\ -k_{eq} & k_{eq} \end{Bmatrix} \begin{Bmatrix} u_i \\ u_{i+1} \end{Bmatrix} \tag{2-15}$$

（4）将单元组合起来表示整个问题

将方程（2-15）描述单元的方法应用到所有单元并把它们组合起来将得到总体刚度矩阵。单元（1）的刚度矩阵如下：

$$[K]^{(1)} = \begin{bmatrix} k_1 & -k_1 \\ -k_1 & k_1 \end{bmatrix}$$

它在总体刚度矩阵中的位置如下：

$$[K]^{(1G)} = \begin{bmatrix} k_1 & -k_1 & 0 & 0 & 0 \\ -k_1 & k_1 & 0 & 0 & 0 \\ 0 & 0 & 0 & 0 & 0 \\ 0 & 0 & 0 & 0 & 0 \\ 0 & 0 & 0 & 0 & 0 \end{bmatrix} \begin{matrix} u_1 \\ u_2 \\ u_3 \\ u_4 \\ u_5 \end{matrix}$$

总体刚度矩阵中节点位移矩阵在单元（1）的旁边，有助于我们观察节点对它相邻单元的影响。类似地，对于节点（2）、（3）和（4），我们有：

$$[K]^{(2)} = \begin{bmatrix} k_2 & -k_2 \\ -k_2 & k_2 \end{bmatrix}$$

它在总体刚度矩阵中的位置为：

$$[K]^{(2G)} = \begin{bmatrix} 0 & 0 & 0 & 0 & 0 \\ 0 & k_2 & -k_2 & 0 & 0 \\ 0 & -k_2 & k_2 & 0 & 0 \\ 0 & 0 & 0 & 0 & 0 \\ 0 & 0 & 0 & 0 & 0 \end{bmatrix} \begin{matrix} u_1 \\ u_2 \\ u_3 \\ u_4 \\ u_5 \end{matrix}$$

$$[K]^{(3)} = \begin{bmatrix} k_3 & -k_3 \\ -k_3 & k_3 \end{bmatrix}$$

它在总体刚度矩阵中的位置为：

$$[K]^{(3G)} = \begin{bmatrix} 0 & 0 & 0 & 0 & 0 \\ 0 & 0 & 0 & 0 & 0 \\ 0 & 0 & k_3 & -k_3 & 0 \\ 0 & 0 & -k_3 & k_3 & 0 \\ 0 & 0 & 0 & 0 & 0 \end{bmatrix} \begin{matrix} u_1 \\ u_2 \\ u_3 \\ u_4 \\ u_5 \end{matrix}$$

和

$$[K]^{(4)} = \begin{bmatrix} k_4 & -k_4 \\ -k_4 & k_4 \end{bmatrix}$$

它在总体刚度矩阵中的位置为：

$$[K]^{(4G)} = \begin{bmatrix} 0 & 0 & 0 & 0 & 0 \\ 0 & 0 & 0 & 0 & 0 \\ 0 & 0 & 0 & 0 & 0 \\ 0 & 0 & 0 & k_4 & -k_4 \\ 0 & 0 & 0 & -k_4 & k_4 \end{bmatrix} \begin{matrix} u_1 \\ u_2 \\ u_3 \\ u_4 \\ u_5 \end{matrix}$$

最终的总体刚度矩阵可以由组合或相加每个单元在总体刚度矩阵中的位置得到：

$$[K]^{(G)} = [K]^{(1G)} + [K]^{(2G)} + [K]^{(3G)} + [K]^{(4G)}$$

$$[K]^{(G)} = \begin{bmatrix} k_1 & -k_1 & 0 & 0 & 0 \\ -k_1 & k_1+k_2 & -k_2 & 0 & 0 \\ 0 & -k_2 & k_2+k_3 & -k_3 & 0 \\ 0 & 0 & -k_3 & k_3+k_4 & -k_4 \\ 0 & 0 & 0 & -k_4 & k_4 \end{bmatrix} \tag{2-16}$$

注意到方程（2-16）中所示的应用单元描述得到的总体刚度矩阵，它和方程（2-10）的左侧（即我们最初应用自由体图表分析节点得到的总体刚度矩阵）是完全一样的。

（5）应用边界条件和负荷

板的顶端是固定的，即有边界条件 $u_1 = 0$，在节点 5 处应用外力 P。在如下的线性方程组中应用这些条件：

$$\begin{bmatrix} 1 & 0 & 0 & 0 & 0 \\ -k_1 & k_1+k_2 & -k_2 & 0 & 0 \\ 0 & -k_2 & k_2+k_3 & -k_3 & 0 \\ 0 & 0 & -k_3 & k_3+k_4 & -k_4 \\ 0 & 0 & 0 & -k_4 & k_4 \end{bmatrix} \begin{Bmatrix} u_1 \\ u_2 \\ u_3 \\ u_4 \\ u_5 \end{Bmatrix} = \begin{Bmatrix} 0 \\ 0 \\ 0 \\ 0 \\ P \end{Bmatrix} \tag{2-17}$$

再次注意方程（2-17）中矩阵的第一行必须包含一个 1 和四个 0 以读取给定的边界条件 $u_1 = 0$。也要注意在固体力学的问题中，有限元公式一般会有如下的一般形式：

$$[刚度矩阵]\{位移矩阵\} = \{负荷矩阵\}$$

2.4.3　求解阶段

对方程（2-17）进行求解，得到节点的位移量。我们假设 $E=10.4\times10^6\,\text{lbf}/\text{in}^2$（铝），$w_1=2\text{in}$，$w_{21}=1\text{in}$，$t=0.125\text{in}$，$L=10\text{in}$，$P=1000\text{lbf}$。求解时可以查阅表 2-2。

表 2-2　实例中的单元属性

单元	节点		平均横截面面积/in²	长度/in	弹性模量 /(lbf/in²)	单元刚度系数 /(lbf/in)
1	1	2	0.234375	2.5	10.4×10^6	975×10^3
2	2	3	0.203125	2.5	10.4×10^6	845×10^3
3	3	4	0.171875	2.5	10.4×10^6	715×10^3
4	4	5	0.140625	2.5	10.4×10^6	585×10^3

注：1lbf = 4.45N。

板在 y 方向横截面面积的变化可以由下式来表示：

$$A(y)=\left(w_1+\frac{w_2-w_1}{L}y\right)t=\left(2+\frac{1-2}{10}y\right)\times0.125=0.25-0.0125y \tag{2-18}$$

使用方程（2-18）可以计算出每个节点上的横截面面积：

$$A_1=0.25\text{in}^2$$
$$A_2=0.25-0.0125\times2.5=0.21875(\text{in}^2)$$
$$A_3=0.25-0.0125\times5.0=0.1875(\text{in}^2)$$
$$A_4=0.25-0.0125\times7.5=0.15625(\text{in}^2)$$
$$A_5=0.125\text{in}^2$$

接着每个单元的对等刚度系数可以由如下方程组计算出：

$$k_{\text{eq}}=\frac{(A_{i+1}+A_i)E}{2l}$$

$$k_1=\frac{(0.21875+0.25)\times(10.4\times10^6)}{2\times2.5}=975\times10^3(\text{lbf}/\text{in})$$

$$k_2=\frac{(0.1875+0.21875)\times(10.4\times10^6)}{2\times2.5}=845\times10^3(\text{lbf}/\text{in})$$

$$k_3=\frac{(0.15625+0.1875)\times(10.4\times10^6)}{2\times2.5}=715\times10^3(\text{lbf}/\text{in})$$

$$k_4=\frac{(0.125+0.15625)\times(10.4\times10^6)}{2\times2.5}=585\times10^3(\text{lbf}/\text{in})$$

并且单元矩阵为：

$$[K]^{(1)}=\begin{bmatrix}k_1 & -k_1\\-k_1 & k_1\end{bmatrix}=10^3\begin{bmatrix}975 & -975\\-975 & 975\end{bmatrix}$$

$$[K]^{(2)}=\begin{bmatrix}k_2 & -k_2\\-k_2 & k_2\end{bmatrix}=10^3\begin{bmatrix}845 & -845\\-845 & 845\end{bmatrix}$$

$$[K]^{(3)} = \begin{bmatrix} k_3 & -k_3 \\ -k_3 & k_3 \end{bmatrix} = 10^3 \begin{bmatrix} 715 & -715 \\ -715 & 715 \end{bmatrix}$$

$$[K]^{(4)} = \begin{bmatrix} k_4 & -k_4 \\ -k_4 & k_4 \end{bmatrix} = 10^3 \begin{bmatrix} 585 & -585 \\ -585 & 585 \end{bmatrix}$$

将单元矩阵组合在一起产生总体刚度矩阵：

$$[K]^{(G)} = 10^3 \begin{bmatrix} 975 & -975 & 0 & 0 & 0 \\ -975 & 975+845 & -845 & 0 & 0 \\ 0 & -845 & 845+715 & -715 & 0 \\ 0 & 0 & -715 & 715+585 & -585 \\ 0 & 0 & 0 & -585 & 585 \end{bmatrix}$$

应用边界条件 $u_1 = 0$ 和负荷 $P = 1000\,\text{lbf}$，我们得到：

$$10^3 \begin{bmatrix} 1 & 0 & 0 & 0 & 0 \\ -975 & 1820 & -845 & 0 & 0 \\ 0 & -845 & 1560 & -715 & 0 \\ 0 & 0 & -715 & 1300 & -585 \\ 0 & 0 & 0 & -585 & 585 \end{bmatrix} \begin{Bmatrix} u_1 \\ u_2 \\ u_3 \\ u_4 \\ u_5 \end{Bmatrix} = \begin{Bmatrix} 0 \\ 0 \\ 0 \\ 0 \\ 10^3 \end{Bmatrix}$$

第二行中，系数 -975 乘以 u_1 的结果为零，因此我们只须求解如下的 4×4 矩阵：

$$10^3 \begin{bmatrix} 1820 & -845 & 0 & 0 \\ -845 & 1560 & -715 & 0 \\ 0 & -715 & 1300 & -585 \\ 0 & 0 & -585 & 585 \end{bmatrix} \begin{Bmatrix} u_2 \\ u_3 \\ u_4 \\ u_5 \end{Bmatrix} = \begin{Bmatrix} 0 \\ 0 \\ 0 \\ 10^3 \end{Bmatrix}$$

位移量的解是 $u_1 = 0$，$u_2 = 0.001026\text{in}$，$u_3 = 0.002210\text{in}$，$u_{42} = 0.003608\text{in}$，$u_5 = 0.005317\text{in}$。

2.4.4　后处理阶段

上面求出的节点位移为基本解，但我们可能对得到其他信息（如每个单元的平均应力等）感兴趣，这些可以通过应用物理定律对基本解进行后处理得到，即导出解。

（1）单元平均应力的计算

在实例中，我们可能对得到其他信息（如每个单元的平均应力等）感兴趣。这些值可以从如下方程确定：

$$\sigma = \frac{f}{A_{\text{avg}}} = \frac{k_{\text{eq}}(u_{i+1} - u_i)}{A_{\text{avg}}} = \frac{\frac{A_{\text{avg}}E}{l}(u_{i+1} - u_i)}{A_{\text{avg}}} = E\frac{u_{i+1} - u_i}{l} \tag{2-19}$$

由于不同节点的位移量是已知的，方程（2-19）可以直接从应力和应变的联系中得到

$$\sigma = E\varepsilon = E\frac{u_{i+1} - u_i}{l} \tag{2-20}$$

应用方程（2-20），计算出每个单元的平均应力如下：

$$\sigma^{(1)} = E\frac{u_2 - u_1}{l} = \frac{(10.4 \times 10^6) \times (0.001026 - 0)}{2.5} = 4268(\text{lbf}\,/\,\text{in}^2)$$

$$\sigma^{(2)} = E\frac{u_3 - u_2}{l} = \frac{(10.4\times10^6)\times(0.002210-0.001026)}{2.5} = 4925(\text{lbf}/\text{in}^2)$$

$$\sigma^{(3)} = E\frac{u_4 - u_3}{l} = \frac{(10.4\times10^6)\times(0.003608-0.002210)}{2.5} = 5816(\text{lbf}/\text{in}^2)$$

$$\sigma^{(4)} = E\frac{u_5 - u_4}{l} = \frac{(10.4\times10^6)\times(0.005317-0.003608)}{2.5} = 7109(\text{lbf}/\text{in}^2)$$

在图 2-9 中注意到对于给定的问题，无论在何处将杆截断，截面的内力均是 1000lbf。因此

$$\sigma^{(1)} = \frac{f}{A_{\text{avg}}} = \frac{1000}{0.234375} = 4267(\text{lbf}/\text{in}^2)$$

$$\sigma^{(2)} = \frac{f}{A_{\text{avg}}} = \frac{1000}{0.203125} = 4923(\text{lbf}/\text{in}^2)$$

$$\sigma^{(3)} = \frac{f}{A_{\text{avg}}} = \frac{1000}{0.171875} = 5818(\text{lbf}/\text{in}^2)$$

$$\sigma^{(4)} = \frac{f}{A_{\text{avg}}} = \frac{1000}{0.140625} = 7111(\text{lbf}/\text{in}^2)$$

在允许误差的情况下，我们发现这些结果与从位移信息计算的单元应力完全相同。这个比较告诉我们问题的位移计算是有效的。

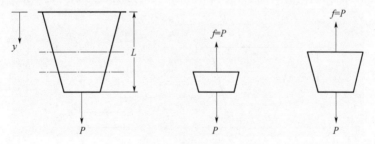

图 2-9　实例中的内力

（2）反作用力的计算

计算反作用力的方法可以有多种。首先，考虑图 2-7，我们注意到节点 1 处静平衡要求

$$R_1 = k_1(u_2 - u_1) = 975\times10^3\times(0.001026-0) = 1000(\text{lbf})$$

对整个梯形板，静平衡要求

$$R_1 = P = 1000(\text{lbf})$$

我们可以从一般方程计算反作用力

$$\{R\}=[K]\{u\}-\{F\}$$

或

$$\{\text{反作用力矩阵}\} = [\text{刚度矩阵}]\{\text{位移矩阵}\} - \{\text{负荷矩阵}\}$$

因为本例是简单的问题，计算反作用力实际上不需要进行矩阵的运算。然而，作为示例，这里给出了计算过程。从一般方程，我们得到：

$$\begin{Bmatrix} R_1 \\ R_2 \\ R_3 \\ R_4 \\ R_5 \end{Bmatrix} = 10^3 \begin{bmatrix} 975 & -975 & 0 & 0 & 0 \\ -975 & 1820 & -845 & 0 & 0 \\ 0 & -845 & 1560 & -715 & 0 \\ 0 & 0 & -715 & 1300 & -585 \\ 0 & 0 & 0 & -585 & 585 \end{bmatrix} \begin{Bmatrix} 0 \\ 0.001026 \\ 0.002210 \\ 0.003608 \\ 0.005317 \end{Bmatrix} - \begin{Bmatrix} 0 \\ 0 \\ 0 \\ 0 \\ 10^3 \end{Bmatrix}$$

这里，R_1、R_2、R_3、R_4 和 R_5 分别代表节点 1~节点 5 处的反作用力。进行矩阵运算，我们有：

$$\begin{Bmatrix} R_1 \\ R_2 \\ R_3 \\ R_4 \\ R_5 \end{Bmatrix} = \begin{Bmatrix} -1000 \\ 0 \\ 0 \\ 0 \\ 0 \end{Bmatrix}$$

R_1 的负值表示力的方向向上（我们假设指向下方的 y 方向为正）。当然，与我们预期的一样，这个结果和我们前面计算出的结果是一样的，因为以上矩阵的行代表每个节点的静平衡条件。

2.4.5　精确解析解与有限元数值法近似解的比较

本节中我们将对该实例推导出精确解，并将用有限元公式法解决本题的结果和精确的位移进行比较。如图 2-10 所示，静平衡条件要求 y 方向上的力的和为零。这个条件产生如下关系：

$$P - \sigma_{\text{avg}} A(y) = 0 \tag{2-21}$$

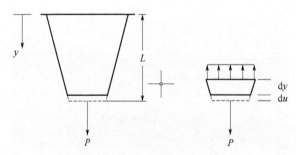

图 2-10　板的外力 P 与平均应力的关系

再次用虎克定律（$\sigma = E\varepsilon$），并根据应变替代平均应力，我们有：

$$P - E\varepsilon A(y) = 0 \tag{2-22}$$

应变是微分段 $\mathrm{d}y$ 上单位原始长度的变化量 $\mathrm{d}u$。因此

$$\varepsilon = \frac{\mathrm{d}u}{\mathrm{d}y}$$

若将这个关系式代入方程（2-22），我们有：

$$P - EA(y)\frac{\mathrm{d}u}{\mathrm{d}y} = 0 \tag{2-23}$$

对方程（2-23）进行变换，我们有：

$$\mathrm{d}u = \frac{P\mathrm{d}y}{EA(y)} \tag{2-24}$$

对方程（2-24）沿板的长度进行积分，得到精确解：

$$\int_0^u \mathrm{d}u = \int_0^L \frac{P\mathrm{d}y}{EA(y)}$$

$$u(y) = \int_0^y \frac{P\mathrm{d}y}{EA(y)} = \int_0^y \frac{P\mathrm{d}y}{E\left(w_1 + \dfrac{w_2 - w_1}{L}y\right)t} \tag{2-25}$$

这里面积为：

$$A(y) = \left(w_1 + \frac{w_2 - w_1}{L}y\right)t$$

通过对方程（2-25）进行积分，可以得到板的变型：

$$u(y) = \frac{PL}{Et(w_2 - w_1)}\left[\ln\left(w_1 + \frac{w_2 - w_1}{L}y\right) - \ln w_1\right] \tag{2-26}$$

方程（2-26）能够用来得到沿板的方向的不同点的位移精确值。现在通过和精确值进行比较，可以检查有限元法的精确度了。表 2-3 给出了精确解析法和有限元数值法计算得出的节点的位移。从表 2-3 可以清楚地看出两种方法结果相互吻合得很好。

表 2-3　精确解析法和有限元数值法位移比较的结果　　　　　　　　　　in

节点位置	精确解析法结果	有限元数值法结果
$y = 0$	0	0
$y = 2.5$	0.001027	0.001026
$y = 5.0$	0.002213	0.002210
$y = 7.5$	0.003615	0.003608
$y = 10$	0.005333	0.005317

习题

2-1　有限单元法的基本思想是什么？

2-2　有限元模型与几何模型的区别是什么？有限元模型由哪几部分构成？

2-3　有限元分析基本步骤是什么？

2-4　利用 ANSYS APDL 对 2.4 节的梯形板实例进行有限元分析，计算其变形及应力情况，并与解析法进行对比。

第3章

ANSYS Workbench 分析流程

ANSYS Workbench 是基于有限元法的力学分析技术集成平台，由美国 ANSYS 公司于 2002 年首先推出。在 2009 年发布的 ANSYS 12.0 版本中推出了"第二代 Workbench"（Workbench 2.0），它与"第一代 Workbench"相比，最大变化是提供了全新的"项目视图"（Project Schematic）功能，将整个仿真流程紧密地结合在一起，通过简单的拖曳操作即可完成复杂的物理场分析流程。目前 Workbench 最新版本是 2022 版本，Workbench 不但继承了 ANSYS Mechanical APDL 界面在有限元仿真分析上的大部分强大功能，能对复杂机械系统的结构静力学、结构动力学、刚体动力学、流体动力学、结构热、电磁场以及耦合场等进行分析模拟，而且其所提供的 CAD 双向参数链接互动、项目数据自动更新机制、全新的参数、无缝集成的优化设计工具等，使 ANSYS 在"仿真驱动产品设计"方面达到了前所未有的高度，真正实现了集产品设计、仿真、优化功能于一身，可帮助设计人员在同一平台上完成产品研发过程的所有工作，从而大大节约产品开发周期，加快上市步伐，占领市场制高点。

3.1　ANSYS Workbench 分析流程

ANSYS Workbench 分析流程主要包含四个环节：初步确定、前处理、求解和后处理，如图 3-1 所示。其中初步确定为分析前的规划，操作步骤为后三个步骤。

在分析操作之前，要初步确定问题分析类型，如静力结构分析、模态分析、热分析等，所建立的模型是整个装配体还是单个零件，有限元模型单元类型是实体单元、梁单元、壳单元等。

前处理是指创建有限元模型。包括建立或导入几何实体模型、定义材料属性、划分网格、施加边界条件（包括载荷和位移约束）等。

求解是选择合适的求解器进行求解，求解结果可以进入后处理查看。

后处理主要用于查看计算结果，分析并检验结果。

例如，对一个结构进行静力学分析，首先添加一个【Static Structural】静态结构分析系统，如图 3-2 所示，初步确定为结构静力分析；然后进行前处理阶段，包括进入【Engineering Data】工程数据模块选择或定义材料属性、进入【Geometry】几何模块建立几何实体模型、进入【Model】模型模块进行划分网格；接着，进入【Setup】设置加载模块施加边界条件，包括载荷和位移约束；然后进入【Solution】求解模块，进行求解计算；最后进入后处理阶段，查看结果、分析结果。

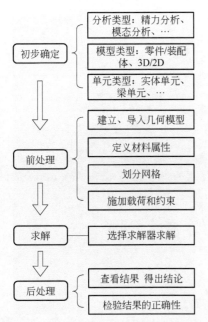

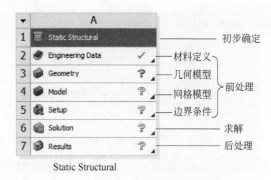

图 3-1　ANSYS Workbench 分析流程　　　　　图 3-2　静力结构分析系统

3.2　项目管理与文件管理

3.2.1　项目管理

ANSYS Workbench 项目管理是通过定义一个或多个系统的工作流程图形，即项目概图，来表示项目的结构和工作流程。如图 3-3 所示为拓扑优化的项目分析，首先添加静力结构分析系统进行静力学分析，然后，添加拓扑优化系统，并将静力分析的结果传送给拓扑优化系统进行拓扑优化。

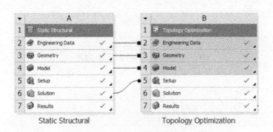

图 3-3　拓扑优化的项目分析

每个分析系统由相似模块构成，即：分析类型、工程材料数据（Engineering Data）、几何（Geometry）、模型（Model）、设置（Setup）、求解（Solution）、结果（Results）。

3.2.2　操作界面

ANSYS Workbench 主界面是项目概图窗口（Project Schematic），用于选择放置所需分析系统，如图 3-4 所示。每个系统根据工作流程包括许多模块，这些模块的操作界面主要包括工程材料模块窗口（Engineering Data）、几何建模模块窗口（DM，Design Modeler）、有限元分析模块窗口（Mechanical）。工程材料模块窗口用于选择或建立所需的材料，如图 3-5 所示；几何建模模块窗口用于建立几何模型，如图 3-6 所示；有限元分析模块窗口用于建立有限元模型、分网、加载求解及查看结果，如图 3-7 所示。

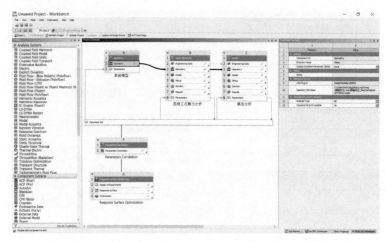

图 3-4　项目管理主界面

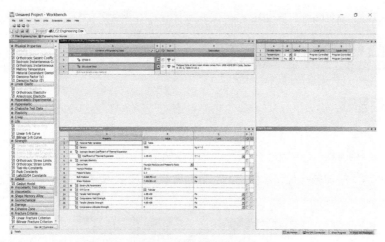

图 3-5　工程材料管理模块

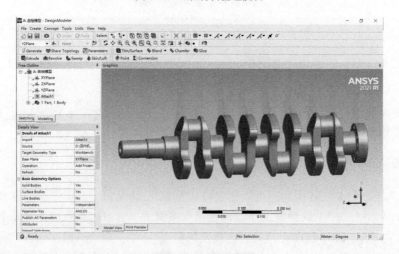

图 3-6　DM 模块

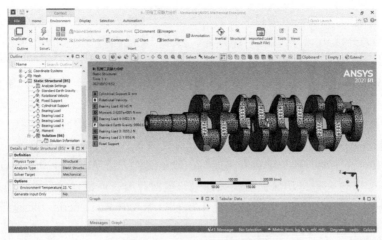

图 3-7　有限元分析模块界面

3.2.3　文件管理

（1）工作目录

在项目管理窗口中，单击【Tools】下拉菜单，如图 3-8 所示，点击【Options…】，弹出对话框，如图 3-9 所示，在最上面的文本框中输入项目文件要保存的路径，并勾选【Automatically Determined by Workbench】，点击【OK】按钮，关闭对话框，这样今后项目保存的默认路径就设置为用户自定义的路径，而不是系统默认的缺省路径。

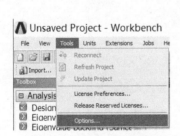

图 3-8　【Tools】下拉菜单

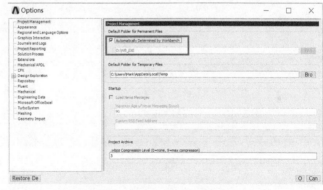

图 3-9　【Options…】对话框

（2）文件格式

Workbench 文件主要有工程文件（.wbpj）、工程数据文件（.engd）、DM 几何模型文件（.agdb）和 Mechanical 文件（.mechdb）。工程文件（.wbpj）为项目管理文件，通过管理项目模块打开，用于存储项目各组成系统之间的关系；工程数据文件（.engd）为材料数据文件，通过 Engineering Data 模块打开，用于存储项目所用到的材料数据；DM 几何模型文件（.agdb）为几何模型文件，通过 Design Modeler 模块打开，用于建立或导入几何模型；Mechanical 文件（.mechdb）为有限元分析文件，通过 Mechanical 模块打开，用于存储有限元分析的所有数据，包括网格、载荷、计算结果等。

（3）文件管理

Workbench 创建一个项目，会在指定的目录下创建一个 wbpj 工程文件和同名的项目文件夹：文件名_files，例如，创建一个项目名称为"支座静力分析"，会产生文件"支座静力分析.wbpj"和目录"支座静力分析_files"，如图 3-10 所示，目录"支座静力分析_files"文件夹包括子文件夹为 dp0、dpall、session_files 和 user_files。

dp0 文件夹为设计点文件目录，用于存放特定分析下的所有参数状态，该目录下主要有 global 和 SYS 两个目录，其中 global 目录下有 MECH 子目录，用于存放项目所有子分析系统所需的材料数据及分析数据；SYS 目录下有三个目录：DM、ENGD 和 MECH，它们分别存放的是每个子分析系统的几何模型、材料数据和计算结果等分析数据。

user_files 文件夹主要包括与项目有关的输入输出文件、用户宏文件、设计点文件等。

session_files 文件夹是自动保护机制文件夹，里面存放有项目日志文件，日志文件记录各种输入过程。日志文件可以回放，可以通过 File→Scripting→Run a script file 运行日志文件。

dpall 文件夹主要包括 global 子目录，其中包含子文件 ACT、DX 等，主要用于存放客户化文件、存放残缺的文件。

如需查看所有文件的具体信息，可以点击菜单【View】→【Files】，如图 3-11 所示，可以显示一个包含文件明细与路径的窗口，如图 3-12 所示。

图 3-10　文件夹目录结构

图 3-11　查看文件信息

	A	B	C	D	E	F
	Name	Ce...	Size	Type	Date Modified	Location
2	支座.igs	A3	175 KB	Geometry File	2020/12/29 14:30:45	D:\Practical course of modern mechanical design method\ch03
3	material.engd	A2	28 KB	Engineering Data File	2021/8/11 21:18:58	dp0\SYS\ENGD
4	SYS.agdb	A3	2 MB	Geometry File	2021/8/11 21:18:58	dp0\SYS\DM
5	SYS.engd	A4	28 KB	Engineering Data File	2021/8/11 21:18:58	dp0\global\MECH
6	支座静力分析.wbpj		43 KB	Workbench Project File	2021/8/11 21:18:58	C:\Users\Mark\AppData\Local\Temp\支座静力分析.tmp
7	act.dat		259 KB	ACT Database	2021/8/11 21:18:58	dp0
8	SYS.mechdb	A4	6 MB	Mechanical Database Fi	2021/8/11 21:18:58	dp0\global\MECH
9	EngineeringData.xml	A2	26 KB	Engineering Data File	2021/8/11 21:18:58	dp0\SYS\ENGD
10	CAERep.xml	A1	14 KB	CAERep File	2021/8/11 21:18:58	dp0\SYS\MECH
11	CAERepOutput.xml	A1	849 B	CAERep File	2021/8/11 21:18:58	dp0\SYS\MECH
12	ds.dat	A1	864 KB	.dat	2021/8/11 21:18:58	dp0\SYS\MECH
13	file.aapresults	A1	121 B	.aapresults	2021/8/11 21:18:58	dp0\SYS\MECH
14	file.mntr	A1	820 B	.mntr	2021/8/11 21:18:58	dp0\SYS\MECH
15	file.rst	A1	2 MB	ANSYS Result File	2021/8/11 21:18:58	dp0\SYS\MECH
16	file0.err	A1	611 B	.err	2021/8/11 21:18:58	dp0\SYS\MECH
17	file0.PCS	A1	2 KB	.pcs	2021/8/11 21:18:58	dp0\SYS\MECH
18	MatML.xml	A1	28 KB	CAERep File	2021/8/11 21:18:58	dp0\SYS\MECH
19	solve.out	A1	26 KB	.out	2021/8/11 21:18:58	dp0\SYS\MECH
20	designPoint.wbdp		95 KB	Workbench Design Poin	2021/8/11 21:18:58	dp0

图 3-12　文件信息窗口

（4）打包文件

为了便于文件的管理与传输，Workbench 提供了打包文件的功能，打包文件格式为 .wbpz。

在项目管理界面，如图 3-13 所示，单击菜单【File】→【Archive...】就可以进行打包，输入打包文件保存位置后，会弹出压缩文件选项，如图 3-14 所示，用户可以保持默认选项或勾选【Imported files external to project directory】，单击【Archive】，进行打包，此时求解结果和外部导入文件也打包进去了，这样，当其他人读取该压缩包时，无需重新计算就能查看结果，当然，如果计算结果较大，也可选择不将计算结果打包进去，这样，读取打包文件后需要重新计算，才能查看结果。

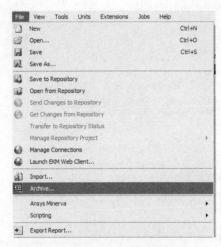

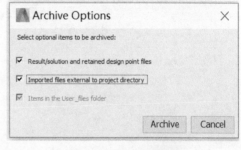

图 3-13　压缩工程文件　　　　　　　　　图 3-14　压缩文件选项

读取 wbpz 压缩包的方法很简单，一种方法是双击该文件，自动会启动 Workbench 打开该工程文件；另一种方法是在项目管理界面，如图 3-15 所示，单击菜单【File】→【Import...】就可以读取压缩包。

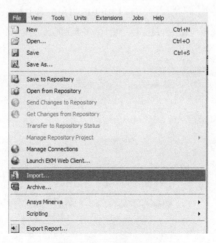

图 3-15　读取压缩包

3.3　选择或定义材料

在 Workbench 中定义材料属性，用户可以从材料库中选择所需材料，也可以根据实际需要创建材料。

3.3.1　选择材料

Workbench 提供了大量材料供用户选择，下面通过如何从材料库【General Materials】中选择钛合金【Titanium Alloy】材料来说明操作步骤。

（1）进入材料定义界面

在 Workbench 项目管理主界面中，双击【Engineering Data（A2）】进入材料定义模块，如图 3-16 所示，此时界面显示该项目可用材料只有"Structural Steel"。

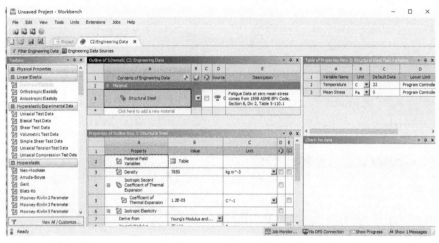

图 3-16　材料定义界面

（2）选择材料库

为了从 Workbench 材料库中选择所需材料，首先需要打开材料库选择界面，为此，在工具栏上点击 Engineering Data Sources ，此时界面切换为【Engineering Data Sources】窗口，即工程材料源库，选择 A4 栏材料库【General Materials】，如图 3-17 所示。

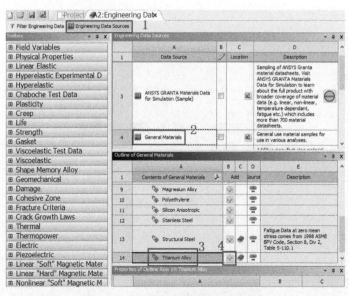

图 3-17　从材料库选择添加钛合金材料

（3）从材料库中选择所需材料

从【Outline of General Materials】窗口中查找钛合金【Titanium Alloy】材料，图 3-17 中为 A14 栏，然后点击该材料右边 B14 栏的 ⊞ 按钮，此时 C14 栏显示图标 ◈，表明该材料已添加到本项目中。再次在工具栏上点击 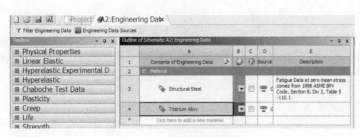 ，界面切换到【Outline of Schematic A2: Engineering Data】，如图 3-18 所示，此时，A4 栏出现【Titanium Alloy】材料，表明材料添加成功。

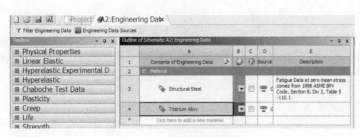

图 3-18　添加材料结果

3.3.2　新建材料

如果材料库中没有用户需要的材料，用户可以自定义所需材料，下面通过定义如表 3-1 所示的 QT600-3 材料来说明操作步骤。

表 3-1　QT600-3 材料参数

材料属性	数值
弹性模量 E/Pa	$1.69×10^{11}$
密度 ρ/（kg/m^3）	7120
泊松比 ν	0.286
抗拉强度 σ_b/MPa	370
循环弯曲疲劳极限 σ_{-1}/MPa	227

（1）进入材料定义界面

在 Workbench 项目管理主界面中，双击【Engineering Data（A2）】进入材料定义模块。此时界面显示该项目可用材料只有 "Structural Steel"。

（2）添加新材料 QT600-3 并定义材料属性

在【Outline of　Schematic A2: Engineering Data】窗口中，在【Structural Steel（A3）】下面点击单元格并输入材料名称 "QT600-3"。

选择材料 QT600-3，在左边工具栏双击【Linear Elastic】→【Isotropic Elasticity】，在【Properties of Outline Row3: QT600-3】中，设置杨氏弹性模量【Young's Modulus】为 "1.69E+11"，设置泊松比【Poisson's Ratio】为 "0.286"，如图 3-19 所示。

选择材料 QT600-3，在左边工具栏双击【Physical Properties】→【Density】，在【Properties of Outline Row3: QT600-3】中，设置密度【Density】为 "7120"，如图 3-20 所示。

选择材料 QT600-3，在左边工具栏双击【Strength】→【Tensile Yield Strength】，在【Properties of Outline Row3: QT600-3】中，设置屈服强度【Tensile Yield Strength】数值为 "370"，单位为 "MPa"，如图 3-21 所示。

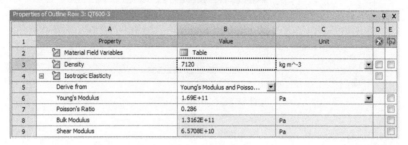

Properties of Outline Row 3: QT600-3

	A	B	C	D	E
1	Property	Value	Unit		
2	Material Field Variables	Table			
3	Isotropic Elasticity				
4	Derive from	Young's Modulus and Poisso...			
5	Young's Modulus	1.69E+11	Pa		
6	Poisson's Ratio	0.286			
7	Bulk Modulus	1.3162E+11	Pa		
8	Shear Modulus	6.5708E+10	Pa		

图 3-19 设置弹性模量和泊松比

Properties of Outline Row 3: QT600-3

	A	B	C	D	E
1	Property	Value	Unit		
2	Material Field Variables	Table			
3	Density	7120	kg m^-3		
4	Isotropic Elasticity				
5	Derive from	Young's Modulus and Poisso...			
6	Young's Modulus	1.69E+11	Pa		
7	Poisson's Ratio	0.286			
8	Bulk Modulus	1.3162E+11	Pa		
9	Shear Modulus	6.5708E+10	Pa		

图 3-20 设置密度

Properties of Outline Row 3: QT600-3

	A	B	C	D	E
1	Property	Value	Unit		
2	Material Field Variables	Table			
3	Density	7120	kg m^-3		
4	Isotropic Elasticity				
5	Derive from	Young's Modulus and Poisso...			
6	Young's Modulus	1.69E+11	Pa		
7	Poisson's Ratio	0.286			
8	Bulk Modulus	1.3162E+11	Pa		
9	Shear Modulus	6.5708E+10	Pa		
10	Tensile Yield Strength	370	MPa		

图 3-21 设置屈服强度

一般的线性静力分析，材料属性只需定义弹性模量和泊松比即可，如果分析中有惯性载荷，则需要定义材料密度，如果分析中需要施加热载荷，则此时需要定义热膨胀系数、热导率、比热容等。

3.4 建立几何模型

几何模型的建立可以利用 Workbench 提供的 DesignModeler（DM）模块和 SpaceClaim（SC）模块，也可以采用自己擅长的 CAD 软件进行建模，Workbench 提供了接口以方便这些模型的导入。

3.4.1 DM 建模

DesignModeler 是 Workbench 提供的一个几何建模模块。它可以快速绘制 2D 草图、3D 建模或导入三维 CAD 模型，还具有参数化建模功能。

3.4.1.1 DesignModeler 界面

在几何单元上右击【Geometry】→单击【New DesignModeler Geometry…】，进入 DesignModeler 用户界面，DesignModeler 的主界面主要由菜单栏、工具栏、导航结构树、视图区、状态栏等组成，如图 3-22 所示。

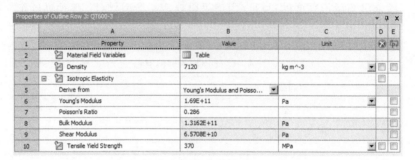

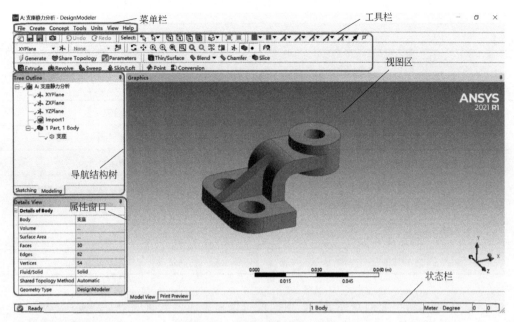

图 3-22　DesignModeler 界面

菜单栏和工具栏集中了 Workbench 的所有的功能命令。导航结构树包括平面、特征、操作、几何模型等，直观地表示所建模型的结构关系，底部有两个标签可以切换到两种操作模式：【Sketching】2D 模式和【Modeling】3D 模式。属性窗口是用来查看或修改模型细节的。视图区是 Workbench 绘制图形的区域。底部的状态栏会显示与执行命令相关的信息,并给出必要的提示。

3.4.1.2　二维平面草图

（1）平面和草图

草图的工作平面是绘制草图的前提，草图中的所有几何元素的创建都将在这个平面内完成。DesignModeler 有三个默认的正交平面（*XY* 平面、*ZX* 平面、*YZ* 平面）。用户可以根据需要选择已有工作平面或建立新的工作平面来放置草图，并且每个工作平面可以和多个草图关联。绘制草图分为两步：

① 定义绘制草图的平面。首先，单击工具栏的 ✳【New Plane】按钮来创建新平面，这时树形目录中显示新平面对象，如图 3-23 所示的【Plane4】。其次，在【Plane4】属性窗口中单击【Type】倒三角符号，会出现构建平面的八种方式，如图 3-24 和表 3-2 所示。选择合适方式定义好后，单击【Generate】完成新平面的创建。

图 3-23　创建绘图工作平面

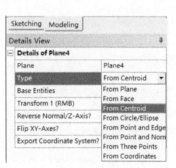

图 3-24　工作平面创建方式

表 3-2 构建平面类型表

构建平面类型	说明
From Plane	基于一个已有平面创建平面
From Face	基于已有几何体表面建立平面
From Centroid	基于几何形心创建平面
From Circle/Ellipse	基于已有圆或椭圆创建平面
From Point and Edge	基于一个点和一条直线的边界定义平面
From Point and Normal	基于一点和一条法线方向定义平面
From Three Points	基于三点定义平面
From Coordinates	基于输入原点坐标和法线坐标定义平面

② 创建草图。新平面创建完成后,这时就可以在平面上创建草图了。首先,选择草图绘制所在的平面,单击工具栏的 【New Sketch】按钮来创建草图,则新草图【Sketch1】出现在相关平面的下方,如图 3-25所示。也可在已有几何体表面创建草图,操作时,首先选中将要创建新平面所要应用的基本表面,然后单击 【New Sketch】按钮来创建草图。

图 3-25 创建草图

(2) 草图模式

切换草图标签【Sketching】可以看到草图工具栏,DesignModeler 2D 绘图工具包括绘图工具【Draw】、修改工具【Modify】、尺寸工具【Dimensions】、约束工具【Constraints】,如图 3-26～图 3-29 所示。表 3-3～表 3-6 为命令解释。

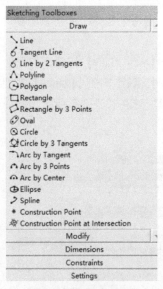

图 3-26 绘图工具

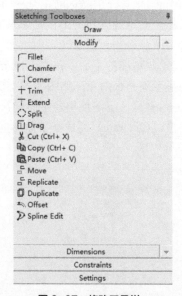

图 3-27 修改工具栏

图 3-28　尺寸工具栏

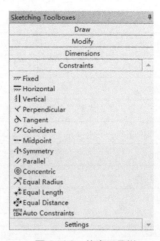

图 3-29　约束工具栏

表 3-3　绘图工具命令及说明

命令	操作说明	命令	操作说明
Line	画直线，需指出两点	Circle by 3 Tangents	由 3 个切点定圆
Tangent Line	画圆弧切线	Arc by Tangent	由一条切线定圆弧
Line by 2 Tangents	画两个圆弧的切线	Arc by 3 Points	由 3 点定圆弧
Polyline	画不规则连续线	Arc by Center	过圆弧圆心和端点 3 点确定圆弧
Polygon	画多边形，3～36 边	Ellipse	画椭圆
Rectangle	以矩形对角线的两点创建矩形	Spline	画样条曲线，单击右键结束绘制
Rectangle by 3 Points	第一点为起始点，第二点确定矩形宽度和角度，第三点确定长度	Construction Point	创建点
Oval	画卵形	Construction Point at Intersection	创建相交线的交点
Circle	由圆心和半径定圆		

表 3-4　修改工具命令及说明

命令	操作说明	命令	操作说明
Fillet	倒圆角	Copy	复制剪切元素
Chamfer	倒角	Paste	粘贴剪切元素
Conner	生成角	Move	移动草图
Trim	修剪	Replicate	复制，设置角度和数量
Extend	延伸直线或曲线	Duplicate	复制，从其他平面复制到当前平面
Split	分割边线	Offset	偏移，选定对象进行偏移
Drag	拉伸线段	Spline Edit	对样条曲线进行编辑
Cut	剪切草图元素		

表3-5 标注工具栏命令及说明

命令	操作说明	命令	操作说明
General	通用标注方法	Angle	角度标注
Horizontal	水平标注方法	Semi-Automatic	自动标注
Vertical	垂直标注方法	Edit	编辑标注尺寸
Length/Distance	长度标注方法	Move	移动标注线或尺寸
Radius	圆或圆弧半径标注	Animate	动态演示，默认为3
Diameter	圆直径标注	Display	显示标注的名称或值

表3-6 约束命令及说明

命令	操作说明	命令	操作说明
Fixed	约束点或边	Symmetry	对称约束
Horizontal	约束为水平线	Parallel	平行约束
Vertical	约束为垂直线	Concentric	同心圆约束
Perpendicular	约束为垂直线	Equal Radius	等半径约束
Tangent	约束为切线	Equal Length	等长度约束
Coincident	约束一致	Equal Distance	等距离约束
Midpoint	约束为中点	Auto Constraints	自动约束

3.4.1.3 三维特征建模

Design Modeler 包括三种不同体类型：①实体【Solid body】，具有面积和体积的体；②表面体【Surface body】，有面积但没有体积的体；③线体【Line body】，完全由线组成的体，没有面积和体积。实体特征创建主要包括基准特征、体素特征、扫描特征、设计特征等部分。通常使用两种方法创建特征模型：一种方法是利用"草图"工具绘制模型的外部轮廓，然后通过扫描特征生成实体效果；另一种方法是直接利用"体素特征"工具创建实体。

（1）拉伸

拉伸【Extrude】特征是将拉伸对象沿着所指定的矢量方向拉伸到某一位置所形成的实体，该拉伸对象可以是草图、曲线等二维几何元素。拉伸可以创建实体、表面、薄壁特征。图3-30为创建的拉伸体，创建完成以后，如不满意，可以在详细列表中修改设置和参数，重新生成满意的模型。

拉伸特征的明细栏中包含下列选项：

① 几何【Geometry】 用于确定拉伸的基准面或草图。

② 特征操作【Operation】 主要包含如下操作：

● 添加材料【Add Material】，创建并合并到激活体中。

● 切除材料【Cut Material】，从激活体中切除材料。

● 添加冻结【Add Frozen】，与添加材料类似，用于新增特征体不被合并到已有模型中，作为冻结体加入。

● 表面印记【Imprint Faces】，与切片操作类似，是 DesignModeler 的特色功能之一。表面印记仅用来分割体上的面，根据需要也可以在边线上添加印记（不会创建新体）。这个功能用在面上划分适用于施加载荷或约束的位置十分有效。

- 切片材料【Slice Material】，将冻结体切片。

③ 方向矢量【Direction Vector】 指定方向矢量来拉伸，用草图作为基准对象，方向矢量自动选择为草图的法线方向。

④ 方向【Direction】 方向与草图的平面有关，可以设置方向为法向【Normal】、反向【Reversed】、两边对称【Both-Symmetric】、两边不对称【Both-Asymmetric】。

⑤ 延伸类型【Extent Type】 主要包含如下类型：

- 固定【Fixed】，固定界限使草图按指定的距离拉伸。
- 贯穿所有【Through All】，将剖面延伸到整个模型。
- 到下一个【To Next】，将轮廓延伸到遇到的第一个面。
- 到面【To Face】，延伸拉伸特征至由一个或多个面形成的边界。
- 到表面【To Surface】，与"到面"类似，但只能选择一个面。

⑥ 拉伸为薄壁体或面体【As Thin/Surface】 可以通过默认厚度或指定厚度拉伸一个薄壁体，如果厚度设置为零，则生成面体。

（2）回转

回转【Revolve】操作时将草图截面或曲线等二维草图沿着所指定的旋转轴线旋转一定的角度而形成实体模型，如法兰盘和轴类等零件。图 3-31 所示为创建的回转体。回转需要一个旋转轴线，可以以坐标系 X/Y/Z 为轴线，也可以创建轴线，如果在草图中有一条孤立（自由）的线，它将被作为默认的旋转轴。

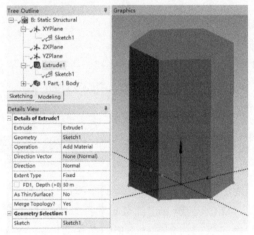

图 3-30　拉伸

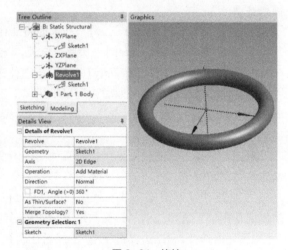

图 3-31　旋转

（3）扫掠

扫掠【Sweep】操作将一个截面图形沿着指定的引导线运动，从而创建出三维实体或片体，其引导线可以是直线、圆弧、样条等曲线。在特征建模中，拉伸和旋转特征都算为扫掠特征，如图 3-32 所示。

（4）蒙皮/放样

蒙皮/放样【Skin/Loft】可以从不同平面上的一系列剖面（轮廓）产生一个与它们拟合的三维几何体（必须选两个或更多的剖面）。剖面可以是一个闭合或开放的环路草图或由表面得到的一个面，所有的剖面必须有同样的边数，必须是同种类型。草图和面可以通过在图形区域内单击它们的边或点，或者在特征或面树形菜单中单击选取，选取后会产生指引线，指引多线是一段灰色的多义线，它用来显示剖面轮廓的顶点如何相互连接。创建蒙皮或放样的操作过程如图 3-33 所示。需要注意的是，剖面不在同一个平面建立。

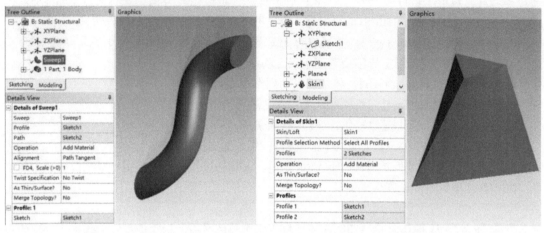

图 3-32 扫掠　　　　　　　　　　　　　　图 3-33 蒙皮/放样

（5）薄壁

薄壁特征可分为创建薄壁实体【Thin】和创建简化壳体【Surface】。在具体的明细栏中，操作类型分为：

① 移除面【Faces to Remove】 所选面将从体中删除。

② 保留面【Faces to Keep】 保留所选面，删除没有选择的面。

③ 仅对体操作【Bodies Only】 只对所选体进行操作，不删除任何面。

将实体转换成薄壁体或面时，可以采用以下三种方向中的一种偏移方向指定模型的厚度：向内（Inward）、向外（Outward）、中面（Mid-Plane），如图 3-34 所示。

（6）倒圆角

倒圆角是用指定的倒圆角半径将实体的边缘变成圆柱面或圆锥面。既可以对实体边缘进行恒定半径的倒圆角，也可以对实体边缘进行可变半径的倒圆角。

① 固定半径倒圆角 固定半径【Fixed Radius】倒圆角是指沿选取实体或面体进行倒圆角，使倒圆角相切于选择边的邻接面。采用预先选择时，可以从右键弹出的菜单获取其他附加选项（面边界环路选择，3D 边界链平滑），然后在明细栏中可以编辑倒圆角半径。单击【Generate】完成特征创建并更新模型，如图 3-35 所示。

② 可变半径倒圆角 可变半径【Variable Radius】倒圆角可以在参数栏中改变每边的起始和结尾的倒圆角半径参数，对实体或面体进行倒圆角，也可以设定倒圆角间的过渡形式为光滑或线性。单击【Generate】完成特征创建更新模型。

③ 顶点倒圆角 顶点倒圆角【Vertex Blend】主要用来对曲面体和线体进行倒圆角。顶点必须属于曲面体或线体，必须与两条边相接；顶点周围的几何体必须是平面的。可以在参数栏里设置半径参数，单击【Generate】完成特征创建更新模型。

（7）倒角

倒角【Chamfer】特征是处理模型周围棱角的方法之一。当产品边缘过于尖锐时，为避免擦伤，需要对其边缘进行倒角操作。倒角的操作方法与倒圆角极其相似，都是选取实体边或面并按照指定的尺寸进行倒角操作。如果选择的是面，那么面上的所有边缘将被倒角。面上的每条边都有方向，该方向定义右侧和左侧。可以用平面（倒角面）过渡所用边到两条边的距离或距离（左或右）与角度来定义斜面。在参数栏中设定倒角类型并设定距离和角度参数后，单击【Generate】完成特征创建更新模型，如图 3-36 所示。

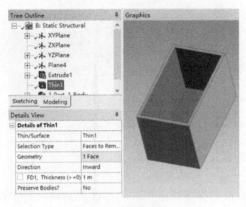

图 3-34 薄壁操作

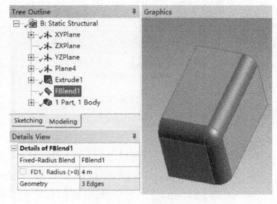

图 3-35 倒圆角

（8）阵列特征

阵列【Pattern】特征允许用户用下面的 3 种方式创建面或体的复制体：①线形（方向 + 偏移距离）；②环形（旋转轴 + 角度）；③矩形（两个方向 + 偏移）。

对于面选定，每个复制的对象必须和原始体保持一致（须同为一个基准区域），且每个复制的面不能彼此接触/相交，如图 3-37 所示。

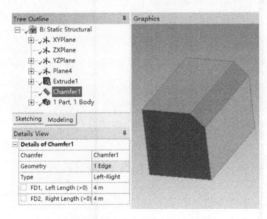

图 3-36 倒角

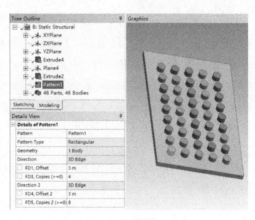

图 3-37 阵列

（9）体操作

对任何几何体进行操作可以点击菜单【Create】→【Body Operation】，在结构树上会出现【BodyOp1】，点击它，其属性窗口如图 3-38 所示。用户可以对任何几何体进行操作，包括对几何体的缝合、简化、切除材料、切分材料、表面印记和清除体操作。

（10）体变换操作

针对体的变换操作可以点击菜单【Create】→【Body Transformation】，如图 3-39 所示。针对体的变换操作包括移动【Move】、平移【Translate】、旋转【Rotate】、镜像【Mirror】和比例【Scale】。

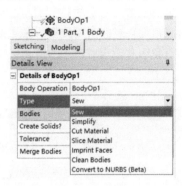

图 3-38　体操作

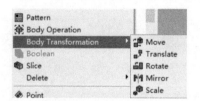

图 3-39　体变换操作

（11）布尔特征

使用布尔操作【Boolean】 可以对现成体做相加、相减、相交和表面印记操作。

① 相加【Unite】 可以把相同类型的体合并在一起，但应注意间隙的大小。

② 相减【Subtract】 可以把相同的体进行相切得出合理的模型，但应注意目标体与工具体的选择。

③ 相交【Intersect】 将冻结的体切成薄片。只在模型中所有的体被冻结时才可用。

④ 表面印记【Imprint Faces】 类似于切片【Slice】操作，只是体上的面是被分开的，若有必要，则边也可被黏附【Imprinted】（不产生新体）。

（12）切片

在 DesignModeler 中，可以对复杂的体进行切片【Slice】操作，以便划出高质量的网格，被划出的体会自动冻结。该特征在对体进行共享拓扑前后都可以操作。

切片类型如图 3-40 所示，分为如下几种：

① 用工作平面切分【Slice by Plane】 用指定的平面切分模型。

② 面切分【Slice off Faces】 在模型中，选择切分的几何面，通过切分出的面创建一个分离体。

③ 表面切分【Slice by Surface】 选定一个表面作为切分工具来切分体。

④ 边切分【Slice off Edges】 选定切分边，通过切出的边创建分离体。

⑤ 闭合的边切分【Slice by Edge Loop】 选择闭合的边作为切分工具切分体。

（13）删除操作

删除操作包括对体的删除【Body Delete】、面的删除【Face Delete】和点的删除【Edge Delete】，如图 3-41 所示。

图 3-40　切片类型

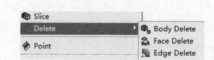

图 3-41　删除操作

（14）体素特征

基本体素特征包括长方体、圆柱体、锥体、球体，这些特征均被参数化定义，可以根据需要对其大小及位置在详细列表窗口进行尺寸驱动编辑。创建体素特征的方法是单击【Create】→【Primitives】，然后根据创建需要选择一体素特征，编辑尺寸即可创建体素特征，如图 3-42、图 3-43 所示。

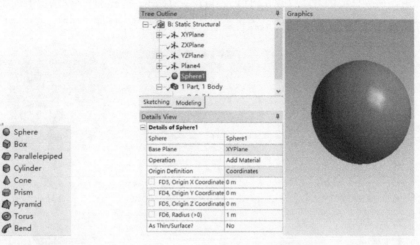

图 3-42　体素特征　　　　　　　　　　图 3-43　创建球特征

3.4.1.4　概念建模

概念建模主要用来创建和编辑线体或面体，使之成为可作为有限元梁和壳板模型的线体或表面体。

（1）线体建模

创建线体的方式有三种，分别为：

① 从点生成线体【Lines from points】。从点生成线体可以是任何 2D 草图点、3D 模型顶点、点特征生成的点（PF points），由点构成线段，点线段是连接两个选定点之间的直线。当选择了点线段，屏幕上会出现绿线，表示已经形成了线体。

② 从草图生成线体【Lines from sketches】。从草图生成线体可以基于基本模型来创建线体，如基于草图和从表面得到的平面创建线体。这种方法适宜于创建复杂的桁架体。

③ 从边生成线体【Lines from edges】。从边生成线体可以基于已有的 2D 和 3D 模型边界创建线体，这种方法根据所选边和面的关联性质可以创建多个线体。

注意，生成的线体是可以修改分割的，操作的方法是切割线体【Split Line Body】命令。

（2）面体建模

创建表面体有三种方法，分别为：

① 从线生成表面【Surfaces From Edges】。从线生成表面是用线体边作为边界创建表面体，线体边必须没有交叉的闭合回路。应用线体创建面体的时候需注意，无横截面属性的线体能用于将表面模型连在一起，在这种情况下线体仅起到确保表面边界有连续网格的作用。

② 从草图生成表面【Surfaces From Sketches】。从草图生成面体可以由单个或多个草图作为边界创建面体。基本草图必须是不自相交叉的闭合剖面，键入厚度后可用于创建有限元模型。

③ 从 3D 边生成表面【Surfaces From Faces】。从 3D 边生成面体可以是实体边或线体边，被选择的边必须形成不交叉的封闭环。

（3）横截面

横截面的作用是作为一种属性分配给线体，这样有利于在有限元仿真中定义梁的属性。在DesignModeler 中，在草图中描绘横截面并通过一组尺寸控制横截面的形状。需要注意的是，在 DesignModeler 中，对横截面使用一套不同于 ANSYS 经典界面环境的坐标系。

通过横截面概念建模的方法是单击【Concept】→【Cross Section】，然后根据创建需要选择一个横截面，编辑界面尺寸，进行拉伸或旋转操作，即可创建实体特征，如图 3-44、图 3-45 所示。

图 3-44 创建横截面

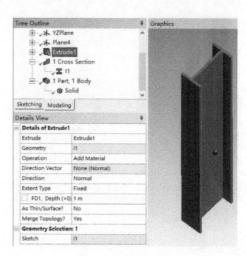

图 3-45 截面拉伸体

3.4.2 导入外部 CAD 建模

尽管 Workbench 提供了 DesignModeler 和 SpaceClaim 等建模模块，但由于用户习惯，可能还是会采用自己擅长的 CAD 软件进行建模，Workbench 提供了接口以方便这些模型的导入。

导入的方法是在 DesignModeler 中，点击菜单【File】，用户可以选择【Import External Geometry File...】或【Attach to Active CAD Geometry】菜单项导入外部 CAD 模型，如图 3-46 所示。导入的模型文件类型很多，如图 3-47 所示，既可以是 CAD 的专用格式（如 Creo 的 prt 文件、SOLIDWORKS 的 sldprt 文件等），也可以是中性文件格式（如 igs、step 等）。

图 3-46 导入外部 CAD 建模

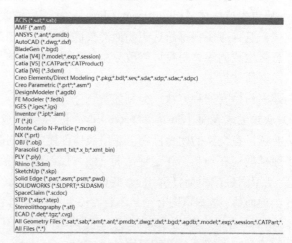

图 3-47 可导入的模型文件类型

3.4.3　DM 三维建模——支座

利用 DesignModeler 建立如图 3-48 所示的三维支座模型。

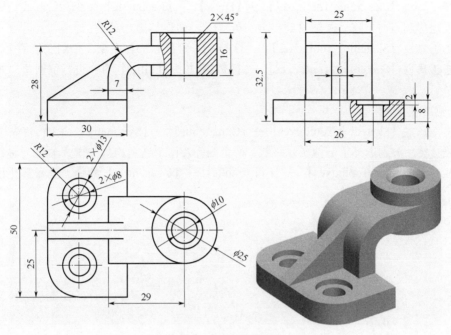

图 3-48　支座模型

（1）创建几何模型系统并进入 DesignModeler（DM）编辑

① 创建几何模型组件系统。在工具箱【Toolbox】的【Component Systems】中双击或拖动【Geometry】组件系统到项目分析流程图，并修改模块名称为"支座三维模型"，如图 3-49 所示。

② 进入 DM 建模模块。双击【Geometry】模块的 A2 栏，启动 DM 建模模块。

③ 设置绘图单位。进入 DM 模块后，点击【Units】菜单项，将单位设置为"Millimeter"，如图 3-50 所示。

图 3-49　创建【Geometry】组件　　　　图 3-50　设置单位

（2）创建底板特征

① 创建草图，进入草绘模块编辑。

选择 XYPlane 平面，单击工具栏的 ▨【New Sketch】按钮创建草图 Sketch1。右键单击导航树【Tree Outline】的【Sketch1】，选择【Look at】，使得 *XOY* 草绘平面正对屏幕。点击导航树【Tree Outline】的【Sketching】选项，进入草绘模块。

② 绘制底板大致形状。

单击工具栏【Sketching Toolboxes】→【Draw】→【Rectangle】命令，绘制底板矩形，注意，拾取矩形起点时，移动鼠标直到出现字母 "C"，使得其落在 *Y* 轴上。

单击工具栏【Sketching Toolboxes】→【Draw】→【Circle】命令，绘制底板两个圆孔。

单击工具栏【Sketching Toolboxes】→【Modify】→【Fillet】命令进行倒圆角，如图 3-51 所示。

③ 施加对称约束。

单击工具栏【Sketching Toolboxes】→【Constraints】→【Symmetry】命令，首先选择 *X* 轴为对称线，然后分别选择上下两条水平线、两个圆孔及两个圆角施加关于 *X* 轴的对称约束；单击工具栏【Sketching Toolboxes】→【Constraints】→【Concentric】命令，选择圆孔和圆角使其同心。结果如图 3-52 所示。

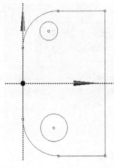
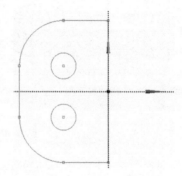

图 3-51　绘制底板草图　　　　　　图 3-52　施加对称约束结果

④ 标注并修改尺寸。

单击工具栏【Sketching Toolboxes】→【Dimensions】→【General】，标注尺寸 V1、D2 和 R3，单击工具栏【Sketching Toolboxes】→【Dimensions】→【Horizontal】，标注尺寸 H4，如图 3-53 所示。

在工具栏【Details View】→【Dimensions: 4】中修改尺寸值，如图 3-54 所示，完成草图 "Sketch1" 的绘制。

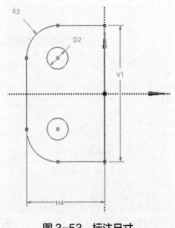
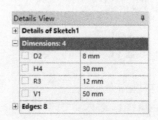

图 3-53　标注尺寸　　　　　　　图 3-54　修改尺寸值

⑤ 生成底板拉伸体。

点击导航树【Tree Outline】的【Modeling】选项，进入模型模块。点击工具栏的图标按钮【Extrude】，则导航树出现一个拉伸体"Extrude1"，在【Details View】中设置【Geometry】为"Sketch1"，【Direction】为"Reversed"，【FD1，Depth（>0）】为"8mm"，如图 3-55 所示。

右键单击导航树【Extrude1】，在弹出菜单中点击【Generate】，生成底板拉伸体，如图 3-56 所示。

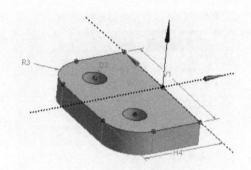

图 3-55　底板拉伸体设置　　　　图 3-56　生成的底板拉伸体

⑥ 绘制底板沉孔截面。

选择 XYPlane 平面，单击工具栏的【New Sketch】按钮创建草图 Sketch2。右键单击导航树【Tree Outline】的【Sketch2】，选择【Look at】，使得 XOY 草绘平面正对屏幕。点击导航树【Tree Outline】的【Sketching】选项，进入草绘模块。

单击工具栏【Sketching Toolboxes】→【Draw】→【Circle】命令，绘制两个圆孔。注意：为了精确捕捉小圆圆心，移动鼠标拾取沉孔圆心时，必须出现字母"P"；为了使两个沉孔的半径约束相等，移动鼠标改变半径时，必须出现字母"R"。

单击工具栏【Sketching Toolboxes】→【Dimensions】→【General】，标注圆孔直径 D5，如图 3-57 所示。

在工具栏【Details View】→【Dimensions：1】中修改尺寸值，如图 3-58 所示，完成草图"Sketch2"的绘制。

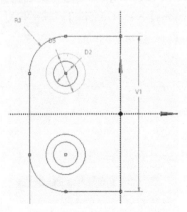
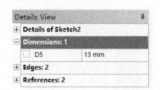

图 3-57　底板沉孔草图及尺寸　　　　图 3-58　修改尺寸参数

⑦ 拉伸生成底板沉孔。

点击导航树【Tree Outline】的【Modeling】选项，进入模型模块。点击工具栏的图标按钮

【Extrude】，则导航树出现一个拉伸体"Extrude2"，在【Details View】中设置【Geometry】为"Sketch2"，【Operation】为"Cut Material"，【Direction】为"Reversed"，【FD1，Depth（>0）】为"2mm"，如图 3-59 所示。

右键单击导航树【Extrude2】，在弹出菜单中点击【Generate】，生成两个底板沉孔，如图 3-60 所示。

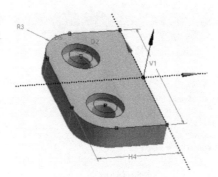

图 3-59　底板沉孔拉伸体设置　　　　图 3-60　生成底板沉孔

（3）创建连接弯板特征

① 创建草图，进入草绘模块编辑。

选择 ZXPlane 平面，单击工具栏的 【New Sketch】按钮创建草图 Sketch3。右键单击导航树【Tree Outline】的【Sketch3】，选择【Look at】，使得草绘平面正对屏幕。点击导航树【Tree Outline】的【Sketching】选项，进入草绘模块。

② 绘制连接弯板扫掠轨迹。

单击工具栏【Sketching Toolboxes】→【Draw】→【Line】命令，绘制两条直线。注意：绘制水平线拾取起点时，移动鼠标靠近垂直坐标轴，当出现字母"C"时，表示该点已捕捉坐标轴，拾取后移动鼠标，必须出现字母"H"，确保为水平线，同理，拾取垂直线起点时，移动鼠标靠近水平线终点，必须保证出现字母"P"，拾取后移动鼠标，必须出现字母"V"，确保为垂直线。

单击工具栏【Sketching Toolboxes】→【Modify】→【Fillet】命令进行倒圆角。

单击工具栏【Sketching Toolboxes】→【Dimensions】→【General】，标注尺寸 R1、H2、V3 及 V4，如图 3-61 所示。在工具栏【Details View】→【Dimensions：4】中修改尺寸值，如图 3-62 所示，完成草图"Sketch3"的绘制。

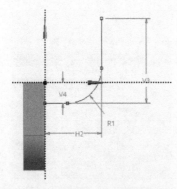

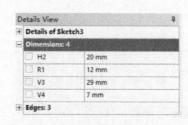

图 3-61　连接弯板扫掠轨迹尺寸标注　　　　图 3-62　修改尺寸

③ 创建草图，进入草绘模块编辑。

选择 *XY*Plane 平面，单击工具栏的 【New Sketch】按钮创建草图 Sketch4。右键单击导航树【Tree Outline】的【Sketch4】，选择【Look at】，使得草绘平面正对屏幕。点击导航树【Tree Outline】的【Sketching】选项，进入草绘模块。

④ 绘制连接弯板扫掠截面。

单击工具栏【Sketching Toolboxes】→【Draw】→【Rectangle】命令，绘制截面矩形，注意，拾取矩形起点时，移动鼠标直到出现字母 "C"，使得其落在垂直坐标轴上。

单击工具栏【Sketching Toolboxes】→【Constraints】→【Symmetry】命令，首先选择水平坐标轴为对称线，然后分别选择上下两条水平线施加关于水平坐标轴的对称约束。

单击工具栏【Sketching Toolboxes】→【Dimensions】→【General】，标注尺寸 H6 和 V7，如图 3-63 所示。在工具栏【Details View】→【Dimensions: 2】中修改尺寸值，如图 3-64 所示，完成草图 "Sketch4" 的绘制。

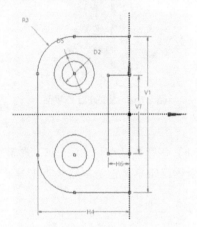

图 3-63　连接弯板扫掠截面尺寸标注

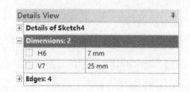

图 3-64　修改尺寸

⑤ 扫掠生成连接弯板。

点击导航树【Tree Outline】的【Modeling】选项，进入模型模块。点击工具栏的图标按钮【Sweep】，则导航树出现一个拉伸体 "Sweep1"，在【Details View】中设置【Geometry】为 "Sweep1"，【Profile】为 "Sketch4"，【Path】为 "Sketch3"，如图 3-65 所示。

右键单击导航树【Sweep1】，在弹出菜单中点击【Generate】，扫掠生成连接弯板，如图 3-66 所示。

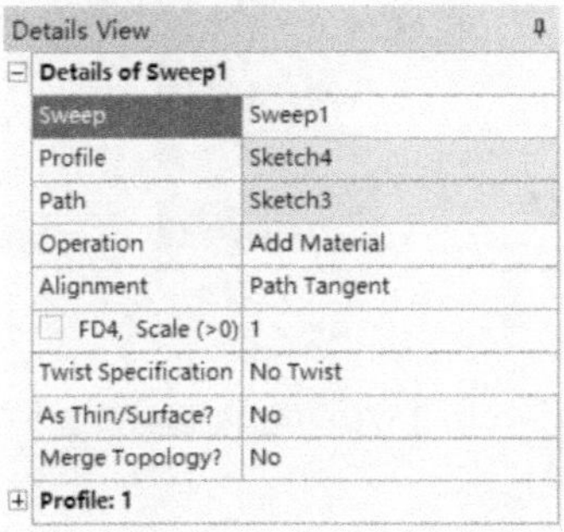

图 3-65　连接弯板扫掠设置

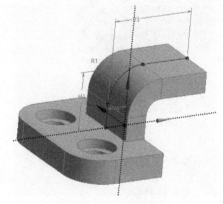

图 3-66　扫掠结果

（4）创建圆柱特征

① 创建工作平面。

单击工具栏的 ✳【New Plane】按钮，创建工作平面 Plane4。点击导航树【Tree Outline】的【Plane4】，在【Details View】中设置【Type】为"From Face"，【Base Face】选择弯板顶面，【Transform 1】为"Offset Z"，【FD1，Value1】为"4.5mm"，如图 3-67 所示。生成的工作平面 Plane4 如图 3-68 所示。

图 3-67 工作平面设置   图 3-68 生成的工作平面

② 创建草图，进入草绘模块编辑。

选择 Plane4 平面，单击工具栏的 ✎【New Sketch】按钮创建草图 Sketch5。右键单击导航树【Tree Outline】的【Sketch4】，选择【Look at】，使得草绘平面正对屏幕。点击导航树【Tree Outline】的【Sketching】选项，进入草绘模块。

③ 绘制圆截面。

单击工具栏【Sketching Toolboxes】→【Draw】→【Circle】命令，绘制圆截面，如图 3-69 所示。注意：拾取圆心时，必须在水平轴附近移动鼠标直至出现字母"C"。

单击工具栏【Sketching Toolboxes】→【Constraints】→【Tangent】命令，选择圆与弯板左右两边在该工作平面的投影，使之相切，如图 3-70 所示。

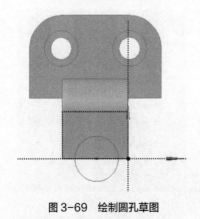
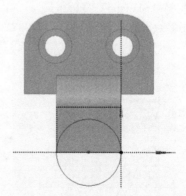

图 3-69 绘制圆孔草图   图 3-70 施加相切约束结果

④ 拉伸生成圆柱特征。

点击导航树【Tree Outline】的【Modeling】选项，进入模型模块。点击工具栏的图标按钮

【Extrude】，则导航树出现一个拉伸体"Extrude3"，在【Details View】中设置【Geometry】为"Sketch5"，【Direction】为"Reversed"，【FD1, Depth（>0）】为"16mm"，如图 3-71 所示。

右键单击导航树【Extrude3】，在弹出菜单中点击【Generate】，生成圆柱特征，如图 3-72 所示。

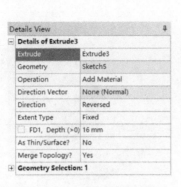

图 3-71　圆柱拉伸体设置

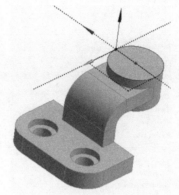

图 3-72　生成圆柱特征

⑤ 创建草图，进入草绘模块编辑。

选择 Plane4 平面，单击工具栏的 【New Sketch】按钮创建草图 Sketch6。右键单击导航树【Tree Outline】的【Sketch6】，选择【Look at】，使得草绘平面正对屏幕。点击导航树【Tree Outline】的【Sketching】选项，进入草绘模块。

⑥ 绘制圆孔截面。

单击工具栏【Sketching Toolboxes】 → 【Draw】 → 【Circle】命令，绘制圆孔截面。注意：拾取圆心时，必须出现字母"P"，确保与外面的大圆同心。

⑦ 标注并修改尺寸。

单击工具栏【Sketching Toolboxes】 → 【Dimensions】 → 【General】，标注尺寸 D1，如图 3-73 所示。

在工具栏【Details View】 → 【Dimensions：①】中修改尺寸值，如图 3-74 所示，完成草图"Sketch6"的绘制。

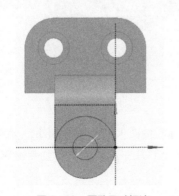

图 3-73　圆孔尺寸标注

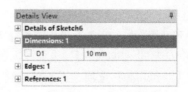

图 3-74　修改尺寸值

⑧ 拉伸切除圆柱孔。

点击导航树【Tree Outline】的【Modeling】选项，进入模型模块。点击工具栏的图标按钮

【Extrude】，则导航树出现一个拉伸体"Extrude4"，在【Details View】中设置【Geometry】为"Sketch6"，【Operation】为"Cut Material"，【Direction】为"Reversed"，【FD1，Depth（>0）】为"16mm"，如图3-75所示。

右键单击导航树【Extrude2】，在弹出菜单中点击【Generate】，生成圆柱孔，如图3-76所示。

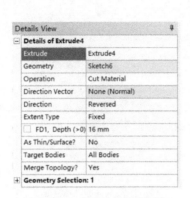

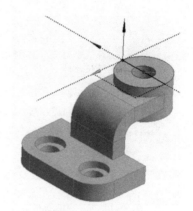

图3-75　圆柱孔拉伸体设置　　　　　　　　图3-76　生成圆柱孔

⑨ 倒角。

点击工具栏的图标按钮【Chamfer】，则导航树出现一个拉伸体"Chamfer1"，在【Details View】中点击【Geometry】选择上圆孔圆边，设置【Type】为"Left-Right"，【FD1，Left Length（>0）】为"2mm"，【FD1，Right Lenght（>0）】为"2mm"，如图3-77所示。倒角结果如图3-78所示。

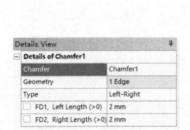

图3-77　倒圆角设置　　　　　　　　　　　图3-78　倒角结果

（5）创建肋板特征

① 创建草图，进入草绘模块编辑。

选择ZXPlane平面，单击工具栏的【New Sketch】按钮创建草图Sketch7。右键单击导航树【Tree Outline】的【Sketch7】，选择【Look at】，使得草绘平面正对屏幕。点击导航树【Tree Outline】的【Sketching】选项，进入草绘模块。

② 绘制肋板截面。

单击工具栏【Sketching Toolboxes】→【Draw】→【Line】命令，绘制直线，如图3-79所示。

单击工具栏【Sketching Toolboxes】→【Constraints】→【Tangent】命令，选择直线与弯板圆弧，使它们相切，如图3-80所示。注意：为了能够选择弯板圆弧，必须使弯板扫掠轨迹【Skecth3】

显示，操作如图 3-81 所示，右击导航树的【Sketch3】，在弹出菜单选择【Always Show Sketch】。

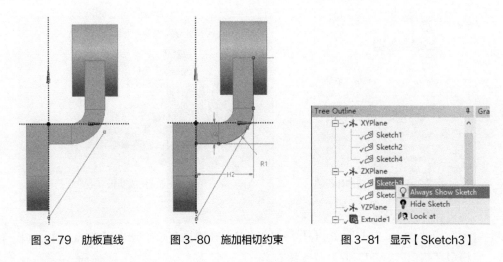

图 3-79　肋板直线　　　图 3-80　施加相切约束　　　图 3-81　显示【Sketch3】

③ 标注并修改尺寸。

单击工具栏【Sketching Toolboxes】→【Dimensions】→【Vertical】，标注尺寸 V5，如图 3-82 所示。

在工具栏【Details View】→【Dimensions: 1】中修改尺寸 V5="30mm"，如图 3-83 所示。

④ 完成肋板封闭截面的绘制。

单击工具栏【Sketching Toolboxes】→【Draw】→【Line】命令，绘制肋板封闭截面如图 3-84 所示，完成草图 "Sketch7" 的绘制。注意：拾取每条直线的端点必须出现字母 "P"，确保首尾相连组成封闭截面，绘制左边的垂直线时还必须出现字母 "V"，确保垂直。

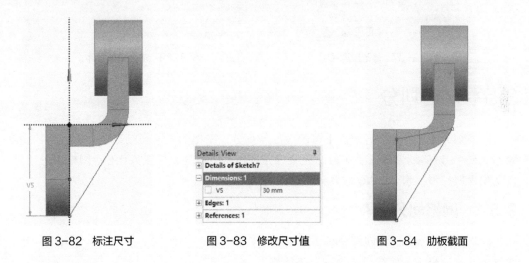

图 3-82　标注尺寸　　　图 3-83　修改尺寸值　　　图 3-84　肋板截面

⑤ 拉伸肋板草图。

点击导航树【Tree Outline】的【Modeling】选项，进入模型模块。点击工具栏的图标按钮【Extrude】，则导航树出现一个拉伸体 "Extrude5"，在【Details View】中设置【Geometry】为 "Sketch7"，【Direction】为 "Both-Symmetric"，【FD1, Depth（>0）】为 "3mm"，如图 3-85 所示。

右键单击导航树【Extrude5】，在弹出菜单中点击【Generate】，生成肋板拉伸体，如图 3-86 所示。

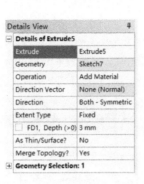

图 3-85　肋板拉伸体设置

图 3-86　生成肋板

（6）输出保存文件

右键单击导航树【1 Part，1 Body】→【Solid】，在弹出菜单中点击【Rename】，如图 3-87 所示，将模型名称由"Solid"改为"支座"。

在 DesignModeler 建模模块中，单击【File】→【Export...】，如图 3-88 所示。选择保存目录，输入文件名"支座三维模型"，保存为"支座三维模型.agdb"。

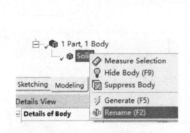

图 3-87　修改模型名字

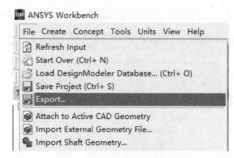

图 3-88　输出模型文件

3.5　网格划分

网格划分是 CAE 仿真分析不可缺少的一部分，网格的质量直接影响计算结果的精度、收敛性。此外，网格划分阶段所花费的时间也往往占整个仿真分析很大比例，网格划分工具越好，自动化程度越高，整个 CAE 仿真分析的效率也越高。

3.5.1　网格划分步骤

网格划分步骤：选择问题分析类型→控制网格形状→控制网格大小→生成网格→评估网格质量→计算结果→评估结果精度→调整网格。

3.5.2　分析类型的选择

Workbench 不同分析类型有不同的网格划分要求：在进行结构分析时，使用高阶单元划分为较为粗糙的网格；在进行 CFD 分析时，需要平滑过渡的网格，进行边界层的转化；而在显式动力学分析时，需要均匀尺寸的网格。

划分网格时，分析类型的选择可以点击结构树的【Mesh】，在【Details of "Mesh"】窗口中，点击【Defaults】→【Physics Preference】右边的下拉列表进行选择，如图 3-89 所示。表 3-7 列出的是各种物理场分析类型选项设置。

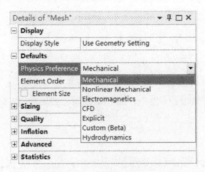

图 3-89　分析类型选项设置

表 3-7　各种物理场分析类型选项设置

物理选项	实体单元 默认中结点	关联中心 默认值	平滑度	过渡
Mechanical（结构场）	Kept	Coarse	Medium	Fast
CFD（流场）	Dropped	Coarse	Medium	Slow
Electromagnetic（电磁场）	Kept	Medium	Medium	Fast
Explicit（显示动力学）	Dropped	Coarse	Fine	Slow

3.5.3　网格形状的控制

3.5.3.1　网格形状类型

ANSYS Meshing 网格类型与使用的网格划分方法有关，不同的网格划分方法会出现不同类型的网格。对于三维实体模型，四面体法只能划出四面体（Tetrahedral）网格类型；扫描法可以划出棱柱（或楔形）[Prismatic（Wedge）] 或六面体（Hexahedral）网格类型；多区域法主要划出六面体（Hexahedral）网格类型；六面体主导法主要划出六面体网格类型；部分含有金字塔形（Pyramidal）网格类型。自动划分方法根据模型的不同产生不同的网格类型，如图 3-90 所示。对于二维表面模型，主要有三角形（Triangle）和四边形（Quadrilateral）网格类型，如图 3-91 所示。

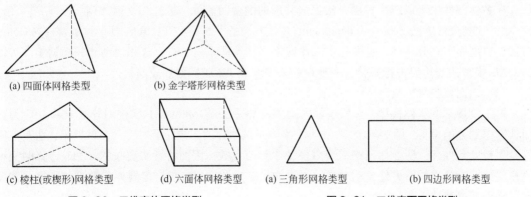

(a) 四面体网格类型　　(b) 金字塔形网格类型

(c) 棱柱(或楔形)网格类型　　(d) 六面体网格类型　　(a) 三角形网格类型　　(b) 四边形网格类型

图 3-90　三维实体网格类型　　　　图 3-91　二维表面网格类型

3.5.3.2 网格划分方法

ANSYS Meshing 按网格划分手段提供了自动划分法【Automatic】、扫描法【Sweep】、多区域法【MultiZone】、四面体法【Tetrahedrons】、六面体主导法【Hex Dominant】网格划分方法。在导航树上用右键单击【Mesh】→【Insert】→【Method】，在方法参数栏里选择几何模型，然后展开【Method】选项栏，可以看到这些方法，如图 3-92 所示。利用以上网格划分方法可以对特殊的几何特性，如复杂三维几何体和薄壁体进行网格划分。

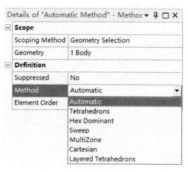

图 3-92　网格划分方法

（1）自动网格划分

自动网格划分【Automatic】为默认的网格划分方法，通常根据几何模型来自动选择合适的网格划分方法。自动进行四面体或者扫掠网格划分，取决于体是否可扫掠。如果模型不规则，程序自动生成四面体网格；如果模型规则，就可以生成六面体网格。

（2）四面体网格

运用四面体划分【Tetrahedrons】方法可以对任意几何体划分四面体网格，在关键区域可以使用曲率和逼近尺寸功能自动细化网格，也可以使用膨胀细化实体边界附近的网格，四面体划分方法的这些优点注定其应用广泛，但也有其缺点，例如，在同样的求解精度情况下，四面体网格的单元和节点数高于六面体网格，因此会占用计算机更大的内存，求解速度和效率方面不如六面体网格。四面体网格划分的两种算法如图 3-93 所示，图 3-94 为连杆四面体网格划分结果。

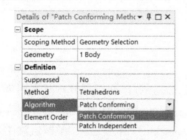

图 3-93　四面体网格划分的两种算法

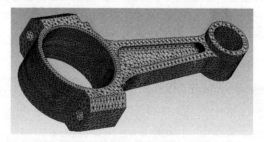

图 3-94　四面体网格划分结果

① 协调分片算法【Patch Conforming】　该方法基于 TGrid 算法，自下而上划分网格，也即先生成面网格，然后生成体网格。在默认设置时，会考虑几何模型所有的边、面等几何较小特征。在多体部件中可以结合扫描方法生成共形的混合四面体、棱柱和六面体网格。

② 独立分片算法【Patch Independent】　该方法基于 ICEM CFD Tetra 四面体或棱柱的 Octree 方法，自顶而下划分网格，也即先生成体网格，然后再映射到点、边和面创建表面网格。可以对 CAD 模型的长边等进行修补，更适合对质量差的 CAD 模型划分网格。

（3）六面体主导网格

对于较规则的实体模型，一般选择六面体主导【Hex Dominant】网格划分法。图 3-95 为六面体网格划分的设置，图 3-96 为采用六面体单元来划分的结果。相对于六面体网格，在获得同等结果精度条件下，四面体网格需要更多的单元节点数，因而将耗费更长的 CPU 计算时间和更多的数据存储空间。另外，动力学分析（如模态、谐响应分析）需要均匀尺寸的网格，六面体网格仍然是首选。

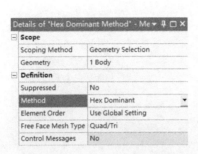

图 3-95　六面体网格划分设置

图 3-96　六面体主导网格划分结果

（4）扫掠网格

扫掠网格【Sweep】划分方法的设置如图 3-97 所示，可以得到六面体网格和三棱柱网格，如图 3-98 所示，其网格数量远低于四面体网格，因此缩短了计算时间，但使用此方法的几何体必须是可扫掠体。一个可扫掠体需满足：具有一个封闭的源面/目标面和连接源面到目标面的路径，没有硬性约束定义导致在源面和目标面相应边上有不同的分割数。具体可以用右键单击【Mesh】，在弹出的菜单中选择【Show】→【Sweepable Bodies】来显示可扫掠体。

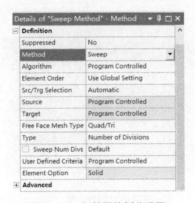

图 3-97　扫掠网格划分设置

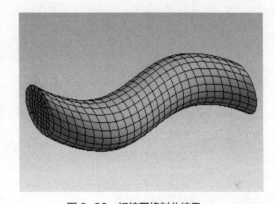

图 3-98　扫掠网格划分结果

扫掠划分网格，一般应选择源起面和目标面，主要有自动选择【Automatic】、手动选择源起面【Manual Source】、手动选择源起面和目标面【Manual Source and Target】、自动指定厚度模型【Automatic Thin】和手动指定厚度模型【Manual Thin】方式，源起面可以划分为四边形或三角形。

（5）多区域网格

选择多区域【MultiZone】网格划分方法，如图 3-99 所示，其基于 ICEM CFD Hexa 模块，可以自动将几何体分解成映射区域和自由区域，对于映射区域并生成纯六面体网格，对自由区域采用自由网格划分。对于一些比较规整的单体部件，如螺栓，传统扫掠方法仍然难以直接扫掠得到六面体网格，而【MultiZone】网格划分可对零件进行自动分区进行得到高质量的网格，大大提高网格划分效率，如图 3-100 所示为螺栓多区域网格划分结果。多重区域网格划分不仅适用于单几何体，也适用于多几何体。

（6）面体网格划分

ANSYS 网格划分平台可以对 SpaceClaim、DesignModeler 或其他 CAD 软件创建的表面

图 3-99　多区域网格划分设置

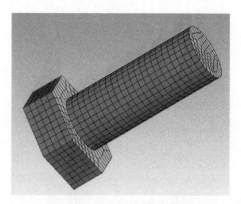

图 3-100　多区域网格划分结果

体划分表面网格或壳体网格，进行 2D 有限元分析。如图 3-101 所示，面体网格划分方法有：

① 四边形为主自动划分方法【Quadrilateral Dominant】。

② 纯三角形网格划分【Triangles】。

③ 多区四边形或三角形边长统一的网格划分【MultiZone Quad/Tri】。

如图 3-102 所示为矩形板面体网格划分结果。

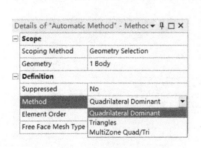

图 3-101　面体网格划分设置

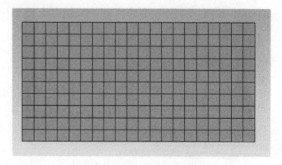

图 3-102　面体网格划分结果

3.5.4　网格大小的控制

ANSYS Workbench 网格大小控制主要有全局网格大小控制和局部网格大小控制两种方法。

3.5.4.1　全局网格控制

全局单元设置是通过在属性窗格中的 Element Size（单元尺寸）设置整个模型使用的单元尺寸，这个尺寸将应用到所有的边、面和体的划分。Element Size（单元尺寸）可以采用默认设置，也可以通过输入尺寸的方式来定义，如图 3-103 所示。

3.5.4.2　局部网格控制

要实现局部尺寸网格划分，在树形目录中右击【Mesh】，在弹出菜单选择【Insert】→【Sizing】，如图 3-104 所示。在局部尺寸的属性窗口的【Scope】→【Geometry】处选择要局部划分的图元，单击【Apply】按钮，点击

图 3-103　全局网格大小设置

【Definition】→【Type】，展开下拉列表，如图 3-105 所示，主要包括三个选项：

　　【Element Size】（单元尺寸）：定义选择实体（包括点、边、面和体）的平均单元尺寸。

　　【Number of Division】（分段数量）：定义选择边的单元数量。

　　【Sphere of Influence】（影响球）：定义球体内所选实体的平均单元尺寸。

以上选择实体不同，类型选项内容也不同，如表 3-8 所示。

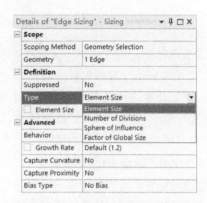

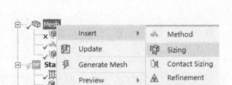

图 3-104　插入局部网格大小　　　　图 3-105　选择控制网格大小的方法

表 3-8　不同类型实体局部网格大小控制方法

选择对象	单元尺寸	分段数量	影响球
体	√		√
面	√		√
边	√	√	√
点			√

3.5.4.3　单元细化控制

　　单元细化【Refinement】控制是对现有网格进行单元细化。划分网格时，首先由全局和局部网格尺寸控制形成初始网格，然后在指定的面、边、点进行单元细化。

　　要实现 Refinement（单元细化），在树形目录中右击【Mesh】，在弹出菜单选择【Insert】→【Refinement】，如图 3-106 所示。在【Details of "Refinement"】窗口的【Scope】→【Geometry】处选择要局部划分的图元，单击【Apply】按钮，点击【Definition】→【Refinement】设置细化水平，如图 3-107 所示，细化水平有 1～3 级，如图 3-108 所示为不同级别细化效果对比，1 级将细化实体初始网格单元的边一分为二，由于不能使用膨胀，所以在对 CFD 进行网格划分时不推荐使用细化。

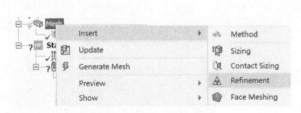

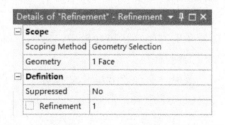

图 3-106　插入细化网格　　　　图 3-107　【Details of "Refinement"】窗口

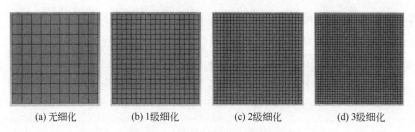

(a) 无细化　　　(b) 1级细化　　　(c) 2级细化　　　(d) 3级细化

图 3-108　不同级别细化效果对比

单元大小控制和细化控制的区别：

① 尺寸控制是在网格划分前给出单元的平均单元长度，可以产生一致网格、膨胀、平滑过渡等。而细化是在原有的基础上进行再操作。

② 细化是打破现有的网格划分。

③ 对几何体网格的划分是先进行尺寸控制，再细化。细化操作有时可以不用。

3.5.4.4　网格数量确定原则

网格数量的多少将影响计算结果的精度和计算规模的大小。一般来讲，网格数量增加，计算精度会有所提高，但同时计算规模也会增加，所以在确定网格数量时应权衡两个因数综合考虑。

图 3-109 中的曲线 1 表示结构中的位移精度随网格数量的变化，曲线 2 代表计算时间随网格数量的变化。可以看出，网格较少时增加网格数量可以使计算精度明显提高，而计算时间不会有大的增加。当网格数量增加到一定程度后，如图中 P 点，再继续增加网格时精度提高甚微，而计算时间却有大幅度增加，所以应注意增加网格的经济性。实际应用时可以比较两种网格划分的计算结果，如果两次计算结果相差较大，可以继续增加网格，相反则停止增加。

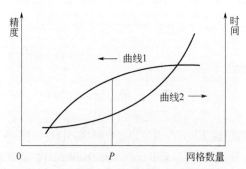

图 3-109　位移精度和计算时间随网格数量的变化

在决定网格数量时应考虑分析数据的类型。在静力分析时，如果仅仅是计算结构的变形，网格数量可以少一些；如果需要计算应力，则在精度要求相同的情况下应取相对较多的网格。同样在响应计算中，计算应力响应所取的网格数应比计算位移响应多。在计算结构固有动力特性时，若仅仅是计算少数低阶模态，可以选择较少的网格，如果计算的模态阶次较高，则应选择较多的网格。在热分析中，结构内部的温度梯度不大，不需要大量的内部单元，这时可划分较少的网格。

要点： 在进行有限元分析时，为了保证精度，根据前人总结的经验，网格大小的设置一般要遵循以下原则，即：

① 模型最小边长应至少要有两层单元；

② 应力云图默认红色区域（最大应力区域）应至少完整两层单元。

3.6　施加边界条件

3.6.1　载荷类型

ANSYS Workbench 结构分析主要有惯性载荷和结构载荷。

（1）惯性载荷

惯性载荷【Inertial Loads】作用在整个系统上，和结果物体质量有关，因此材料属性必须包括密度。常见惯性载荷如图 3-110 所示。

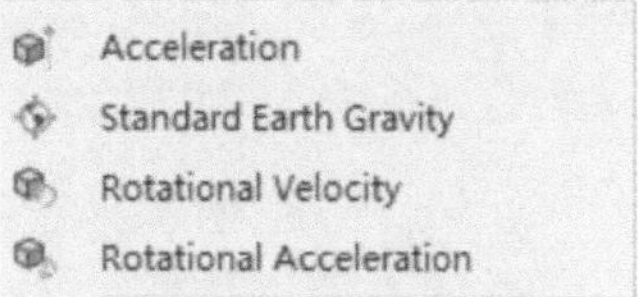

图 3-110　惯性载荷

① Acceleration（加速度）

● 加速度施加在模型上，惯性将阻止加速度所产生的变化，因此惯性力的方向为加速度的反方向。

● 加速度可以定义为分量或矢量的形式。

● 单位是米/秒 ^{2}（m/s^2）。

② Standard Earth Gravity（标准地球重力）

● 重力是通过重力加速度来施加的，其重力方向与重力加速度方向相同。

● 重力加速度的方向定义为整体坐标系或局部坐标系的其中一个坐标轴方向，其值为 $9.8066m/s^2$。

③ Rotational Velocity（角速度）

● 整个模型以给定的速率绕轴转动。

● 以分量或矢量的形式定义。

● 输入单位可以是弧度/秒（默认选项），也可是度/秒。

④ Rotational Acceleration（角加速度）

● 整个模型以给定的加速度绕轴转动。

● 以分量或矢量的形式定义。

（2）结构载荷

结构载荷（Structural Loads）是作用在系统或结构上的力或力矩，Mechanical 中常见的载荷如图 3-111 所示。

① Pressure（压力）

● 以与面正交的方向施加在面上。

● 指向面内为正，反之为负。

● 单位是牛顿/米 ^{2}（N/m^2）。

② Force（集中力）

● 集中力可以施加在点、边或面上。

● 它将均匀分布在所有实体上，单位是牛顿（N）。

● 可以以矢量或分量的形式定义集中力。

③ Hydrostatic Pressure（静水压力）

● 模拟由于流体重量产生的压力。

● 根据 $p = \rho g h$，施加时需指定：重力加速度的大小和方向、流体密度、流体自由表面位置。

④ Bearing Load（轴承载荷）

● 用于模拟轴承载荷，单位为牛顿（N）。

● 轴承载荷只能施加在圆柱面上，其径向分量根据投影面积来分布压力，轴向载荷分量沿着圆周均匀分布，如图 3-112 所示。

图 3-111　结构载荷

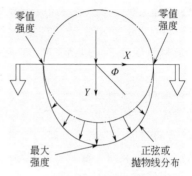

图 3-112　轴承载荷

● 轴承载荷可以矢量或分量的形式定义。

⑤ Moment（力矩载荷）

● 对于实体，力矩只能施加在面上。如果选择了多个面，力矩则均匀分布在多个面上。

● 对于面，力矩可以施加在点上、边上或面上，施加在面上的力矩，力矩的旋转中心为所选面的几何形心。

● 可以根据右手法则以矢量或分量的形式定义力矩。

● 力矩的单位是牛顿·米（N·m）。

⑥ Remote Force（远端载荷）

● 给实体的面或边施加一个偏置的载荷，相当于得到一个等效的力加上由于偏置所引起的力矩。

● 可以以矢量或分量的形式定义。

⑦ Bolt Pretension（螺栓预紧力）

● 给圆柱形截面上施加预紧力以模拟螺栓连接：预紧力（集中力）或者调整量（长度）。

● 需要给物体指定一个局部坐标系统（在 Z 方向上的预紧力）。

⑧ Line Pressure（线压力载荷）

● 只能用于三维模拟中，通过载荷密度形式给一个边上施加一个分布载荷。

● 单位是牛顿/米（N/m）。

● 可按以下方式定义。

　➢ 幅值和向量。

　➢ 幅值和分量方向（总体或者局部坐标系）。

　➢ 幅值和切向。

3.6.2　结构支撑

结构支撑【Structural Supports】利用约束来限制结构在一定范围内移动。Mechanical 常见的支撑约束如图 3-113 所示。

（1）Fixed Support（固定支撑）

限制点、边或面的所有自由度。

- 实体：限制 X、Y 和 Z 方向上的平移。
- 面体和线体：限制 X、Y 和 Z 方向上的平移和绕各轴的转动。

（2）Displacement（位移约束）

- 在点、边或面上施加已知位移。
- 允许在 X、Y 和 Z 方向给予强制位移，当输入"0"时表示该方向被约束，而默认为"Free"表示该方向能自由移动。

图 3-113　结构支撑

（3）Elastic Support（弹性支撑）

- 允许在面/边界上模拟弹簧行为。
- 弹性支撑基于定义的基础刚度【Foundation Stiffness】，即产生基础单位法向变形的压力值。

（4）Frictionless Support（无摩擦约束）

- 在面上施加法向约束。
- 对实体而言，可以用于模拟对称边界约束。

（5）Cylindrical Support（圆柱面约束）

- 施加在圆柱面上。
- 圆柱面约束实际为柱坐标位移约束，为轴向、径向或切向约束提供单独控制。

（6）Simple Supported（简单支撑）

- 可以施加在梁或壳体的边缘或者顶点上。
- 限制平移，但是所有旋转都是自由的。

（7）Fixed Rotation（固定旋转）

- 可以施加在壳或梁的表面、边缘或者顶点上。
- 约束旋转，但是平移不限制。

（8）Remote Displacement（远端位移）

- 允许在远端施加平动和旋转位移约束。
- 需要通过点取或输入坐标值定义远端定位点，默认位置是几何模型的质心。

3.7　求解及结果

完成边界条件设定，单击标准工具条上的 求解按钮求解计算，可以得到多种求解结果，如总变形或各个方向变形、应力应变、支反力等。在 Mechanical 中结果可以在计算前指定，也可以在计算完成后指定；若再增加求解结果对象，则右键单击导航树【Solution】并选择【Evaluate All Results】更新结果即可。所有的结果云图和矢量均可在模型中显示，也可以在【Context toolbar】中改变结果的显示比例。

3.7.1　常用结果

（1）变形显示

在 Mechanical 的计算结果中，可以显示模型的变形量，常用的是总变形（Total Deformation）

和各方向变形（Directional Deformation）。

① 总变形【Total Deformation】 总变形【Total Deformation】是一个标量，它由式（3-1）决定，变形结果对线、面、体都适用，变形结果仅和移动自由度有关。

$$U_{\text{total}} = \sqrt{U_x{}^2 + U_y{}^2 + U_z{}^2} \tag{3-1}$$

② 方向变形【Directional】 方向变形【Directional】可以指定给定坐标下的变形，如 X、Y、Z 方向变形。

（2）应力和应变显示

在 Mechanical 的计算结果中，可以显示模型的应力和应变，见表 3-9。

表 3-9 应变应力结果

Equivalent (von-Mises)	等效应变	Equivalent (von-Mises)	等效应力
Maximum Principal	第一主应变	Maximum Principal	第一主应力
Middle Principal	第二主应变	Middle Principal	第二主应力
Minimum Principal	第三主应变	Minimum Principal	第三主应力
Maximum Shear	最大剪应变	Maximum Shear	最大剪应力
Intensity	应变强度	Intensity	应力强度
Normal	正应变	Normal	正应力
Shear	剪应变	Shear	剪应力
Vector Principal	主应变矢量	Vector Principal	主应力矢量
Thermal	热应变	Error	误差结果
Equivalent Plastic	等效塑性应变	Membrane Stress	薄膜应力
Equivalent Total	等效总应变	Bending Stress	弯曲应力

① 【Equivalent（von-Mises）Stress】（Mises 等效应力）：是物体三向应力状态下，综合考虑三个主应力的结果值，为标量，等效应力和主应力的关系可表示为

$$\sigma_e = \sqrt{\frac{1}{2}\left[(\sigma_1 - \sigma_2)^2 + (\sigma_2 - \sigma_3)^2 + (\sigma_3 - \sigma_1)^2\right]} \tag{3-2}$$

② 【Maximum Principal】，【Middle Principal】，【Minimum Principal】分别表示第一主应力 σ_1、第二主应力 σ_2、第三主应力 σ_3，大小关系 $\sigma_1 > \sigma_2 > \sigma_3$，矢量值，有方向，垂直于该主应力的截面只有正应力，没有剪应力。

③ Intensity（应力强度）其值为 $\sigma_1 - \sigma_3$。

3.7.2 四大强度理论

四大强度理论，指的是最大拉应力理论、最大伸长线应变理论、最大切应力理论、形状改变比能理论这四个与强度有关的理论。

（1）最大拉应力理论（第一强度理论）

这一理论认为引起材料脆性断裂破坏的因素是最大拉应力，无论什么应力状态，只要构件内一点处的最大拉应力 σ_1 达到单向应力状态下的极限应力 σ_b，材料就要发生脆性断裂。于是危险点处于复杂应力状态的构件发生脆性断裂破坏的条件是：$\sigma_1 = \sigma_b$。考虑安全系数 n，$\sigma_b/n = [\sigma]$，

所以按第一强度理论建立的强度条件为：$\sigma_1 \leqslant [\sigma]$，其中 σ_1 为第一主应力。

（2）最大伸长线应变理论（第二强度理论）

这一理论认为最大伸长线应变是引起断裂的主要因素，无论什么应力状态，只要最大伸长线应变 ε_1 达到单向应力状态下的极限值 ε_u，材料就要发生脆性断裂破坏。$\varepsilon_u = \sigma_b / E$。由广义虎克定律得：$\varepsilon_1 = [\sigma_1 - \nu(\sigma_2 + \sigma_3)]/E$（$\nu$ 为泊松比），所以材料发生脆性断裂的条件是：$\sigma_1 - \nu(\sigma_2 + \sigma_3) = \sigma_b$，考虑安全系数 S，$\sigma_b/n = [\sigma]$，按第二强度理论建立的强度条件为：$\sigma_1 - \nu(\sigma_2 + \sigma_3) \leqslant [\sigma]$，其中，$\sigma_1$、$\sigma_2$、$\sigma_3$ 分别表示第一主应力、第二主应力、第三主应力。

（3）最大切应力理论（第三强度理论）

这一理论认为最大切应力是引起屈服的主要因素，无论什么应力状态，只要最大切应力 τ_{max} 达到单向应力状态下的极限切应力 τ_0，材料就要发生屈服破坏，其破坏条件为 $\tau_{max} = \tau_0$。依轴向拉伸斜截面上的应力公式可知 $\tau_0 = \sigma_s/2$（σ_s——横截面上的正应力），由公式得：$\tau_{max} = (\sigma_1 - \sigma_3)/2$。所以破坏条件改写为 $\sigma_1 - \sigma_3 = \sigma_s$，考虑安全系数 n，$\sigma_s/n = [\sigma]$，按第三强度理论的强度条件为：$\sigma_1 - \sigma_3 \leqslant [\sigma]$，其中，$\sigma_1 - \sigma_3$ 为应力强度。

（4）形状改变比能理论（第四强度理论）

这一理论认为形状改变比能是引起材料屈服破坏的主要因素，无论什么应力状态，只要构件内一点处的形状改变比能达到单向应力状态下的极限值，材料就要发生屈服破坏。发生塑性破坏的条件，按第四强度理论的强度条件为：

$$\sigma_e = \sqrt{\frac{1}{2}\left[(\sigma_1 - \sigma_2)^2 + (\sigma_2 - \sigma_3)^2 + (\sigma_3 - \sigma_1)^2 \right]} < [\sigma] \tag{3-3}$$

其中，σ_e 为 Mises 等效应力。

综上所述，强度失效的形式主要有两种形式，即断裂与屈服。相应地，强度理论也分成两类：一类解释断裂失效的，最大拉应力理论（第一强度理论）、最大伸长线应变理论（第二强度理论）；一类解释屈服失效的，最大切应力理论（第三强度理论）、形状改变比能（第四强度理论）。第一、第二强度理论，一般用于铸铁、玻璃、石料、混凝土等脆性材料；第三、第四强度理论一般用于碳钢、铜、铝等塑性材料。

根据材料不同，选择相应的强度理论，利用 Workbench 提取相应应力与许用应力比较就可以进行强度校核。

3.7.3　应力工具

根据上述强度理论，Workbench 提供了应力工具（Stress Tool）选项用来评估连续介质模型的强度。软件提供了四种应力工具，如图 3-114 所示。

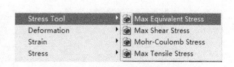

图 3-114　应力工具

① 最大等效应力工具（Max Equivalent Stress），遵循第四强度理论，主要用来评估韧性金属材料的强度，该理论认为计算得到的最大等效应力大于材料的限制应力，则认为材料已经不安全了。

② 最大剪切应力工具（Max Shear Stress），遵循第三强度理论，主要用来评估韧性金属材料的强度，该理论认为计算得到的最大剪切应力大于材料的限制应力，则认为材料已经不安全了。

③ 摩尔库伦应力工具（Mohr-Coulomb Stress），遵循第二强度理论，主要用来评估脆性材料的强度，它综合考虑第一主应力和第三主应力的影响。

④ 最大拉应力工具（Max Tensile Stress），遵循第一强度理论，主要用来评估脆性材料强

度，它认为材料的第一主应力超过材料的限制应力时，则认为材料已经失效。

3.8 ANSYS Workbench 解题步骤——支座

3.8.1 问题描述

对于图 3-48 的支座三维模型，底部安装面通过 2 个安装孔固定，上部承受压力 1MPa，材料为结构钢，边界条件如图 3-115 所示。试对该模型进行静态结构分析，分析其变形及应力并判断其安全性。

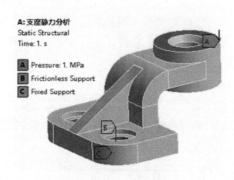

图 3-115　支座边界条件

3.8.2 有限元分析过程

（1）创建结构静力学分析项目

在工具箱【Toolbox】的【Analysis Systems】中双击或拖动结构静力分析项目【Static Structural】到项目分析流程图，并修改项目名称为"支座静力分析"，如图 3-116 所示。

（2）导入几何模型

导入支座模型：右击 A3【Geometry】，在弹出菜单单击【Import Geometry】→【Browse...】，如图 3-117 所示，选择素材中的连杆几何模型"ch03\example1\支座三维模型.agdb"文件导入。

图 3-116　创建结构静力分析系统　　　　图 3-117　导入支座模型

（3）建立有限元模型

① 进入 Mechanical 模块。

在项目管理界面，双击【Model】，进入 Mechanical 模块。

② 设置单位。

依次点击【Home】→【Tools】→【Units】，勾选【Metric（mm, kg, N, s, mV, mA）】。

③ 设置材料。

在导航树中单击【Geometry】→【支座】，在工具栏【Details of "支座"】窗口中，设置【Material】→【Assignment】= "Structural Steel"。

④ 划分网格。

在导航树中单击【Mesh】，在工具栏【Details of "Mesh"】中输入【Element Size】为"2.0mm"，即设置总体网格大小为 2mm，如图 3-118 所示。

右键单击导航树【Mesh】，在弹出菜单选择【Insert】→【Sizing】，工具栏选择过滤器 选择 🔓，在工具栏【Details of "Sizing"】中的【Geometry】选择连接弯板的圆弧面，如图 3-119 所示，点击【Apply】，并在【Element Size】输入"1.0mm"，即此处圆弧局部网格大小设置为 1mm，如图 3-120 所示。

图 3-118　全部网格大小控制

图 3-119　局部网格大小控制区域

单击右键单击导航树中【Mesh】，弹出菜单，选择【Generate Mesh】，生成网格如图 3-121 所示。

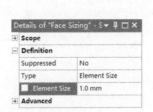

图 3-120　局部网格大小控制

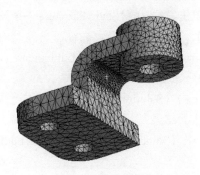

图 3-121　生成的网格

⑤ 施加边界条件。

右键单击导航树的【Static Structural】，选择弹出菜单的【Insert】→【Fixed Support】，按住"Ctrl"键选择支座 2 个螺栓孔施加固定支撑位移约束，如图 3-122 所示。

右键单击导航树的【Static Structural】，选择弹出菜单的【Insert】→【Frictionless Support】，如图 3-123 所示，选择支座底面施加无摩擦支撑位移约束。

右键单击导航树的【Static Structural】，选择弹出菜单的【Insert】→【Pressure】，在工具栏【Details of "Pressure"】中的【Scope】→【Geometry】选择支座顶面，在【Definition】→【Magnitude】

输入数值"1"MPa，如图 3-124 所示，施加压力结果如图 3-125 所示。施加边界条件最终结果如图 3-126 所示。

图 3-122　施加固定支撑位移约束

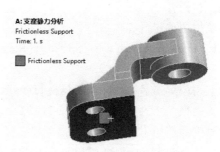

图 3-123　施加无摩擦支撑位移约束

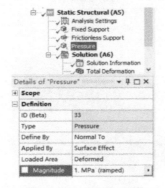

图 3-124　施加压力设置

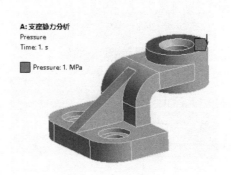

图 3-125　施加压力

（4）求解计算

① 添加需要计算的结果。

右键单击导航树的【Static Structural】→【Solution】，选择弹出菜单的【Insert】→【Deformation】→【Total】，添加变形计算。右键单击导航树的【Static Structural】→【Solution】，选择弹出菜单的【Insert】→【Stress】→【Equivalent（von-Mises）】，添加等效应力计算。

② 进行求解计算。

右键单击【Solution】→【Solve】进行求解计算。

（5）查看结果

① 单击【Solution】→【Total Deformation】，支座变形如图 3-127 所示。

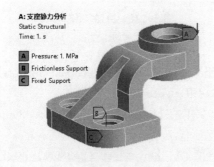

图 3-126　施加边界条件结果

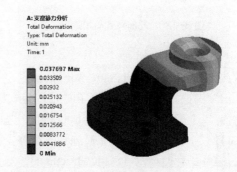

图 3-127　变形结果

② 单击【Solution】→【Equivalent Stress】，支座应力如图 3-128 所示。

图中显示红色最大应力区域已经覆盖超过两层单元，因此，计算精度能够保证。

(6) 保存文件并压缩存档

回到项目管理界面，单击菜单【File】→【Save as...】，选择保存目录，保存名为"支座静力分析"的 wbpj 工程文件；单击菜单【File】→【Archive...】，选择打包文件保存位置后，会弹出压缩文件选项，如图 3-129 所示，勾选【Imported files external to project directory】，单击【Archive】，保存同名的 wbpz 压缩包文件。

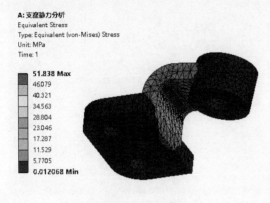

A: 支座静力分析
Equivalent Stress
Type: Equivalent (von-Mises) Stress
Unit: MPa
Time: 1

51.838 Max
46.079
40.321
34.563
28.804
23.046
17.287
11.529
5.7705
0.012068 Min

图 3-128　应力结果

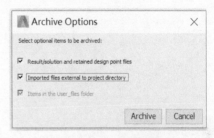

图 3-129　压缩文件选项

习题

3-1　ANSYS Workbench 分析流程是什么？

3-2　ANSYS Workbench 建立几何模型有哪些方法？

3-3　几何模型与有限元模型有何不同？

3-4　ANSYS Workbench 设定网格大小的原则是什么？

3-5　ANSYS Workbench 网格全局和局部大小如何设置？

3-6　ANSYS Workbench 网格形状如何控制？

3-7　ANSYS Workbench 网格单元类型如何查看？

3-8　四面体网格与六面体网格的优缺点是什么？

3-9　自由网格划分、映射网格划分、扫掠网格划分及多区域网格划分一般适用于什么情况？

3-10　ANSYS Workbench 惯性载荷有哪些？

3-11　ANSYS Workbench 结构载荷有哪些？

3-12　ANSYS Workbench 结构支撑约束有哪些？

3-13　四大强度理论各适用于什么材料的强度校核？

3-14　试利用 DesignModeler 模块建立如图 3-130 所示的支架单体几何模型（单位：mm）。

3-15　对于图 3-48 的基座三维模型，沉孔底部为安装面，通过 2 个安装孔固定，竖板两个凸台承受压力 1MPa，材料为结构钢。试对该模型进行静态结构分析，分析其变形及应力并判断其安全性。

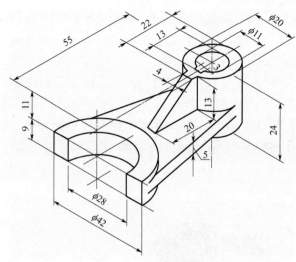

图 3-130　支架几何模型

第 4 章

三维空间问题

4.1 三维实体单元类型

（1）三维实体单元类型概述

三维空间问题的模型为三维模型，常用的实体单元类型主要有 SOLID185、SOLID186 和 SOLID187。SOLID185 和 SOLID186 为六面体单元，也可以退化为四面体和棱柱体，其中，SOLID185 为低阶六面体单元，如图 4-1（a）所示，它有 8 个节点，而 SOLID186 为带中间节点的高阶六面体单元，如图 4-1（b）所示，它有 20 个节点，是 ANSYS Workbench 默认单元类

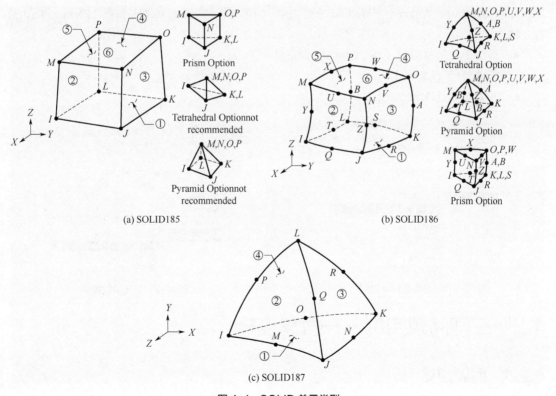

(a) SOLID185   (b) SOLID186

(c) SOLID187

图 4-1 SOLID 单元类型

型。SOLID187 是带中间节点的四面体单元，如图 4-1 （c）所示，它有 10 个节点。三维实体单元每个节点 3 个自由度，分别是 X、Y 和 Z 方向的平移。SOLID186 和 SOLID187 带有中间节点，具有二次位移模式，精度较高，适合模拟带有曲面的模型。

实际选用单元类型的时候，到底是选用六面体还是带中间节点的四面体呢？

如果所分析的结构比较简单，可以很方便地全部划分为六面体单元，或者绝大部分是六面体，只含有少量四面体和棱柱体，此时，应该选用六面体单元；如果所分析的结构比较复杂，采用六面体单元，六面体网格划分不出来，单元全部被划分成了四面体网格，也就是退化的六面体单元，这种情况，计算出来的结果的精度是非常糟糕的。或者模型含有细小特征，局部细化会导致整体网格数量剧增。此时，适合用四面体单元来划分网格。

要点：实体单元的选择，总结起来就一句话：复杂的结构用带中间节点的四面体，优选 SOLID187，简单的结构用六面体单元，优选 SOLID185 或 SOLID186。

（2）Workbench 选择单元类型的方法

① 选择单元形状。

右键单击【Mesh】→【Insert】→【Method】，在【Details of "Automatic Method"】窗口中，如图 4-2 所示，选择【Definition】→【Method】中下拉列表，主要有以下选项：

- 四面体法【Tetrahedrons】。
- 六面体主导法【Hex Dominant】。
- 扫描法【Sweep】。
- 多区域法【MultiZone】

② 选择单元阶数。

在【Details of "Automatic Method"】窗口中，如图 4-3 所示，选择单元阶数【Element Order】有三种选项：

- 利用全局网格设置【Use Global Setting】。
- 低阶单元【Linear】。
- 高阶单元【Quadratic】。

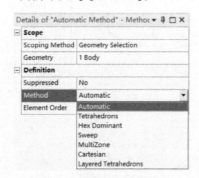

图 4-2　三维网格形状控制

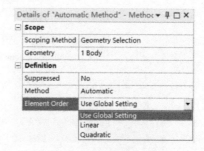

图 4-3　单元阶数控制

4.2　空间问题实例——汽车连杆

4.2.1　问题描述

如图 4-4 所示为汽车连杆三维模型，材料为 40Cr，压缩工况为最危险工况，此时，连杆小头孔受到轴承力为 45416N，大头孔与曲柄销连接固定，试对连杆在压缩工况下进行静态结构分析，分析其变形及应力并判断其安全性。40Cr 材料属性：弹性模量为 2.11×10^{11}Pa，泊松比为 0.277，屈服强度为 785MPa。

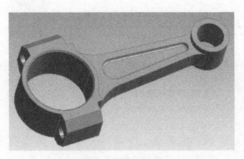

图 4-4　连杆模型

4.2.2　有限元分析过程

（1）创建结构静力学分析项目

在工具箱【Toolbox】的【Analysis Systems】中双击或拖动结构静力分析系统【Static Structural】到项目分析流程图，并修改项目名称为"汽车连杆静力分析"，如图 4-5 所示。

（2）导入几何模型

① 进入 DesignModeler 建模模块。

右键单击【Geometry】，弹出菜单，选择【New DesignModeler Geometry…】，启动 DesignModeler 建模模块。

② 导入连杆模型。

如图 4-6 所示，在【DesignModeler】中点击下拉菜单【File】→【Import External Geometry File…】，弹出对话框，选择本书素材中连杆模型文件 "ch04\example\连杆.prt"，则在结构树【Tree Outline】中出现【Import1】，右击该对象，在弹出菜单中点击【Generate】，如图 4-7 所示，生成轴承座三维模型，如图 4-8 所示。

图 4-5　创建结构静力学分析项目

图 4-6　导入连杆外部几何模型

图 4-7　生成连杆外部几何模型

图 4-8　导入的两个模型

（3）建立有限元模型

① 建立 40Cr 材料。

回到项目管理界面，双击【Engineering Data】进入材料定义模块。此时界面显示该项目可用材料只有"Structural Steel"，在其下方单击输入"40Cr"材料名称，在左边工具箱双击【Linear Elastic】→【Isotropic Elasticity】，则会出现材料"40Cr"的属性定义窗口，如图 4-9 所示。在【Young's Modulus】选择单位 Pa，输入"2.11E+11"，在【Poisson's Ratio】输入"0.277"，如图 4-10 所示。在左边工具箱双击【Strength】→【Tensile Yield Strength】添加屈服强度，如图 4-11 所示。在材料属性定义窗口的【Tensile Yield Strength】选择单位 MPa，输入屈服强度"785"，如图 4-12 所示。

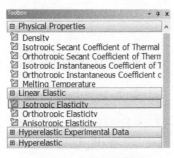

图 4-9　添加材料属性

	A	B	C
1	Property	Value	Unit
2	Material Field Variables	Table	
3	⊟ Isotropic Elasticity		
4	Derive from	Young's Modulus and Poiss...	
5	Young's Modulus	2.11E+11	Pa
6	Poisson's Ratio	0.277	
7	Bulk Modulus	1.577E+11	Pa
8	Shear Modulus	8.2616E+10	Pa

Properties of Outline Row 3: 40Cr

图 4-10　设置材料弹性模量和泊松比

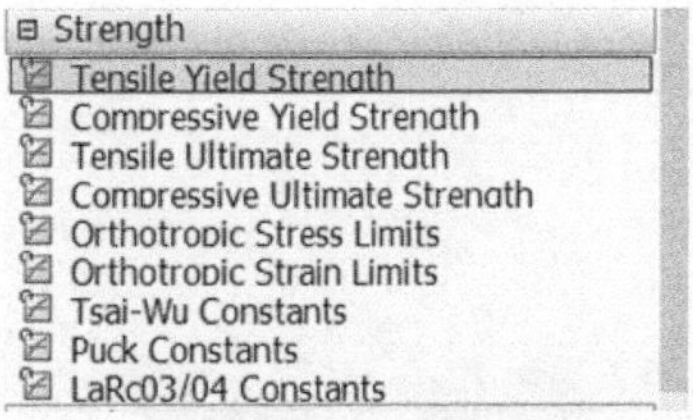

	A	B	C
1	Property	Value	Unit
2	Material Field Variables	Table	
3	⊟ Isotropic Elasticity		
4	Derive from	Young's Modulus and Poiss...	
5	Young's Modulus	2.11E+11	Pa
6	Poisson's Ratio	0.277	
7	Bulk Modulus	1.577E+11	Pa
8	Shear Modulus	8.2616E+10	Pa
9	Tensile Yield Strength	785	MPa

Properties of Outline Row 3: 40Cr

图 4-11　添加屈服强度

图 4-12　设置屈服强度

② 进入 Mechanical 模块。

在项目管理界面，双击【Model】，进入 Mechanical 模块。

③ 设置单位。

依次点击【Home】→【Tools】→【Units】，勾选【Metric（mm，kg，N，s，mV，mA）】。

④ 设置材料。

在导航树中单击【Geometry】→【连杆】，在工具栏【Details of "连杆"】窗口中，设置

【Material】→【Assignment】＝"40Cr"，如图 4-13 所示。

⑤ 划分网格。

在导航树中单击【Mesh】，在工具栏【Details of "Mesh"】中输入【Element Size】为"2.0mm"，即设置总体网格大小为 2mm，如图 4-14 所示。

在导航树【Mesh】单击右键，在弹出菜单选择【Insert】→【Sizing】，如图 4-15 所示，工具栏选择过滤器 🔲🔲🔲 选择 🔲，在工具栏【Details of "Sizing"】中的【Geometry】选择连杆中间端两个侧面靠近小头孔的圆弧面，如图 4-16 所示，点击【Apply】，并在【Element Size】输入"0.2mm"，即此处圆弧局部网格大小设置为 0.2mm，如图 4-17 所示。

右键单击导航树中【Mesh】，弹出菜单，选择【Generate Mesh】，生成网格，如图 4-18 所示。在工具栏【Details of "Mesh"】中单击【Statistics】，可以看到网格节点数为 92230，单元数为 53205，如图 4-19 所示。

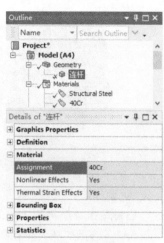

图 4-13　设置材料

图 4-14　设置总体网格大小

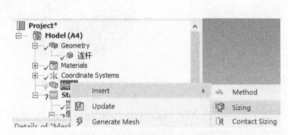

图 4-15　插入局部网格大小控制

图 4-16　选择靠近小头孔的圆弧面

图 4-17　进行网格局部控制

图4-18　生成的网格

图4-19　网格大小

⑥ 施加边界条件。

右键单击导航树的【Static Structural】，如图 4-20 所示，选择弹出菜单的【Insert】→【Fixed Support】，选择连杆大头孔圆柱面施加固定支撑位移约束，如图 4-21 所示。

图4-20　施加固定支撑位移约束

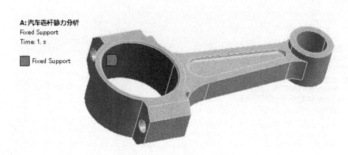

图4-21　选择施加面

右键单击导航树的【Static Structural】，选择弹出菜单的【Insert】→【Bearing Load】，如图 4-22 所示，在工具栏【Details of "Bearing Load"】中的【Scope】→【Geometry】选择小头孔圆柱面，点击【Apply】，在工具栏【Details of "Bearing Load"】中的【Definition】→【Define By】选择 "Components"，在【X Components】输入数值 "-45416N"，如图 4-23 所示。施加的轴承力如图 4-24 所示。连杆施加的所有边界条件结果如图 4-25 所示。

图4-22　施加轴承力

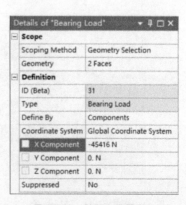

图4-23　轴承力设置窗口

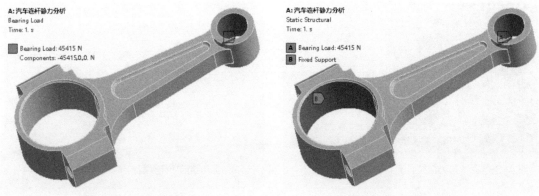

图 4-24　生成的轴承力　　　　　　　图 4-25　施加边界条件结果

（4）求解计算

① 添加需要计算的结果。

右键单击导航树的【Static Structural】→【Solution】，选择弹出菜单的【Insert】→【Deformation】→【Total】，添加变形计算。同理，右键单击导航树的【Static Structural】→【Solution】，选择弹出菜单的【Insert】→【Stress】→【Equivalent（von-Mises）】，添加冯-米塞斯等效应力计算。

② 进行求解计算。

右键单击【Solution】→【Solve】进行求解计算。

（5）查看结果

① 单击【Solution】→【Total Deformation】，连杆变形如图 4-26 所示。

② 单击【Solution】→【Equivalent Stress】，连杆应力如图 4-27 所示。

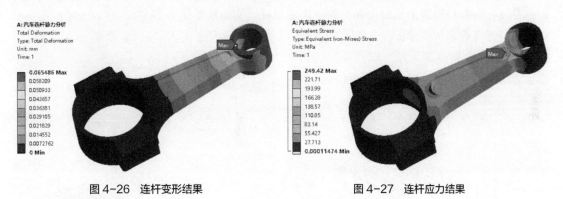

图 4-26　连杆变形结果　　　　　　　图 4-27　连杆应力结果

（6）结果分析

① 对应力云图最大应力处进行放大，如图 4-28 所示，红色区域最大应力处覆盖了两层以上单元，因此网格密度可以保证计算精度。

② 如图 4-28 所示，连杆最大压力 $\sigma_{max} = 249.43\text{MPa}$，屈服强度 $\sigma_s = 789\text{MPa}$，如果安全系数取 $n = 1.5$，$\sigma_{max} = 249.43\text{MPa} < \sigma_s/n = 526\text{MPa}$，因此设计是安全的。

③ 查看单元类型。单击【Solution】→【Solution Information】，鼠标移至【Worksheet】并单击，按住"CTRL+F"快捷键，弹出【查找】对话框，输入"SOLID"回车，则【Worksheet】查找到，当前单元类型是"SOLID187"，如图 4-29 所示。

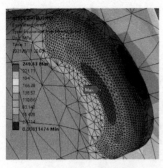

图 4-28　最大应力放大显示

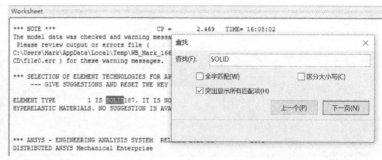

图 4-29　显示当前单元类型

（7）保存文件并压缩存档。

回到项目管理界面，单击菜单【File】→【Save as…】，选择保存目录，保存名为"汽车连杆静力分析"的 wbpj 工程文件；单击菜单【File】→【Archive…】，勾选【Imported this external to project directory】，保存同名的 wbpz 压缩包文件。

习题

4-1　三维实体单元类型有哪些？分别适用什么场合？

4-2　如图 4-30 所示，对一个六方孔螺钉头用六角扳手（截面高度 10mm）进行结构静力分析。弹性模量取 $E = 2.07×10^{11}$ Pa，泊松比 $\mu = 0.3$；在端部作用 100N 的力，同时还作用向下的力 20N。分析扳手在这两种载荷作用下的应力及变形。

4-3　如图 4-31 所示为支架三维模型（ch04\exe4-3\支架.igs），4 个安装螺钉孔施加固定约束，安装孔所在底面施加法向位移约束，底部圆柱上端面承受压力 2MPa，材料为结构钢。试对该模型进行静态结构分析，分析其变形及应力并判断其安全性。

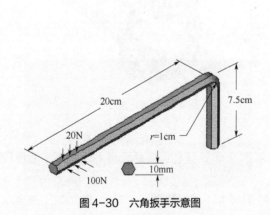

图 4-30　六角扳手示意图

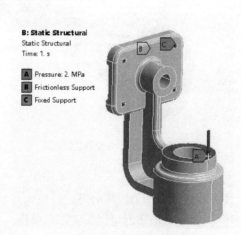

图 4-31　支架

第 5 章

平面问题

5.1　平面应力与平面应变

（1）平面应力与平面应变的概念

平面问题是对实际结构在特殊情况下的一种简化，在实际问题中，任何一个物体严格地说都是空间物体，它所受的载荷一般都是空间的。但是，当工程问题中某些结构或机械零件的形状和载荷情况具有一定特点时，只要经过适当的简化和抽象化处理，就可以归结为平面问题。这种问题的特点为，将一切现象都看作是在一个平面内发生的，平面问题的模型可以大大简化而不失精度。

平面问题要求几何模型沿某一方向的横截面几何形状相同，且只承受平行于截面相同的外部载荷和位移约束。平面问题分为平面应力问题和平面应变问题。

平面应力是指所有的应力都在一个平面内，与该平面垂直方向的应力可忽略。如果平面是 OXY 平面，那么只有正应力 σ_x、σ_y 和剪应力 τ_{xy}，它们都在一个平面内，没有 σ_z、τ_{yz}、τ_{zx}。例如薄板，其模型厚度远小于横截面尺寸，其有限元分析可以简化平面应力问题，如图 5-1 所示。

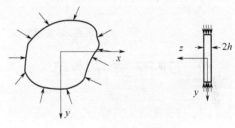

图 5-1　平面应力问题

平面应变是指所有的应变都在一个平面内，与该平面垂直方向的应变可忽略。同样如果平面是 OXY 平面，那么只有正应变 ε_x、ε_y 和剪应变 γ_{xy}，它们都在一个平面内，没有 ε_z、γ_{yz}、γ_{zx}。例如水坝、滚柱、厚壁圆筒、压力管道等，其模型厚度尺寸远大于横截面尺寸，其有限元分析可以简化平面应变问题，如图 5-2 所示。

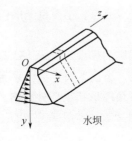
水坝

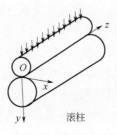
滚柱

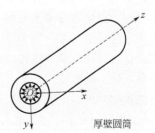
厚壁圆筒

图 5-2　平面应变问题

（2）平面应力与平面应变问题在 Workbench 中的设置

① 设置 2D 分析类型。

在项目概图主界面，单击【Geometry】，选择【Properties of Schematic A3：Geometry】→【Advanced Geometry Options】→【Analysis Type】为 2D，设置分析类型为 2D 分析，如图 5-3 所示。

② 设置平面分析类型。

在 Mechanical 模块，单击导航树【Geometry】，在工具栏【Details of "Geometry"】中选择【2D Behavior】为平面问题分析类型，如"Plane Stress"即平面应力问题，"Plane Strain"即平面应变问题，如图 5-4 所示。

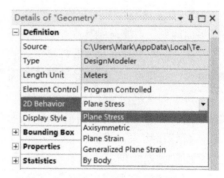

图 5-3 设置 2D 分析类型   图 5-4 设置平面分析类型

5.2 平面单元类型

（1）平面单元类型

平面问题的模型为二维模型，常用的单元类型主要有两种：一种是低阶的平面单元 Plane182，如图 5-5（a）所示，它有 4 个节点（I、J、K、L），单元形状可以是四边形和三角形，三角形为退化形状，此时，节点 K 和 L 重合为同一个节点。另一种是带有中间节点的高阶平面单元 Plane183，为 ANSYS Workbench 默认单元类型，如图 5-5（b）所示，它有三角形和四边形两种形状，四边形形状单元有 8 个节点（I、J、K、L、M、N、O、P），当节点 K、L 和 O 重合为同一个节点，退化为三角形形状，而三角形形状单元有 6 个节点。平面单元的每个节点具有 2 个自由度，分别是 X 和 Y 方向的平移。

Plane182 低阶节点，采用线性位移插值，一般适合简单规则的模型。Plane183 高阶节点，采用二次位移插值，精度较高，适合拟合带有曲线的二维模型，当模型较复杂，采用四边形形状划分网格却得到许多退化的三角形形状网格时，可以选用三角形形状来划分网格。

要点：平面单元的选择，总结起来就一句话：复杂的结构用带中间节点高阶 Plane183 单元，简单的结构选用低阶 Plane182 单元。

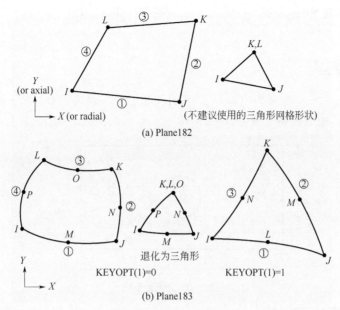

(a) Plane182

(b) Plane183

图 5-5　Plane 单元类型

（2）Workbench 选择单元类型的方法

① 选择单元形状。

右键单击【Mesh】→【Insert】→【Method】，在【Details of "Automatic Method"】窗口中，如图 5-6 所示，选择【Definition】→【Method】中下拉列表有三种选项：

- 四边形为主自动划分方法【Quadrilateral Dominant】。
- 纯三角形网格划分【Triangles】。
- 多区四边形或三角形边长统一的网格划分【MultiZone Quad/Tri】。

② 选择单元阶数。

在【Details of "Automatic Method"】窗口中，如图 5-7 所示，选择单元阶数【Element Order】有三种选项：

- 利用全局网格设置【Use Global Setting】。
- 低阶单元【Linear】。
- 高阶单元【Quadratic】。

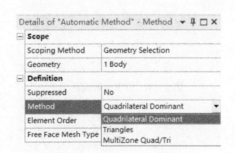

图 5-6　平面网格形状控制

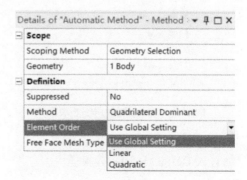

图 5-7　单元阶数控制

5.3 平面应力问题实例——带孔矩形板

5.3.1 问题描述

如图 5-8 所示，一个厚度为 10mm 的带孔矩形板受平面内张力，左边固定，右边受载荷
$P = 20$N/mm 作用，矩形板弹性模量 $E = 2 \times 10^5$N/mm^2，泊松比 $\mu = 0.3$，求其应力及变形情况。

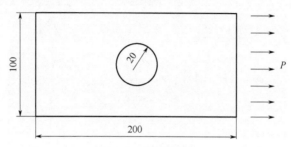

图 5-8　带孔矩形板

5.3.2 有限元分析过程

（1）创建结构静力学分析项目并设置分析类型

① 创建静力分析项目。

在工具箱【Toolbox】的【Analysis Systems】中双击或拖动结构静力分析项目【Static Structural】
到项目分析流程图，并修改项目名称为"带孔矩形板平面应力问题静力分析"，如图 5-9 所示。

② 设置为 2D 分析类型。

单击【Geometry】，选择【Properties of Schematic A3：Geometry】 → 【Advanced Geometry
Options】 → 【Analysis Type】为 2D，设置分析类型为 2D 分析，如图 5-10 所示。

注意： 如果屏幕没有出现【Properties of Schematic A3：Geometry】工具栏，则右键单击
【A3:Geometry】，弹出菜单，选择【Properties】即可。

图 5-9　创建结构静力学分析项目

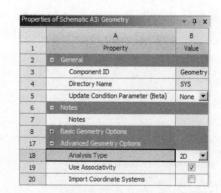

图 5-10　设置分析类型

（2）建立几何模型

① 进入 DesignModeler 建模模块。

右键单击【Geometry】，弹出菜单，选择【New DesignModeler Geometry…】，启动 DesignModeler
建模模块。

② 设置绘图单位。

进入 DM 模块后，点击【Units】菜单项，将单位设置为"Millimeter"，如图 5-11 所示。

③ 进入草绘模块。

右键单击导航树【Tree Outline】的【XYPlane】，如图 5-12 所示，选择【Look at】，使得 *XOY* 草绘平面正对屏幕；点击导航树【Tree Outline】的【Sketching】选项，进入草绘模块，如图 5-13 所示。

注意：2D 分析的 2D 平面模型必须在 *XOY* 平面上建立，否则是无效的模型。

图 5-11　设置单位

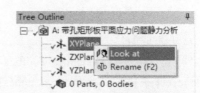

图 5-12　选择 *XOY* 为草绘平面

④ 绘制矩形。

单击工具栏【Sketching Toolboxes】→【Draw】→【Rectangle】激活画矩形命令，移动光标至原点，此时，出现自动约束"P"字母，表明捕捉到原点，单击左键，移动光标至右上方并单击左键，完成矩形绘制。

⑤ 绘制圆孔。

单击工具栏【Sketching Toolboxes】→【Draw】→【Circle】激活画圆形命令，移动光标至矩形中心附近，单击左键，确定圆心大致位置，移动鼠标并单击左键，完成圆孔绘制。

⑥ 标注尺寸。

单击工具栏【Sketching Toolboxes】→【Dimensions】→【General】，进行尺寸标注，如图 5-14 所示。

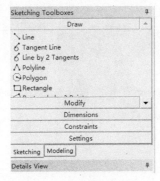

图 5-13　进入草绘模块

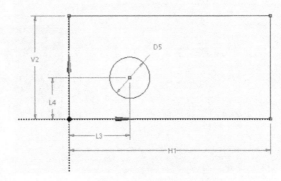

图 5-14　带孔矩形板草图

⑦ 修改尺寸。

在工具栏【Details View】→【Dimensions：5】中修改尺寸值，如图 5-15 所示。修改后结果如图 5-16 所示，完成草绘"Sketch1"的绘制。

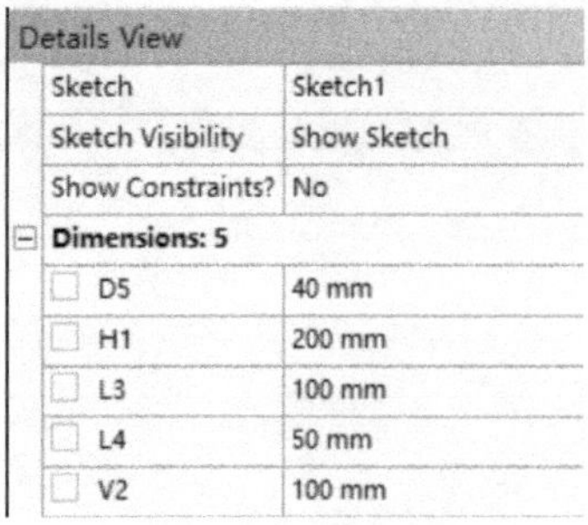

图 5-15　修改尺寸

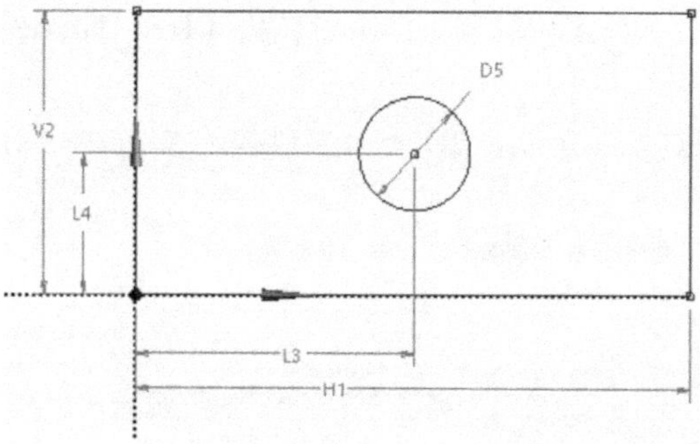

图 5-16　修改尺寸后结果

⑧ 生成面体。

点击工具栏【Sketching Toolboxes】的【Modeling】选项，进入建模模块。点击下拉菜单【Concept】→【Surfaces From Sketches】，如图 5-17 所示，在【Tree Outline】中出现"SurfaceSK1"，在【Details View】→【Details of SurfaceSK1】→【Base Objects】中选择"Sketch1"，点击【Apply】。然后，鼠标右键点击【Tree Outline】中的【SurfaceSK1】，弹出菜单，如图 5-18 所示，选择【Generate】，生成面体，如图 5-19 所示，完成几何建模。

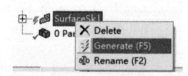

图 5-17　由草图生成面体

图 5-18　生成面体

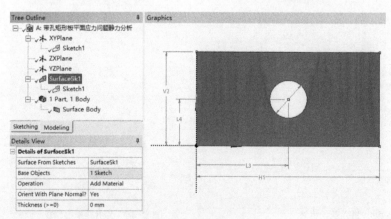

图 5-19　生成面体结果

（3）建立有限元模型

① 进入 Mechanical 模块。

在项目管理界面，双击【Model】，进入 Mechanical 模块。

② 设置单位。

依次点击【Home】→【Tools】→【Units】，勾选【Metric (mm, kg, N, s, mV, mA)】，如图 5-20 所示。

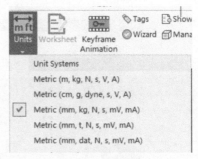

③ 设置平面分析类型。

在导航树中单击【Geometry】，在工具栏【Details of "Geometry"】中选择【2D Behavior】为 "Plane Stress"，即平面应力问题，如图 5-21 所示。

④ 设置厚度及材料。

在导航树中单击【Geometry】→【Surface Body】，在工
具栏【Details of "Surface Body"】中在【Thickness】中输入 "10mm"，在【Material】中的【Assignment】选择 "Structural Steel"，如图 5-22 所示。

图 5-20　设置单位

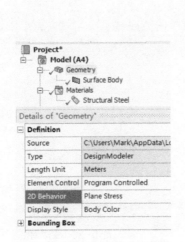

图 5-21　设置 2D 平面应力问题

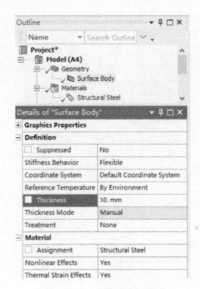

图 5-22　设置厚度和材料

⑤ 划分网格。

在导航树中单击【Mesh】，在工具栏【Details of "Mesh"】中输入【Element Size】为 "4.0mm"，即设置总体网格大小为 4mm，如图 5-23 所示。在导航树【Mesh】单击右键，在弹出菜单选择【Insert】→【Sizing】，如图 5-24 所示。在工具栏选择过滤器 选择 ，在工具栏【Details of "Edge Sizing"】中的【Geometry】选择圆，【Element Size】输入 "1.0mm"，即圆孔圆弧局部网格大小设置为 1mm，如图 5-25 所示。右键单击导航树中【Mesh】，弹出菜单，如图 5-26 所示，选择【Generate Mesh】，生成如图 5-27 所示的网格，在工具栏【Details of "Mesh"】中单击【Statistics】，可以看到网格节点数为 5559，单元数为 1765，如图 5-28 所示。

⑥ 施加边界条件。

右键单击导航树的【Static Structural】，选择弹出菜单的【Insert】→【Fixed Support】，选择矩形板左边为固定端。右键单击导航树的【Static Structural】，选择弹出菜单的【Insert】→

【Force】，在工具栏【Details of "Force"】中的【Scope】→【Geometry】选择矩形板右边为加力边，【Definition】→【Define By】选择"Components"，在【X Components】输入数值"2000N"，如图 5-29 所示。施加边界条件结果如图 5-30 所示。

图 5-23　总体网格大小设置

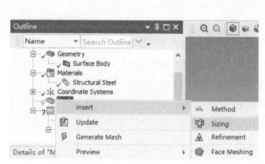

图 5-24　插入局部网格大小控制

图 5-25　局部网格大小设置

图 5-26　生成网格

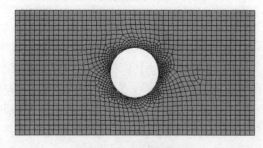

图 5-27　生成的网格

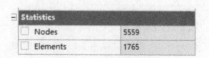

图 5-28　网格数量

注意： 题目给定力的大小为 P = 20N/mm，施加在矩形板的右边，右边长度为 100mm，故施加在该处的力"Force"大小为 20N/mm×100mm = 2000N。该处也可通过压力"pressure"来施加，施加时应输入数值 20N/mm÷10mm（板厚）= 2MPa，由于是拉力，故输入数值"−2"MPa。

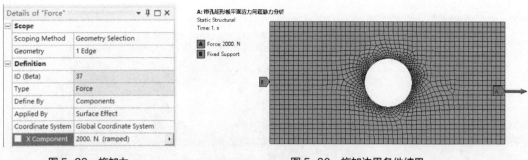

图 5-29　施加力　　　　　　　　图 5-30　施加边界条件结果

（4）求解计算

① 添加需要计算的结果。

右键单击导航树的【Static Structural】→【Solution】，选择弹出菜单的【Insert】→【Deformation】→【Total】，添加变形计算如图 5-31 所示。同理，右键单击导航树的【Static Structural】→【Solution】，选择弹出菜单的【Insert】→【Stress】→【Equivalent（von-Mises）】，添加冯-米塞斯等效应力计算。

② 进行求解计算。

右键单击【Solution】→【Solve】进行求解计算，如图 5-32 所示。

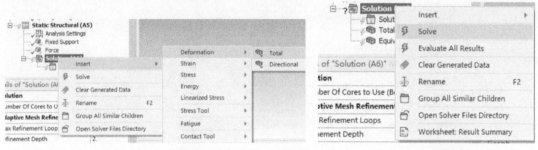

图 5-31　添加要计算的数据　　　　　　　　图 5-32　求解计算

（5）查看结果

① 单击【Solution】→【Total Deformation】，矩形板变形如图 5-33 所示。

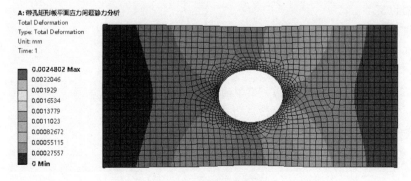

图 5-33　矩形板变形图

② 单击【Solution】→【Equivalent Stress】，矩形板应力如图 5-34 所示。

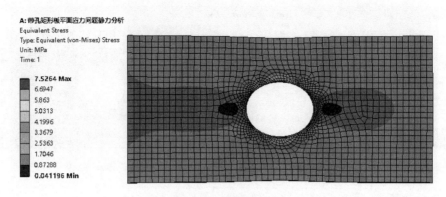

图 5-34　矩形板应力图

③ 查看单元类型。

单击【Solution】→【Solution Information】，鼠标移至【Worksheet】并单击，按住"CTRL+F"快捷键，弹出【查找】对话框，输入"plane"回车，则【Worksheet】查找到，当前单元类型是"PLANE183"，如图 5-35 所示。

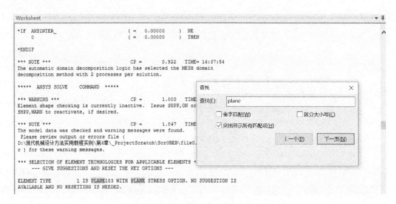

图 5-35　显示当前单元类型

(6) 保存文件并压缩存档

返回项目管理界面，单击菜单【File】→【Save as...】，选择保存目录，保存名为"带孔矩形板平面应力问题静力分析"的 wbpj 工程文件；单击菜单【File】→【Archive...】，保存同名的 wbpz 压缩包文件。

平面问题要点：

① 几何模型和边界条件必须满足平面问题的要求。

② 分析类型必须设置为 2D。

③ 生成 2D 面体（surface body）模型的草图必须落在 XOY 坐标面。

④ 需要选择平面问题类型：平面应力还是平面应变。

⑤ 生成 2D 面体必须指定厚度。

习题

5-1　平面问题有哪些类型？

5-2　平面应变和平面应力适用什么场合?

5-3　平面单元有哪些类型?

5-4　利用 ANSYS Workbench 对平面问题分析操作时有哪些注意要点?

5-5　如图 5-36 所示,对一个书架上常用的钢支架进行结构静力分析。支架厚度为 3mm;材料为结构钢,弹性模量 $E = 200\text{GPa}$,泊松比 $\mu = 0.3$,支架左边界固定;顶面上作用一个 2625N/m^2 均布载荷。

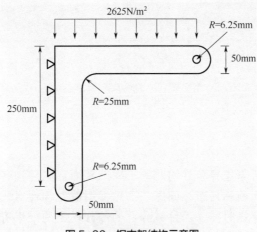

图 5-36　钢支架结构示意图

5-6　自行车扳手如图 5-37 所示(单位: mm),材料为结构钢,扳手厚度为 3mm,左边六边形孔施加固定支撑约束,右边受 8.8N/mm 均布载荷,求受力后的应力、变形。

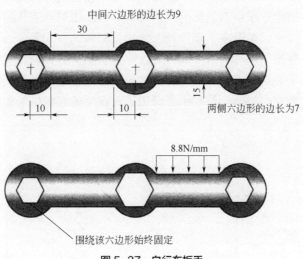

图 5-37　自行车扳手

第 6 章

对称问题

6.1 对称问题

如果模型的几何形状与边界条件均对称于同一平面，则结构各点的位移、应力及应变均对称于该平面，这类问题称为对称问题。通过模型的对称性对一部分模型进行分析不但减少了计算量，缩短了计算时间，而且其分析的部分模型的结果可以用来反映整个模型的受力情况。

6.1.1 对称与反对称

对称包括对称和反对称。对称是指在结构分析中不能发生对称面外的平移和对称面内的旋转。反对称是指在结构分析中不能发生对称面内的移动和对称面外的旋转。如图 6-1 所示为三维模型对称与反对称，如图 6-2 所示为二维模型对称与反对称。（a）为对称模型，其模型几何形状与边界条件是完全对称的，（b）为反对称模型，其几何形状对称，而边界条件是相反的。对称本质上是对模型施加了和垂直对称面方向的直线位移和绕对称面任意直线的转动位移约束，反对称则刚好相反，是对模型施加了对称面内直线位移和绕垂直对称面轴线的转动位移约束。

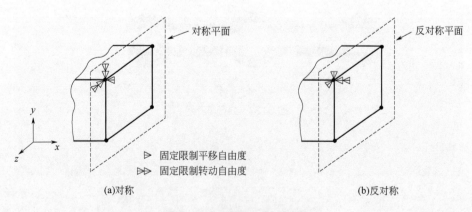

图 6-1　三维模型对称与反对称

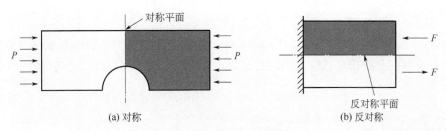

图 6-2　二维模型对称与反对称

6.1.2　对称类型

ANSYS Workbench 对称类型包括：对称、线性周期对称、圆周对称、轴对称等，对应的边界条件，包括：对称区域【Symmetry Region】、线性周期【Linear Periodic】、圆周循环对称区域【Cyclic Region】、预网格圆周对称区域【Pre-Meshed Cyclic Region】和轴对称【General Axisymmetric】，如图 6-3 所示。

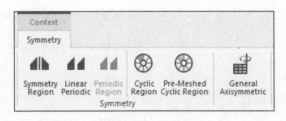

图 6-3　对称类型

6.2　实例 1：平面对称问题实例——带孔矩形板

6.2.1　问题描述

对于 5.3 带孔矩形板实例，如图 6-4 所示，由于矩形板截面几何形状与边界条件均对称于水平线 ab，故可以利用对称性进行建模，既减小模型的大小，又能保证同样精度。

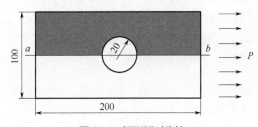

图 6-4　矩形板对称性

6.2.2　有限元分析过程

（1）调出"带孔矩形板平面应力问题静力分析"压缩包文件

双击第 5 章的"ch05\example\带孔矩形板平面应力问题静力分析.wbpz"压缩包文件，启动该项目文件。

（2）复制已有分析模块

右键点击分析模块【A1：Static Structural】，在弹出菜单中选择【Duplicate】，如图 6-5 所示，复制一个新的分析模块，修改模块名称为"带孔矩形板平面对称应力问题静力分析"，如图 6-6 所示。

带孔矩形板平面应力问题静力分析

带孔矩形板平面对称应力问题静力分析

图 6-5　复制分析模块　　　　　　　　**图 6-6　复制后的分析模块**

（3）修改几何模型

① 进入 DesignModeler 建模模块。

右键单击【B3:Geometry】，弹出菜单，选择【Edit Geometry in DesignModeler...】，启动 DesignModeler 建模模块。

② 生成草图 Sketch2。

左键单击选中导航树【Tree Outline】的【XYPlane】，然后移动鼠标至工具栏，点击图标，生成一个新的草图"Sketch2"，如图 6-7 所示。选中草图"Sketch2"，点击导航树【Tree Outline】的【Sketching】选项，进入草绘模块。

③ 编辑草图 Sketch2。

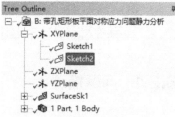

图 6-7　生成草图 Sketch2

单击工具栏【Sketching Toolboxes】→【Draw】→【Rectangle】激活画矩形命令，完成如图 6-8 所示的矩形绘制。选择工具栏【Sketching Toolboxes】→【Constraints】→【Coincident】约束类型，首先选择刚才绘制矩形的上边，然后选择圆孔圆心，则矩形上边平行移动并通过圆心，如图 6-9 所示。

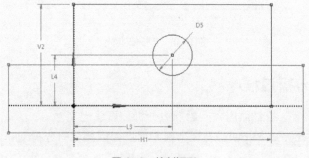

图 6-8　绘制矩形

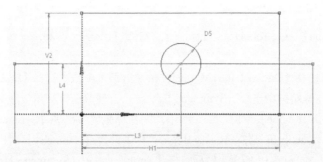

图6-9 约束矩形上边通过圆心

④ 拉伸切除矩形板一半。

点击工具栏【Sketching Toolboxes】的【Modeling】选项，进入建模模块。选中草图"Sketch2"，点击工具栏的图标按钮 Extrude，则导航树出现一个拉伸体"Extrude1"，在【Details View】中设置【Operation】为"Cut Material"，如图6-10所示。右键单击导航树【Extrude1】，在弹出菜单中点击【Generate】，如图6-11所示，则拉伸体切除了下面一半矩形板，如图6-12所示，完成矩形板对称建模任务。

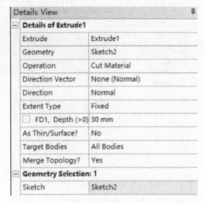

图6-10 用于切除矩形板的拉伸体设置

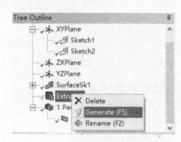

图6-11 生成拉伸体

（4）建立有限元模型

① 进入 Mechanical 模块。

在项目管理界面，双击【Model】，弹出如图6-13所示对话框，单击【是】，进入 Mechanical 模块。

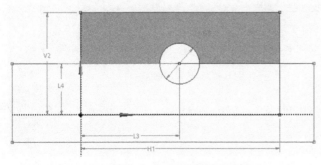

图6-12 切除矩形板一半结果

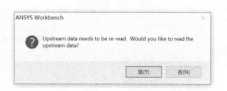

图6-13 更新上游数据

② 设置单位。

依次点击【Home】→【Tools】→【Units】，勾选【Metric（mm, kg, N, s, mV, mA）】。

③ 创建对称。

右键单击选中导航树【Outline】的【Model】，在弹出菜单中依次选择【Insert】→【Symmetry】，如图 6-14 所示，则在导航树中出现【Symmetry】对象。右键单击该对象，在弹出菜单中依次选择【Insert】→【Symmetry Region】，如图 6-15 所示，则在导航树中出现【Symmetry Region】对象，如图 6-16 所示。在【Details of "Symmetry Region"】中设置【Geometry】时，按住 Ctrl 键，选择代表对称面的两条边，如图 6-17 所示，然后点击【Apply】，设置【Symmetry Normal】为 "Y Axis"。

图 6-14　插入对称对象　　　　　　　　　图 6-15　插入对称面

图 6-16　设置对称面　　　　　　　　　　图 6-17　选择对称面

注意： 这里也可以对对称面施加 Frictionless Support 法向约束，而不建立对称对象，因为对称边界等同于法向约束。

④ 更新网格。

右键单击导航树【Mesh】，如图 6-18 所示，在弹出菜单中单击【Update】，生成网格，如

图 6-19 所示。在工具栏【Details of "Mesh"】中单击【Statistics】，可以看到网格节点数为 2997，单元数为 944，如图 6-20 所示。

图 6-18　更新网格

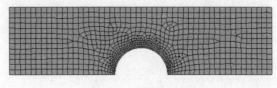

图 6-19　网格更新结果

⑤ 更改力的大小。左键单击导航树的【Static Structural】→【Force】，在工具栏【Details of "Force"】中的【Definition】→【X Components】更改数值为 "1000N"，如图 6-21 所示。

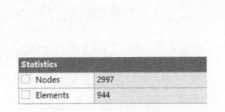

图 6-20　网格数量

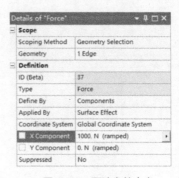

图 6-21　更改力的大小

注意： 当施加 Force（N）力，对称模型为全模型的一半；而当施加 Pressure（N/mm²）压力时，对称模型与全模型相等。

（5）计算结果

① 添加变形与冯-米塞斯等效应力并求解计算，这部分操作与第 5 章相同。变形结果如图 6-22 所示，应力结果如图 6-23 所示。与全模型计算结果对比，非常接近。

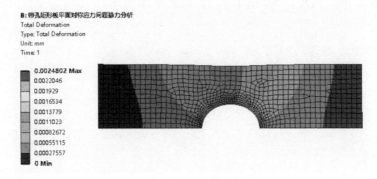

图 6-22　变形结果

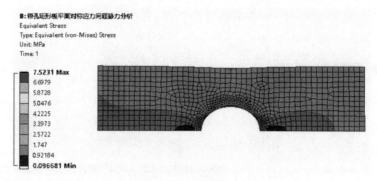

图 6-23　应力结果

② 扩展显示全模型结果。

在项目管理主界面，点击下拉菜单【Tools】→【Options】，弹出如图 6-24 所示的对话框，选择【Appearance】，确保【Beta Options】被勾选。

回到 Mechanical 模块，点击结构树【Symmetry】，在【Details of "Symmetry"】窗口中，如图 6-25 所示，设置【Num Repeat】=2，【Method】=Half，【ΔY】=50mm。

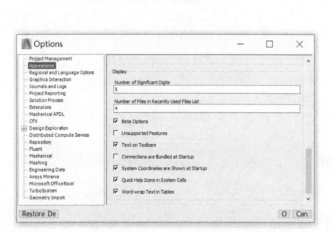

图 6-24　【Options】对话框设置

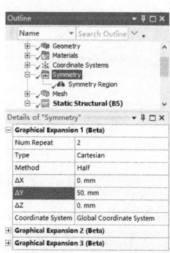

图 6-25　对称属性设置

左键单击【Outline】→【Solution】→【Total Deformation】，在选项卡【Result】→【Display】→【Edges】的下拉菜单中选择【No Wireframe】，如图 6-26 所示。

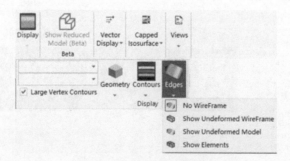

图 6-26　设置结果不显示网格

此时，显示结果为扩展后的全模型结果，如图 6-27 和图 6-28 所示。表 6-1 为全模型与半模型计算结果对比。

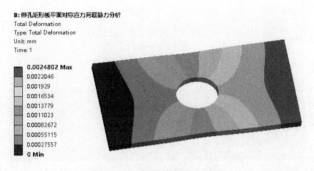

图 6-27　扩展模型变形结果

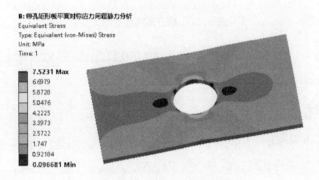

图 6-28　扩展模型应力结果

表 6-1　全模型与半模型计算结果对比

项目	节点数	单元数	最大变形/mm	最大应力/MPa
全模型	5559	1765	0.0023802	7.5264
半模型	2997	944	0.0023802	7.5231

（6）保存文件并压缩存档

回到项目管理界面，单击菜单【File】→【Save as...】，弹出保存文件提示框，如图 6-29 所示，输入文件名"带孔矩形板平面对称应力问题静力分析"，单击【保存】。

图 6-29　保存工程文件 wbpj

单击菜单【File】→【Archive...】，弹出保存文件提示框，如图 6-30 所示，单击【保存】按钮，弹出压缩文件选项，勾选【Imported this external to project directory】，单击【Archive】，保存 wbpz 压缩包文件。

图 6-30　保存压缩包 wbpz

6.3　实例 2：三维对称问题实例——汽车连杆

6.3.1　问题描述

对于 4.2 节汽车连杆实例，如图 6-31 所示，由于连杆几何形状与边界条件均对称于水平面 *ab*，故可以利用对称性进行建模，既减小模型的大小，又能保证同样精度。

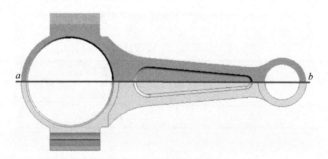

图 6-31　矩形板对称性

6.3.2　有限元分析过程

（1）调出"汽车连杆静力分析"压缩包文件

双击第 4 章的"汽车连杆静力分析.wbpz"压缩包文件，启动该项目文件。

（2）复制已有分析模块

右键点击分析模块【A1:Static Structural】，在弹出菜单中选择【Duplicate】，如图 6-32 所示，复制一个新的分析模块，修改模块名称为"汽车连杆三维对称问题静力分析"，如图 6-33 所示。

（3）修改几何模型

① 进入 DesignModeler 建模模块。

右键单击【B3:Geometry】，弹出菜单，选择【Edit Geometry in DesignModeler...】，启动 DesignModeler 建模模块。

汽车连杆静

图 6-32 复制分析模块

汽车连杆静力分析

汽车连杆三维对称问题静力分析

图 6-33 复制后的分析模块

② 分割连杆为一半。

点击工具栏 Slice 按钮，则结构树出现【Slice1】，在选择结构树的【XYPlane】，点击【Apply】，右键单击导航树【Slice1】，在弹出菜单中点击【Generate】，则连杆体被分割为两半，如图 6-34 所示。右键单击选择连杆模型的一半，在弹出菜单中点击【Suppress Body】，对其进行抑制，如图 6-35 所示，此时完成连杆对称建模任务，如图 6-36 所示。

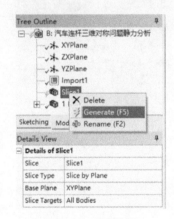

图 6-34 分割连杆

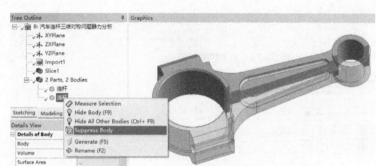

图 6-35 生成分割体

图 6-36 切除连杆一半结果

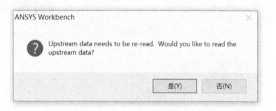

图 6-37 更新上游数据

（4）建立有限元模型

① 进入 Mechanical 模块。

在项目管理界面，双击【Model】，弹出如图 6-37 所示对话框，单击【是】，进入 Mechanical 模块。

② 设置单位。

依次点击【Home】→【Tools】→【Units】，勾选【Metric（mm, kg, N, s, mV, mA）】。

③ 创建对称。

右键单击选中导航树【Outline】的【Model】，在弹出菜单中依次选择【Insert】→【Symmetry】，如图6-38所示，则在导航树中出现【Symmetry】对象。右键单击该对象，在弹出菜单中依次选择【Insert】→【Symmetry Region】，如图6-39所示，则在导航树中出现【Symmetry Region】对象，如图6-40所示。在【Details of "Symmetry Region"】中设置【Geometry】时，按住Ctrl键，选择代表对称面的三个面，如图6-41所示，然后点击【Apply】。设置【Symmetry Normal】为"Z Axis"。

图6-38 插入对称对象 　　　　　　　图6-39 插入对称面

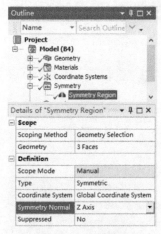

图6-40 设置对称面

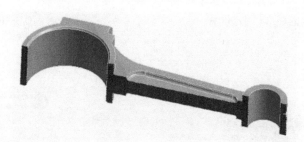

图6-41 选择对称面

④ 划分网格。

在导航树展开【Mesh】，单击【Face Sizing】，在【Details of "Face Sizing"】中点击【Scope】→【Geometry】右边的方框，选择连杆中间端两个侧面靠近小头孔的圆弧面，如图6-42所示，点击【Apply】。

在弹出菜单中单击【Update】，生成如图 6-43 所示的网格。在工具栏【Details of "Mesh"】中单击【Statistics】，可以看到网格节点数为 47224，单元数为 26896，如图 6-44 所示。

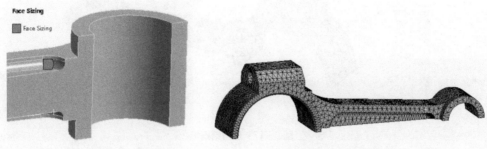

图 6-42　选择连杆小圆弧面　　　　图 6-43　生成网格结果

⑤ 更改轴承力的大小。

左键单击导航树的【Static Structural】→【Bearing Load】，在工具栏【Details of "Bearing Load"】中的【Definition】→【X Components】更改数值为 "−22708N"，如图 6-45 所示。

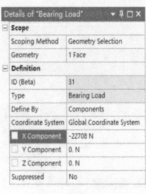

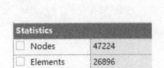

图 6-44　网格数量　　　　　　　图 6-45　更改轴承力的大小

注意： 施加轴承力，对称模型为全模型的一半。

(5) 计算并显示结果

① 右键单击【Solution】→【Solve】进行求解计算。

② 半模型结果显示。

如图 6-46 所示为连杆变形云图，如图 6-47 所示为连杆应力云图。

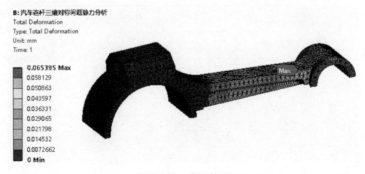

图 6-46　变形结果

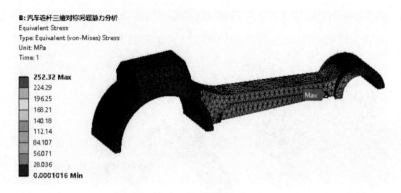

图6-47 应力结果

③ 建立局部坐标。

在 Mechanical 模块中右击结构树【Coordinate Systems】→【Insert】→【Coordinate System】，如图 6-48 所示。选择连杆对称面，如图 6-49 所示，点击【Apply】，建立好以连杆对称面为 XOY 的局部坐标"Coordinate System"。

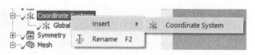

图6-48 插入局部坐标

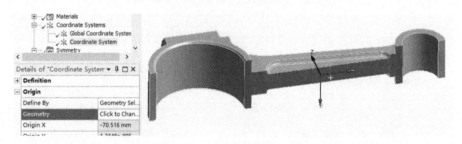

图6-49 选择对称面为坐标面

④ 全模型结果显示。

在项目管理主界面，点击下拉菜单【Tools】→【Options】，弹出如图 6-50 所示的对话框，选择【Appearance】，确保【Beta Options】被勾选。

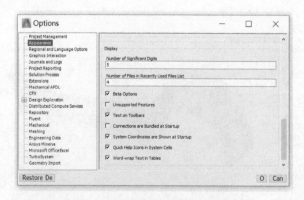

图6-50 【Options】对话框设置

回到 Mechanical 模块，点击结构树【Symmetry】，在【Details of "Symmetry"】窗口中，如图 6-51 所示，设置【Num Repeat】=2，【Method】=Half，【ΔZ】=10^{-6}mm，【Coordinate System】= Coordinate System。

左键单击【Outline】→【Solution】→【Total Deformation】，在选项卡【Result】→【Display】→【Edges】的下拉菜单中选择【No Wireframe】，如图 6-52 所示，使得结果关闭网格。

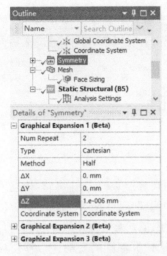

图 6-51　对称扩展属性设置

图 6-52　设置结果不显示网格

此时，显示结果为扩展后的全模型结果，如图 6-53 和图 6-54 所示。表 6-2 为全模型与半模型计算结果对比。

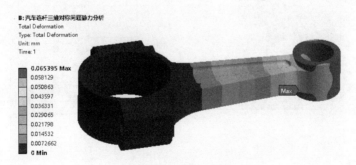

图 6-53　扩展模型变形结果

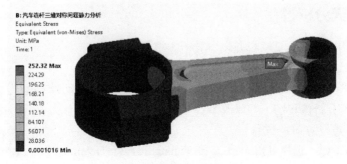

图 6-54　扩展模型应力结果

表 6-2　全模型与半模型计算结果对比

项目	节点数	单元数	最大变形/mm	最大应力/MPa
全模型	92230	53205	0.065487	249.43
半模型	47224	26896	0.065394	252.32

（6）保存文件并压缩存档

回到项目管理界面，单击菜单【File】→【Save as...】，选择保存目录，保存名为"汽车连杆三维对称问题静力分析"的 wbpj 工程文件；单击菜单【File】→【Archive...】，保存同名的 wbpz 压缩包文件。

6.4　实例3：轴对称问题实例——油缸

6.4.1　问题描述

如图 6-55（a）所示一油缸 1/4 的 3D 几何模型，其截面尺寸及载荷如图 6-55（b）所示，已知弹性模量取 $E = 2.1 \times 10^5 \text{N/mm}^2$，泊松比 $\mu = 0.3$，油缸内孔中间部分受均布压力 $\sigma_0 = 100 \text{N/mm}^2$，油缸外侧受均布压力 $\sigma_1 = 200 \text{N/mm}^2$，油缸上下端面受到 UY 约束。要求根据模型特点（几何模型与边界条件均为轴对称），采用轴对称结构静力分析的方法计算油缸的变形、位移及应力分布情况。

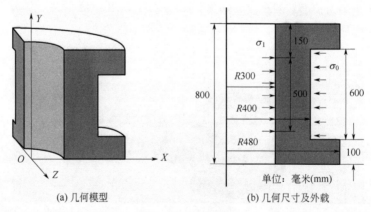

(a) 几何模型　　　　(b) 几何尺寸及外载

图 6-55　油缸模型

6.4.2　有限元分析过程

（1）创建结构静力学分析项目并设置分析类型

① 创建静态结构分析项目。

在工具箱【Toolbox】的【Analysis Systems】中双击或拖动结构静力分析系统【Static Structural】到项目分析流程图，并修改系统名称为"油缸轴对称静力分析"，如图 6-56 所示。

② 设置分析类型为 2D 分析。

单击【Geometry】，选择【Properties of Schematic A3：Geometry】→【Advanced Geometry Options】→【Analysis Type】为 2D，设置分析类型为 2D 分析，如图 6-57 所示。

油缸轴对称静力分析

图 6-56　创建结构静力学分析项目

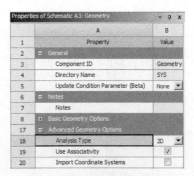

图 6-57　设置分析类型

（2）建立几何模型

① 进入 DesignModeler 建模模块。

右键单击【Geometry】，弹出菜单，选择【New DesignModeler Geometry...】，启动 DesignModeler 建模模块。

② 设置绘图单位。

进入 DM 模块后，点击【Units】菜单项，将单位设置为"Millimeter"，如图 6-58 所示。

③ 进入草绘模块。

右键单击导航树【Tree Outline】的【XYPlane】，选择【Look at】，使得 *XOY* 草绘平面正对屏幕；点击导航树【Tree Outline】的【Sketching】选项，进入草绘模块。

注意： 轴对称属于 2D 分析，其模型为 2D 平面模型，要求必须在 *XOY* 平面上建立，同时旋转轴为 *Y* 轴，否则是无效的模型。

④ 绘制截面多边形。

单击工具栏【Sketching Toolboxes】→【Draw】→【Polyline】命令，绘制如图 6-59 所示的截面多边形，注意，绘制每条边时，一定要使得自动约束"H"或"V"字母出现，才能保证每条边水平或垂直。

图 6-58　设置单位

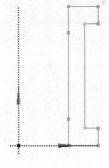

图 6-59　草图

⑤ 标注尺寸。

单击工具栏【Sketching Toolboxes】→【Dimensions】→【General】，按照问题描述给出的尺寸，依次选择相应边进行标注，如图 6-60 所示。

⑥ 修改尺寸。

在工具栏【Details View】→【Dimensions：9】中修改尺寸值，如图 6-61 所示，完成草绘"Sketch1"的绘制。

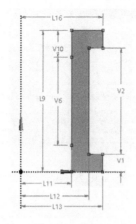

图6-60　标注尺寸

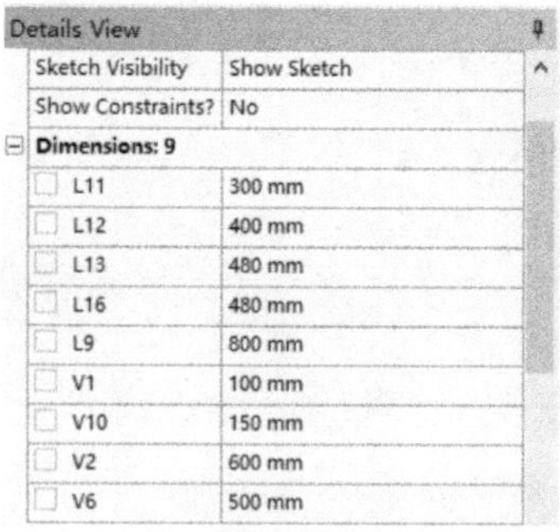

Details View	
Sketch Visibility	Show Sketch
Show Constraints?	No
Dimensions: 9	
L11	300 mm
L12	400 mm
L13	480 mm
L16	480 mm
L9	800 mm
V1	100 mm
V10	150 mm
V2	600 mm
V6	500 mm

图6-61　修改尺寸

⑦ 生成面体。

点击工具栏【Sketching Toolboxes】的【Modeling】选项，进入建模模块。点击下拉菜单【Concept】→【Surfaces From Sketches】，如图6-62所示，在【Tree Outline】中出现"SurfaceSk1"，在【Details View】→【Details of SurfaceSk1】→【Base Objects】中选择"1Sketch"，点击【Apply】。然后，鼠标右键点击【Tree Outline】中的【SurfaceSk1】，弹出菜单，如图6-63所示，选择【Generate】，生成面体，如图6-64所示，完成几何建模。

图6-62　由草图生成面体

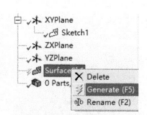

图6-63　生成面体

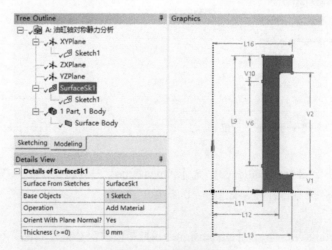

图6-64　生成面体结果

（3）建立有限元模型

① 进入 Mechanical 模块。

在项目管理界面，双击【Model】，进入 Mechanical 模块。

② 设置单位。

依次点击【Home】→【Tools】→【Units】，勾选【Metric（mm, kg, N, s, mV, mA）】。

③ 设置平面分析类型。

在导航树中单击【Geometry】，在工具栏【Details of "Geometry"】中选择【2D Behavior】为 "Axisymmetric"，即轴对称问题，如图 6-65 所示。

④ 设置材料。

在导航树中单击【Geometry】→【Surface Body】，在工具栏【Details of "Surface Body"】中，在【Material】中的【Assignment】选择 "Structural Steel"，如图 6-66 所示。

⑤ 划分网格。

右键单击导航树中【Mesh】，弹出菜单，选择【Generate Mesh】，生成网格，如图 6-67 所示。

 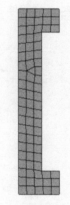

图 6-65　设置 2D 平面应力问题　　图 6-66　设置材料　　图 6-67　生成的网格

⑥ 施加边界条件。

右键单击导航树的【Static Structural】，选择弹出菜单的【Insert】→【Frictionless Support】，如图 6-68 所示，按住 Ctrl 键，选择油缸截面上下边，限制其 Y 方向位移约束。右键单击导航树的【Static Structural】，选择弹出菜单的【Insert】→【Pressure】，在工具栏【Details of "Pressure"】中的【Scope】→【Geometry】选择油缸截面左边中间段为加力边，在【Definition】→【Magnitude】输入数值 "200MPa"，如图 6-69 所示。同理，对油缸截面右边中间段施加 100MPa 的压力，施加边界条件结果，如图 6-70 所示。

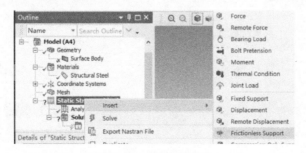

图 6-68　添加位移约束

109

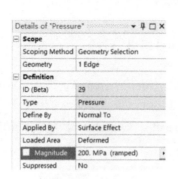

图6-69　施加压力

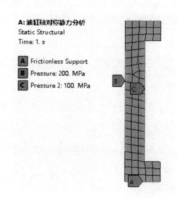

图6-70　施加边界条件结果

（4）计算并查看结果

添加变形与冯-米塞斯等效应力并求解计算。

① 二维显示油缸计算结果。

如图6-71、图6-72所示为二维油缸截面变形及应力结果。

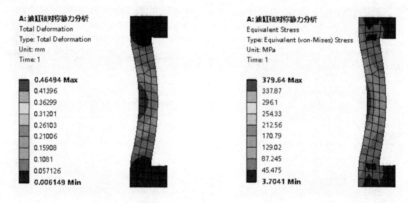

图6-71　截面变形结果　　　　　　　　　图6-72　截面应力结果

② 三维完整显示油缸计算结果。

右键单击导航树【Outline】→【Model（A4）】，弹出菜单中点击【Symmetry】，如图6-73所示，在导航树中出现对称对象。点击【Symmetry】，在【Details of "Symmetry"】中设置对称类型为"2D AxiSymmetric"，如图6-74所示。图6-75、图6-76分别为三维完整油缸变形及应力计算结果。

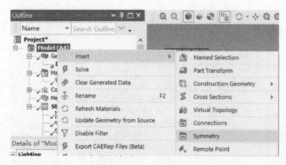

图6-73　插入对称

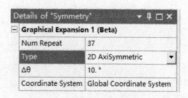

图6-74　设置对称类型为轴对称

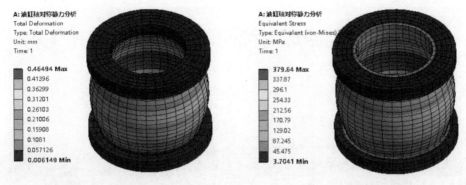

图 6-75　油缸变形结果

图 6-76　油缸应力结果

③ 三维部分显示油缸计算结果。

在导航树中点击【Symmetry】，在【Details of “Symmetry”】中设置【Num Repeat】为“28”，如图 6-77 所示。图 6-78 和图 6-79 分别为三维部分油缸变形及应力计算结果。

Details of "Symmetry"	
Graphical Expansion 1 (Beta)	
Num Repeat	28
Type	2D AxiSymmetric
Δθ	10. °
Coordinate System	Global Coordinate System

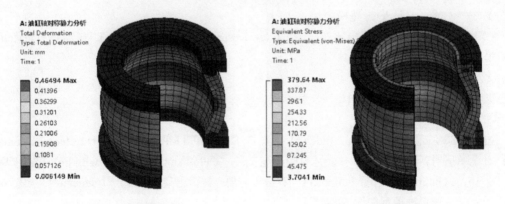

图 6-77　设置对称属性

图 6-78　油缸变形结果

图 6-79　油缸应力结果

（5）保存文件并压缩存档。

回到项目管理界面，单击菜单【File】→【Save as…】，选择保存目录，保存名为“油缸轴对称静力分析”的 wbpj 工程文件；单击菜单【File】→【Archive…】，保存默认设置，保存同名的 wbpz 压缩包文件。

轴对称问题要点：

① 几何模型及边界条件必须满足轴对称；

② 分析类型必须设置为 2D；

③ 生成 2D 面体（surface body）模型的草图必须落在 *XOY* 坐标面第一象限且 *Y* 为旋转轴；

④ 设置 2D Behavior：Axisymmetry；

⑤ 结果可以扩展显示为 3D。

6.5 实例 4：圆周循环对称问题实例——带孔飞轮

6.5.1 问题描述

如图 6-80（a）所示为三维带孔飞轮，已知飞轮材料为结构钢，施加边界条件和载荷有：内孔固定，外圆柱面承受压力载荷 10MPa，飞轮角速度 $\omega = 628$rad/s，要求对该飞轮进行结构静力分析。由于带孔飞轮几何模型及边界条件均满足圆周循环对称，在分析时只要分析其中的一部分即可，如图 6-80（b）所示。

(a) 带孔三维飞轮   (b) 圆周循环对称模型的一部分

图 6-80 三维飞轮结构示意图

6.5.2 有限元分析过程

（1）创建结构静力学分析项目

在工具箱【Toolbox】的【Analysis Systems】中双击或拖动结构静力分析系统【Static Structural】到项目分析流程图，并修改系统名称为"带孔飞轮圆周对称静力分析"，如图 6-81 所示。

（2）建立几何模型

① 进入 DesignModeler 建模模块。

右键单击【Geometry】，弹出菜单，选择【New DesignModeler Geometry…】，启动 DesignModeler 建模模块。

② 设置绘图单位。

进入 DM 模块后，点击【Units】菜单项，将单位设置为"Millimeter"。

③ 导入带孔飞轮模型。

如图 6-82 所示，在【DesignModeler】中点击下拉菜单【File】→【Import External Geometry File…】，弹出对话框，选择本书素材中的模型文件"ch06\example4\wheel with hole.igs"，则在结构树【Tree Outline】中出现【Import1】，右击该对象，在弹出菜单中点击【Generate】，如图 6-83 所示，生成飞轮三维模型如图 6-84 所示。

带孔飞轮圆周对称静力分析"

图 6-81 创建结构静力学分析项目

图 6-82 导入外部模型

④ 生成草图 Sketch1。

左键单击选中导航树【Tree Outline】的【ZXPlane】，然后移动鼠标至工具栏，点击图标 ，

生成一个新的草图 "Sketch1"。选中草图 "Sketch1"，点击导航树【Tree Outline】的【Sketching】选项，进入草绘模块。点击工具栏上的图标，使草绘平面正对屏幕。

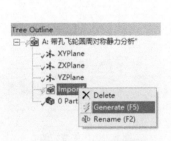

图 6-83　生成外部模型

图 6-84　生成的飞轮模型

⑤ 编辑草图 Sketch2。

单击工具栏【Sketching Toolboxes】→【Draw】→【Line】激活画线命令，完成如图 6-85 所示的封闭三角形绘制，其中，三角形底边要通过约束 "H" 绘制，保证为其通过圆孔圆心的水平线。选择工具栏【Dimensions】→【Angle】标注角度尺寸 A1，并修改其为 45°，如图 6-86 所示。

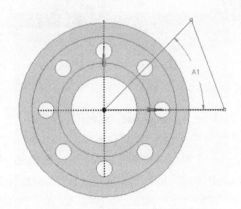

图 6-85　绘制三角形并标注尺寸

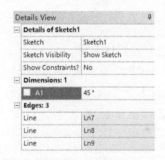

图 6-86　修改尺寸

⑥ 拉伸切割飞轮。

点击工具栏【Sketching Toolboxes】的【Modeling】选项，进入建模模块。选中草图 "Sketch1"，点击工具栏的图标按钮Extrude，则导航树出现一个拉伸体 "Extrude1"，在【Details View】中设置【Geometry】为 "Sketch1"，【Operation】为 "Slice Material"，如图 6-87 所示。右键单击导航树【Extrude1】，在弹出菜单中点击【Generate】，如图 6-88 所示，则拉伸体切割飞轮为两部分。右击不需要的飞轮部分，在弹出菜单中选择【Suppress Body】，如图 6-89 所示，得到需要的 1/8 飞轮模型，如图 6-90 所示。

(3) 建立有限元模型

① 进入 Mechanical 模块。

在项目管理界面，双击【Model】，进入 Mechanical 模块。

② 设置单位。

依次点击【Home】→【Tools】→【Units】，勾选【Metric（mm, kg, N, s, mV, mA）】。

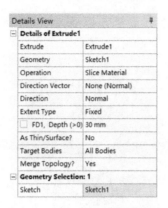

图 6-87 切割飞轮的拉伸体设置

图 6-88 生成拉伸体

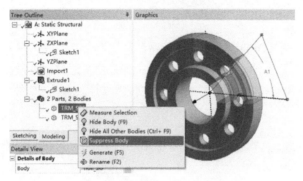

图 6-89 抑制不需要的飞轮大部分模型

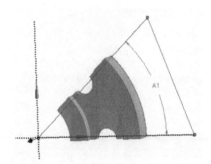

图 6-90 得到需要的飞轮小部分模型

③ 建立局部柱坐标。

右键单击选中导航树【Outline】的【Model】→【Coordinate System】，在弹出菜单中依次选择【Insert】→【Coordinate System】，则在导航树中出现新建的【Coordinate System】坐标系。单击该坐标系，在【Details of "Coordinate System"】窗口中设置【Type】=Cylindrical，【Principe Axis】→【Define By】=Global Z Axis，如图 6-91 所示，则创建的柱坐标如图 6-92 所示。

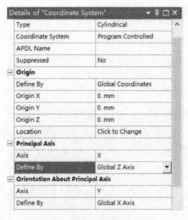

图 6-91 设置柱坐标

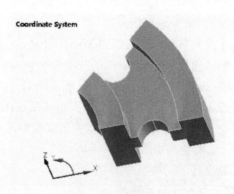

图 6-92 创建的柱坐标

④ 插入并设置圆周循环对称。

右键单击选中导航树【Outline】的【Model】，在弹出菜单中依次选择【Insert】→【Symmetry Region】，

如图 6-93 所示，则在导航树中出现【Symmetry】对象。右键单击该对象，在弹出菜单中依次选择
【Insert】→【Cyclic Region】，则在导航树中出现【Cyclic Region】对象。点击【Cyclic Region】对象，
如图 6-94 所示，在【Details of "Cyclic Region"】窗口中，设置【Low Boundary】，按住 Ctrl 键，选择
飞轮一侧的对称面（包括两个面），后点击【Apply】；同理，设置【High Boundary】，按住 Ctrl 键，选
择飞轮另一侧的对称面（包括两个面），后点击【Apply】，如图 6-95 所示，完成圆周循环对称的设置。

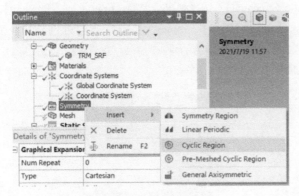

图 6-93　插入圆周循环对称

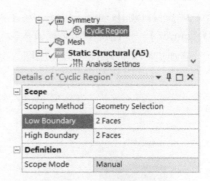

图 6-94　设置圆周循环对称

⑤ 设置材料。

在导航树中单击【Geometry】→【Surface Body】，
在工具栏【Details of "Surface Body"】中，在【Material】
中的【Assignment】选择 "Structural Steel"。

⑥ 划分网格。

单击导航树中【Mesh】，在【Details of "Mesh"】中
设置【Element Size】为 1mm，如图 6-96 所示。右键单击
导航树中【Mesh】，弹出菜单，选择【Generate Mesh】，
生成网格，如图 6-97 所示。

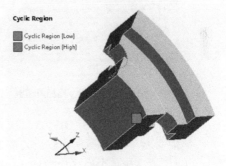

图 6-95　选择圆周循环对称面

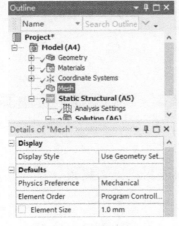

图 6-96　设置网格

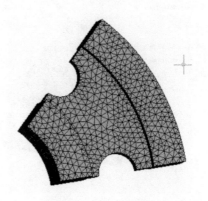

图 6-97　生成的网格

⑦ 施加边界条件和载荷。

施加固定位移约束。右键单击导航树的【Static Structural】，选择弹出菜单的【Insert】→【Fixed

Support】，选择飞轮内圆柱面。

施加角速度。右键单击导航树的【Static Structural】，选择弹出菜单的【Insert】→【Rotational Velocity】，在工具栏【Details of "Rotational Velocity"】中的【Definition】→【Define By】选择 "Components"，在【Coordinate System】栏选择柱坐标 "Coordinate System"，在【Z Component】输入数值 "628"，如图6-98所示。

施加压力载荷。右键单击导航树的【Static Structural】，选择弹出菜单的【Insert】→【Pressure】，在工具栏【Details of "Pressure"】中的【Scope】→【Geometry】选择飞轮外圆柱面，在【Definition】→【Magnitude】输入数值 "10"，如图6-99所示。

施加边界条件和载荷结果如图6-100所示。

Details of "Rotational Velocity" ▾ ♙ □ ×	
Scope	
Scoping Method	Geometry Selection
Geometry	All Bodies
Definition	
Define By	Components
Coordinate System	Coordinate System
☐ X Component	0. rad/s (ramped)
☐ Y Component	0. rad/s (ramped)
☐ Z Component	628. rad/s (ramped)
☐ X Coordinate	0. mm
☐ Y Coordinate	0. mm
☐ Z Coordinate	0. mm
Suppressed	No

图6-98　施加角速度

Details of "Pressure" ▾ ♙ □ ×	
Scope	
Scoping Method	Geometry Selection
Geometry	1 Face
Definition	
ID (Beta)	32
Type	Pressure
Define By	Normal To
Applied By	Surface Effect
Loaded Area	Deformed
☐ Magnitude	10. MPa (ramped)
Suppressed	No

图6-99　施加压力

（4）计算结果

添加变形与冯-米塞斯等效应力数据并进行求解计算。

① 显示飞轮单个扇区模型计算结果。

左键单击导航树【Outline】→【Solution】，在【Details of "Solution"】中设置【Number of Sectors】为 "1"，如图6-101所示。右键单击【Solution】，在弹出菜单中单击【Solve】，进行求解。

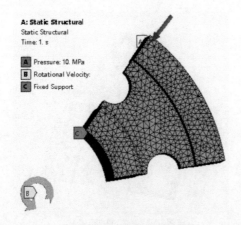

图6-100　施加边界条件结果

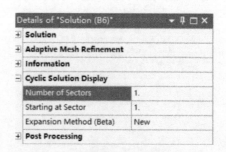

图6-101　设置显示结果模型扇区数

左键单击【Outline】→【Solution】→【Total Deformation】，在选项卡【Result】→【Display】→【Edges】的下拉菜单中选择【No Wireframe】。

分别点击【Solution】→【Total Deformation】和【Solution】→【Equivalent Stress】，则飞轮单个扇区模型变形及应力结果分别如图 6-102 和图 6-103 所示。

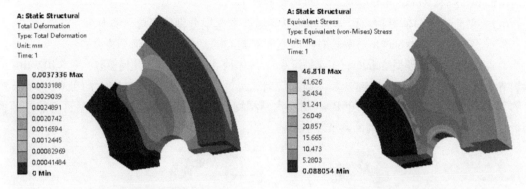

图 6-102　变形结果　　　　　　　　　　　　　图 6-103　应力结果

② 显示飞轮完整模型计算结果。

左键单击导航树【Outline】→【Solution】，在【Details of "Solution"】中设置【Number of Sectors】为 "8"，如图 6-104 所示。右键单击【Solution】，在弹出菜单中单击【Evaluate All Results】，重新评估结果，则飞轮扩展完整模型变形及应力结果分别如图 6-105 和图 6-106 所示。

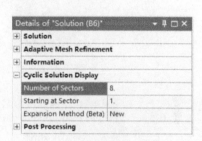

图 6-104　设置显示结果模型扇区数

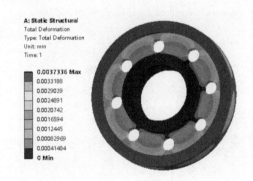

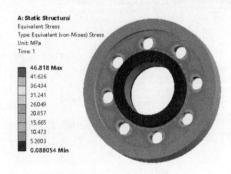

图 6-105　变形结果　　　　　　　　　　　　　图 6-106　应力结果

(5) 保存文件并压缩存档

回到项目管理界面，单击菜单【File】→【Save as...】，选择保存目录，保存名为 "带孔飞轮圆周对称静力分析" 的 wbpj 工程文件；单击菜单【File】→【Archive...】，勾选【Imported this external to project directory】，保存同名的 wbpz 压缩包文件。

圆周循环对称问题要点：

① 2D 分析不支持圆周循环对称，线体模型不支持圆周循环对称；

② 几何模型及边界条件必须满足沿周向（Y 向）圆周循环对称；

③ 建立圆周循环对称时必须建立局部柱坐标；

④ 在 Mechanical 模块中插入对称并设置圆周循环对称面 Insert/Symmetry/Cyclic Region）；

⑤ 结果可以扩展显示为完整模型。

习题

6-1 ANSYS Workbench 对称类型包括哪些?

6-2 平面对称、轴对称及圆周循环对称问题要求模型分别满足什么条件?

6-3 ANSYS Workbench 求解轴对称问题时对建立的几何模型有何要求?

6-4 轴承座三维模型(ch06\exe6-4\轴承座.igs),图 6-107(a)为其几何模型,图 6-107(b)为其边界条件:4 个安装孔及底部安装面施加法向约束,沉孔上受到径向推力为 10MPa,安装轴瓦的下半表面受到向下作用力 50MPa,材料为结构钢。要求利用对称性对该模型进行静态结构分析,分析其变形及应力并判断其安全性。

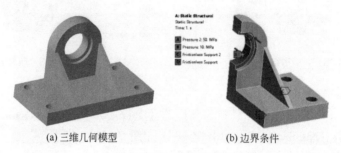

(a) 三维几何模型   (b) 边界条件

图 6-107 轴承座模型

6-5 轮子几何尺寸如图 6-108 所示。材料为结构钢,弹性模量取 $E = 2.01 \times 10^{11} \text{Pa}$,泊松比 $\mu = 0.3$,密度 $\rho = 7.8 \times 10^3 \text{kg/m}^3$,$\omega_y = 525 \text{rad/s}$,要求利用其圆周循环对称来分析当轮子绕垂直方向旋转时所受的力及变形。如果去除腹板 8 个 $\phi20$ 孔,试利用轴对称来进行有限元分析。

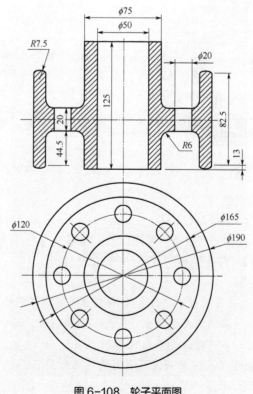

图 6-108 轮子平面图

第 7 章

梁单元分析问题

杆系结构大致分为两类：一类是杆，杆件之间采用铰链接连，外力作用在铰链节点上，杆件只承受沿杆轴向的拉力或压力，即二力杆，由杆组成的结构称为桁架结构；另一类是梁，杆件之间采用刚性固连，杆件不仅受轴向力，而且还受剪力和弯矩，由梁组成的结构称为钢架结构或框架结构。梁比杆应用更广泛，在 Workbench 中，梁单元可以通过位移约束变成杆单元，因此，Workbench 不再提供杆单元，如果实在要用，可以通过 APDL 命令定义杆单元，下面只介绍梁单元的有限元分析。

7.1 梁单元类型

在力学理论中，常用的梁力学模型有两种，一种是欧拉梁，不考虑剪切变形对梁挠度的影响，还有一种是铁木辛柯梁，考虑剪切变形对挠度的影响，但假设切应力是均布的。Workbench 梁单元类型主要有两种：Beam188 单元和 Beam189 单元。它们使用的梁模型为铁木辛柯梁。Beam188 单元为低阶单元，有两个节点，如图 7-1 （a）所示；Beam189 单元为高阶单元，有三个节点，如图 7-1 （b）所示。梁单元的每个节点有六个自由度，即沿节点坐标系 XYZ 的平移自由度和绕 XYZ 的转动自由度。

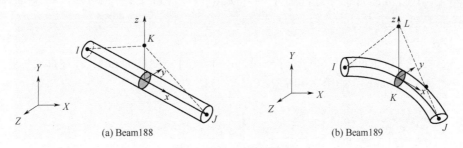

(a) Beam188   (b) Beam189

图 7-1 Beam 单元类型

7.2 实例 1——悬臂梁

7.2.1 问题描述

悬臂梁如图 7-2 所示。

已知条件如下：

- 长度 $L = 100$mm，圆形横截面直径 $d = 8$mm，末端受力 $P = 100$N；
- 材料：结构钢（$E = 2E5$MPa；$\mu = 0.3$，屈服强度 $\sigma_s = 250$MPa）；
- 取安全系数 $n = 1.5$，许用应力 $[\sigma] = \sigma_s/n = 167$MPa。

要求：

- 计算梁的变形、剪力图、弯矩图；
- 计算 von-mises stress 及最大弯曲应力并判断是否安全；
- 计算支反力和反力矩。

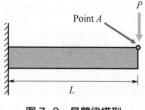

图 7-2　悬臂梁模型

7.2.2　有限元分析过程

（1）创建结构静力学分析项目

在工具箱【Toolbox】的【Analysis Systems】中双击或拖动结构静力分析系统【Static Structural】到项目分析流程图，并修改系统名称为"悬臂梁静力分析"，如图 7-3 所示。

（2）建立几何模型

① 进入 DesignModeler 建模模块。

右键单击【Geometry】，弹出菜单，选择【New DesignModeler Geometry...】，启动 DesignModeler 建模模块。

② 设置绘图单位。

进入 DM 模块后，点击【Units】菜单项，将单位设置为"Millimeter"。

悬臂梁静力分析

图 7-3　创建结构静力学分析项目

③ 进入草绘模块。

右键单击导航树【Tree Outline】的【XYPlane】，选择【Look at】，使得 *XOY* 草绘平面正对屏幕；点击导航树【Tree Outline】的【Sketching】选项，进入草绘模块。

④ 绘制直线。

单击工具栏【Sketching Toolboxes】→【Draw】→【Line】激活画线命令，从坐标原点向右画一条水平线。

⑤ 标注尺寸。

单击工具栏【Sketching Toolboxes】→【Dimensions】→【General】，标注直线长度尺寸 H1 并修改尺寸为"100mm"，如图 7-4 所示。

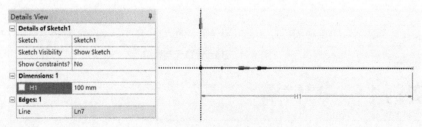

图 7-4　标注尺寸

⑥ 生成线体。

点击工具栏【Sketching Toolboxes】的【Modeling】选项，进入建模模块。点击下拉菜单

【Concept】→【Lines From Sketches】，如图 7-5 所示，在【Tree Outline】中出现"Line1"。在【Details View】→【Details of Line1】→【Base Objects】中选择"Sketch1"，点击【Apply】。然后，鼠标右键点击【Tree Outline】中的【Line1】，弹出菜单，如图 7-6 所示，选择【Generate】，生成线体，如图 7-7 所示，此时【Details View】→【Cross Section】提示"Not selected"，表示没有定义梁的横截面。

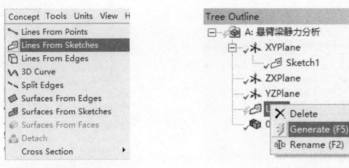

图 7-5　由草图生成线体　　　　　　　　图 7-6　生成线体

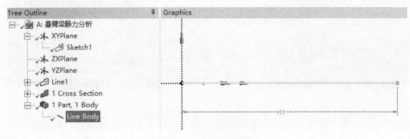

图 7-7　生成线体结果

⑦ 定义梁的横截面。

点击下拉菜单【Concept】→【Cross Section】→【Circular】，如图 7-8 所示，在【Tree Outline】中出现横截面"Circular1"。在【Details View】→【Dimensions: 1】→【R】中输入半径"4mm"，如图 7-9 所示。

图 7-8　建立圆形横截面　　　　　　　　图 7-9　设置圆形横截面半径

121

⑧ 赋予梁横截面属性。

在【Tree Outline】中选择【Line Body】，在【Details View】→【Cross Section】中选择"Circular1"，即赋予梁以圆形横截面属性，如图 7-10 所示。点击下拉菜单【View】，勾选【Cross Section Solids】选项，如图 7-11 所示，则梁横截面可以显示出来，如图 7-12 所示。

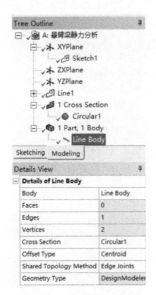

图 7-10　赋予梁横截面属性

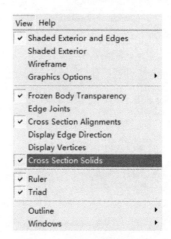

图 7-11　打开横截面显示选项

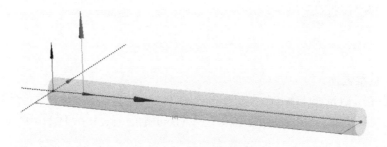

图 7-12　显示横截面的梁

（3）建立有限元模型

① 进入 Mechanical 模块。

在项目管理界面，双击【Model】，进入 Mechanical 模块。

② 设置单位。

依次点击【Home】→【Tools】→【Units】，勾选【Metric（mm, kg, N, s, mV, mA）】。

③ 分配材料。

在导航树中单击【Geometry】→【Line Body】，在工具栏【Details of "Line Body"】中，在【Material】中的【Assignment】选择"Structural Steel"。

④ 划分网格。

单击导航树中【Mesh】，在【Details of "Mesh"】中设置【Element Size】为 1mm。右键单击导航树中【Mesh】，弹出菜单，选择【Generate Mesh】，生成网格，如图 7-13 所示。将 Mechanical 模块中的选项卡【Display】→【Show】→【Show Mesh】选项关闭。

图 7-13　生成的网格

⑤ 施加边界条件和载荷。

右键单击导航树的【Static Structural】，选择弹出菜单的【Insert】→【Fixed Support】，选择悬臂梁左端点施加固定约束。

右键单击导航树的【Static Structural】，选择弹出菜单的【Insert】→【Force】，选择悬臂梁右端点，在工具栏【Details of "Force"】中的【Definition】→【Define By】选择"Components"，在【Y Components】输入数值"-100"，施加结果如图 7-14 所示。

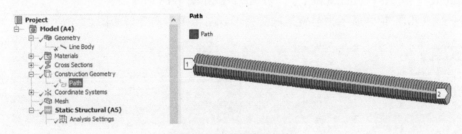

图 7-14　施加边界条件

注意：虽然可以以 3D 形式显示梁模型，但梁模型是线体，所以上面施加位移约束和力时应该选择的是点而不是面。

⑥ 创建路径。

右击导航树【Outline】→【Model (A4)】，在弹出的菜单中依次选择【Insert】→【Construction Geometry】→【Path】，如图 7-15 所示，添加一条路径。在【Details of "Path"】中设置【Path Type】为"Edge"，并选择悬臂梁直线为路径，如图 7-16 所示。

图 7-15　创建路径

(4) 计算、查看和分析结果

右键单击【Solution】，在弹出菜单中单击【Solve】，进行求解。

① 计算梁的总变形和 Y 方向变形。

右键单击导航树【Outline】→【Solution (A6)】，在弹出菜单中，依次选择【Insert】→【Deformation】→【Total】，如图 7-17 所示，添加总变形。

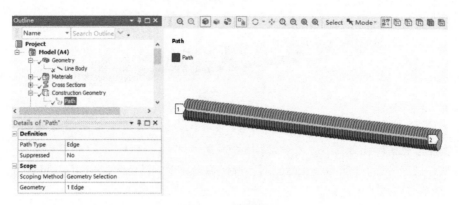

图 7-16　设置路径

依次选择【Insert】→【Deformation】→【Directional】，并在【Details of "Directional Deformation2"】设置【Orientation】为 "Y Axis"，如图 7-18 所示。

如图 7-19 和图 7-20 所示为悬臂梁的总变形云图和 Y 方向变形云图。

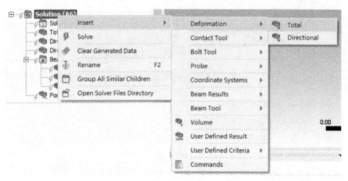

图 7-17　添加总变形和方向变形　　　　　图 7-18　设置方向变形为 Y 方向变形

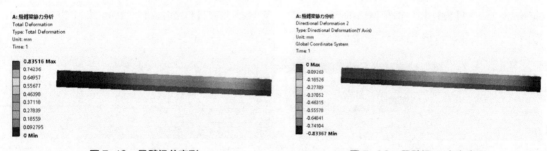

图 7-19　悬臂梁总变形　　　　　　　图 7-20　悬臂梁 Y 方向变形

② 绘制 Y 方向变形曲线。

右键单击导航树【Outline】→【Solution（B6）】，在弹出菜单中，依次选择【Insert】→【Deformation】→【Directional】，并在【Details of "Directional Deformation"】设置【Scoping Method】为 "Path"，【Path】为 "Path"，【Orientation】为 "Y Axis"，如图 7-21 所示。悬臂梁 Y 方向变形曲线如图 7-22 所示。

③ 绘制弯矩图和剪力图。

右键单击导航树【Outline】→【Solution（B6）】，在弹出菜单中，依次选择【Insert】→【Beam Results】→【Shear Force】，即剪应力，如图 7-23 所示，并在【Details of "Total Shear Force"】

设置【Scoping Method】为 "Path"，【Path】为 "Path"，【Type】为 "Total Shear Force"，如图 7-24 所示。同理，添加弯矩【Bending Moment】，并按图 7-25 进行设置，然后右键单击导航树【Outline】→【Solution（B6）】，在弹出菜单中，选择【Evaluate All Results】。

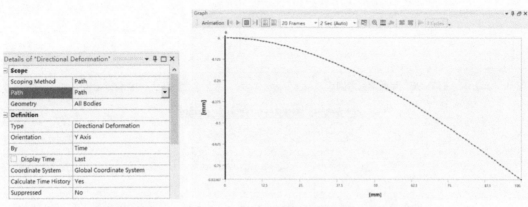

图 7-21　Y 方向变形曲线设置　　　　　　图 7-22　悬臂梁 Y 方向变形曲线

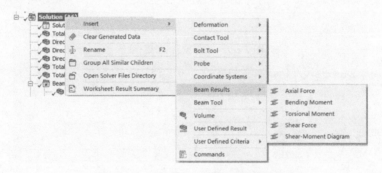

图 7-23　添加剪力、弯矩、扭矩等结果

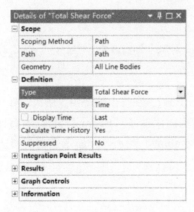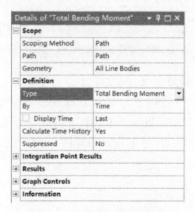

图 7-24　设置剪力显示方式　　　　　图 7-25　设置弯矩显示方式

　　剪力图和弯矩图分别如图 7-26 和图 7-27 所示，整个悬臂梁剪力为恒定值 "100N"，弯矩最大值在固定端，为 "10000N·mm"。

　　实际上，可以同时显示剪力、弯矩、变形图。同样的操作，只是此时添加【Shear- Moment Diagram】并按图 7-28 进行设置。则 VY-MZ-UY（Y 方向剪力-绕 Z 轴的弯矩-Y 方向变形）图如图 7-29 所示，点击选项卡【Graph】，三个曲线绘制一张图上，如图 7-30 所示。

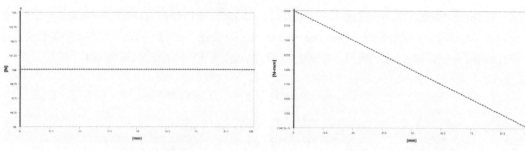

图 7-26 悬臂梁剪力图　　　　　　　　图 7-27 悬臂梁弯矩图

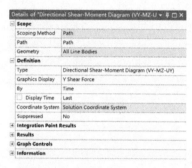

图 7-28 设置剪力-弯矩-变形

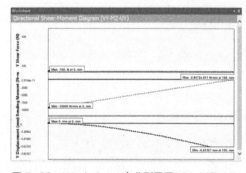 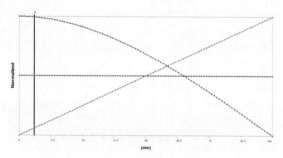

图 7-29 Worksheet 中分别显示 VY-MZ-UY　　　图 7-30 Graph 中同时显示 VY-MZ-UY

④ 计算最大弯曲应力。

方法 1：右键单击导航树【Outline】→【Solution（B6）】，在弹出菜单中，依次选择【Insert】→【Beam Tool】→【Beam Tool】，如图 7-31 所示，结构树添加了【Beam Tool】。求解计算后，如图 7-32 所示，点击【Beam Tool】→【Maximum Combined Stress】，显示悬臂梁最大弯曲应力为 199.36MPa，如图 7-33 所示。

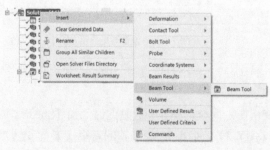 

图 7-31 添加 Beam Tool　　　　　　　图 7-32 选择最大弯曲应力

方法 2：左键单击导航树【Outline】→【Solution（B6）】，在【Details of "Solution（B6）"】设置【Beam Section Results】为 "Yes"，如图 7-34 所示。右键单击导航树【Outline】→【Solution（B6）】，在弹出菜单中，依次选择【Insert】→【Stress】→【Equivalent（von-Mises）】，求解结果如图 7-35 所示。可以看到最大弯曲应力也是 199.36MPa。

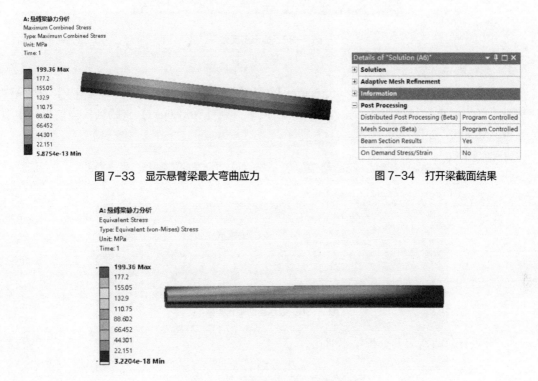

图 7-33　显示悬臂梁最大弯曲应力　　　　　　图 7-34　打开梁截面结果

图 7-35　显示悬臂梁最大弯曲应力

⑤ 计算支反力。

右键单击导航树【Outline】→【Solution（B6）】，在弹出菜单中，依次选择【Insert】→【Probe】→【Force Reaction】，如图 7-36 所示，求解计算后，悬臂梁支反力如图 7-37 所示。

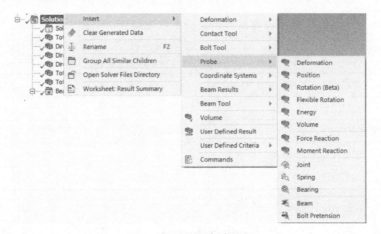

图 7-36　显示添加支反力

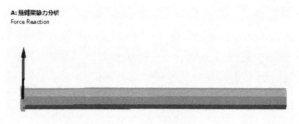

图 7-37　显示支反力

⑥ 查看单元类型。

单击【Solution】→【Solution Information】，鼠标移至【Worksheet】并单击，按住"Ctrl+F"快捷键，弹出【查找】对话框，输入"beam"回车，则【Worksheet】查找到，当前单元类型是"BEAM188"，如图 7-38 所示。

图 7-38　显示当前单元类型

⑦ 理论计算与有限元分析结果对比。

$$惯性矩I = \frac{\pi d^4}{64} = \frac{3.14 \times 8^4}{64} = 200.96(\text{mm}^4)$$

$$最大弯曲应力\sigma_{max} = \frac{M(z) \times \frac{d}{2}}{I} = \frac{F \times l \times \frac{d}{2}}{I} = \frac{100 \times 100 \times 4}{200.96} = 199.14(\text{MPa})$$

$$最大变形\text{UY} = \frac{Fl^3}{3EI} = \frac{100 \times 100^3}{3 \times 2 \times 10^5 \times 200.96} = 0.82935(\text{mm})$$

如表 7-1 所示为悬臂梁理论计算与有限元分析结果对比，结果一致。

表 7-1　悬臂梁理论计算与有限元分析结果对比

项目	理论值	ANSYS 值
变形/mm	0.82935	0.83516
最大弯曲应力/MPa	199.14	199.36
弯矩/N·mm	10000	10000
剪力/N	100	100

（5）保存文件并压缩存档

回到项目管理界面，单击菜单【File】→【Save as…】，选择保存目录，保存名为"悬臂梁静力分析"的 wbpj 工程文件；单击菜单【File】→【Archive…】，保存同名的 wbpz 压缩包文件。

7.3 实例 2——简支梁

7.3.1 问题描述

简支梁截面半径为 20mm，材料为结构钢，受集度为 $q = 100kN/m$ 的均布载荷作用，如图 7-39 所示，试分析简支梁的变形、剪力图、弯矩图。

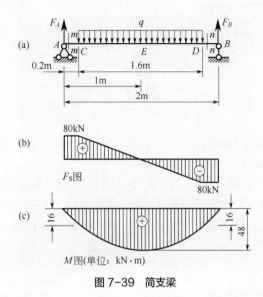

图 7-39 简支梁

7.3.2 有限元分析过程

（1）创建结构静力学分析项目

在工具箱【Toolbox】的【Analysis Systems】中双击或拖动结构静力分析系统【Static Structural】到项目分析流程图，并修改系统名称为"简支梁静力分析"，如图 7-40 所示。

（2）建立几何模型

① 进入 DesignModeler 建模模块。

右键单击【Geometry】，弹出菜单，选择【New DesignModeler Geometry…】，启动 DesignModeler 建模模块。

② 设置绘图单位。

进入 DM 模块后，点击【Units】菜单项，将单位设置为 "Meter"。

简支梁静力分析

图 7-40 创建结构静力学分析项目

③ 进入草绘模块。

右键单击导航树【Tree Outline】的【XYPlane】，选择【Look at】，使得 XOY 草绘平面正对屏幕；点击导航树【Tree Outline】的【Sketching】选项，进入草绘模块。

④ 绘制直线。

单击工具栏【Sketching Toolboxes】 → 【Draw】 → 【Line】激活画线命令，从坐标原点依次向右画三条首尾相连的水平线。

注意: 绘制直线时要考虑后面加载的需要,因此,这里将梁分为三条直线建模。

⑤ 标注尺寸。

单击工具栏【Sketching Toolboxes】→【Dimensions】→【General】,标注三条水平线长度尺寸 H1、H2 和 H3,并修改尺寸,如图 7-41 所示。

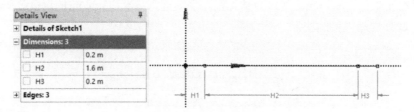

图 7-41 草绘简支梁

⑥ 生成线体。

点击工具栏【Sketching Toolboxes】的【Modeling】选项,进入建模模块。点击下拉菜单【Concept】→【Lines From Sketches】,如图 7-42 所示,在【Tree Outline】中出现"Line1",在【Details View】→【Details of Line1】→【Base Objects】中选择"Sketch1",点击【Apply】。然后,鼠标右键点击【Tree Outline】中的【Line1】,弹出菜单,如图 7-43 所示,选择【Generate】,生成线体,如图 7-44 所示,此时【Details View】→【Cross Section】提示"Not selected",表示没有定义梁的横截面。

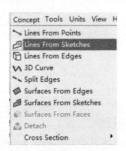

图 7-42 由草图生成线体

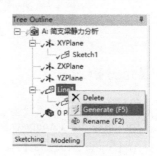

图 7-43 生成线体

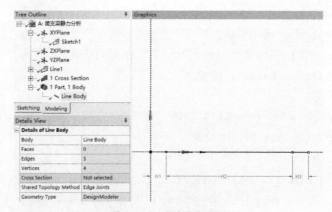

图 7-44 生成线体结果

⑦ 定义梁的横截面。

点击下拉菜单【Concept】→【Cross Section】→【Circular】,如图 7-45 所示,在【Tree Outline】

中出现横截面 "Circular1"。在【Details View】→【Dimensions：1】→【R】中输入半径 "0.02m"，如图 7-46 所示。

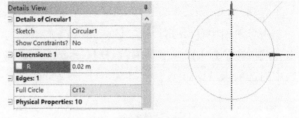

图 7-45　建立圆形横截面　　　　　　图 7-46　设置圆形横截面半径 20mm

⑧ 赋予梁横截面属性。

在【Tree Outline】中选择【Line Body】，在【Details View】→【Cross Section】中选择"Circular1"，即赋予梁以圆形横截面属性，如图 7-47 所示。点击下拉菜单【View】，勾选【Cross Section Solids】选项，如图 7-48 所示，则梁横截面可以显示出来，如图 7-49 所示。

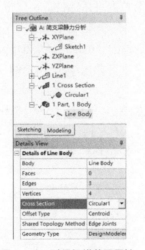

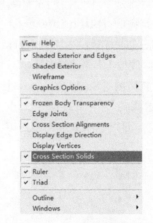

图 7-47　赋予梁横截面属性　　　　　　图 7-48　打开横截面显示选项

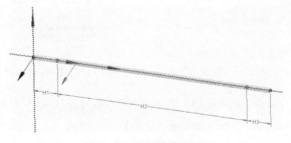

图 7-49　显示横截面的梁

（3）建立有限元模型

① 进入 Mechanical 模块。

在项目管理界面，双击【Model】，进入 Mechanical 模块。

② 设置单位。

依次点击【Home】→【Tools】→【Units】，勾选【Metric（mm, kg, N, s, mV, mA）】。

③ 分配材料。

在导航树中单击【Geometry】→【Line Body】，在工具栏【Details of "Line Body"】中，在【Material】中的【Assignment】选择"Structural Steel"。

④ 划分网格。

单击导航树中【Mesh】，在【Details of "Mesh"】中设置【Element Size】为 10mm。右键单击导航树中【Mesh】，弹出菜单，选择【Generate Mesh】，生成网格，如图 7-50 所示。将 Mechanical 模块中的选项卡【Display】→【Show】→【Show Mesh】选项关闭。

图 7-50　生成的网格

⑤ 施加边界条件和载荷。

右键单击导航树的【Static Structural】，单击弹出菜单的【Insert】→【Simply Supported】，选择简支梁左端点施加三个方向的平移约束。

右键单击导航树的【Static Structural】，单击弹出菜单的【Insert】→【Displacement】，选择简支梁右端点，在【Details of "Displacement"】窗口中进行如图 7-51 所示的设置，即限制 UY 和 UZ 约束，而释放掉 UX 位移约束。

右键单击导航树的【Static Structural】，单击弹出菜单的【Insert】→【Fixed Rotation】，按住"Ctrl"键，选择简支梁左右两个端点，在【Details of "Fixed Rotation"】窗口中进行如图 7-52 所示设置，即限制 UY 和 UZ 约束，而释放掉 UX 位移约束。

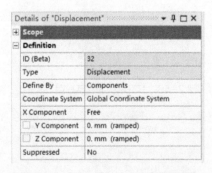

图 7-51　【Displacement】设置窗口

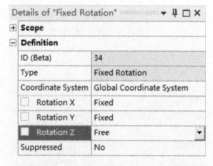

图 7-52　【Fixed Rotation】设置窗口

右键单击导航树的【Static Structural】，单击弹出菜单的【Insert】→【Line Pressure】，选择简支梁中间段，在工具栏【Details of "Line Pressure"】中的【Definition】→【Define By】选择"Components"，在【Y Components】输入数值"-100000"，如图 7-53 所示，施加结果如图 7-54 所示。

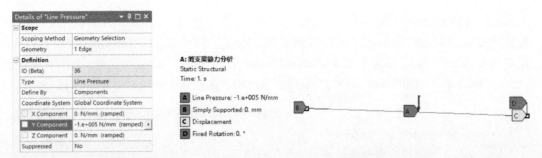

图 7-53 【Line Pressure】设置窗口   图 7-54 施加边界条件

⑥ 创建路径。

右击导航树【Outline】→【Model（A4）】，在弹出的菜单中依次选择【Insert】→【Construction Geometry】→【Path】，如图 7-55 所示，添加一条路径。在【Details of "Path"】中设置【Path Type】为 "Edge"，按住 "Ctrl" 键，依次选择简支梁三条直线为路径，如图 7-56 所示。

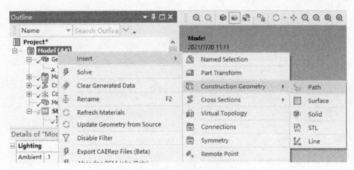

图 7-55 创建路径

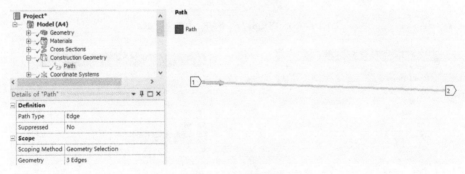

图 7-56 设置路径

（4）计算并查看结果。

① 绘制 Y 方向变形曲线。

右键单击导航树【Outline】→【Solution（B6）】，在弹出菜单中，依次选择【Insert】→【Deformation】→【Directional】，并在【Details of "Directional Deformation"】设置【Scoping Method】为 "Path"，【Path】为 "Path"，【Orientation】为 "Y Axis"，如图 7-57 所示。简支梁 Y 方向变形曲线如图 7-58 所示。

② 绘制弯矩图和剪力图。

右键单击导航树【Outline】→【Solution（B6）】，在弹出菜单中，依次选择【Insert】→【Beam

Results】→【Shear Force】，即剪应力，如图 7-59 所示，并在【Details of "Directional Shear Force"】设置【Scoping Method】为"Path"，【Path】为"Path"，【Type】为"Directional Shear Force"，如图 7-60 所示。同理，添加弯矩【Bending Moment】，并按图 7-61 进行设置，然后右键单击导航树【Outline】→【Solution（B6）】，在弹出菜单中，选择【Evaluate All Results】。

图 7-57　Y 方向变形曲线设置

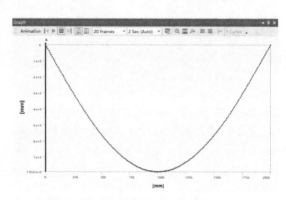

图 7-58　悬臂梁 Y 方向变形曲线

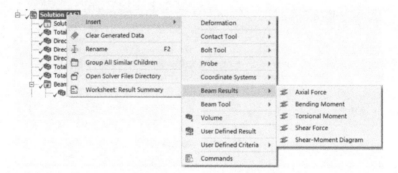

图 7-59　添加剪力、弯矩、扭矩等结果

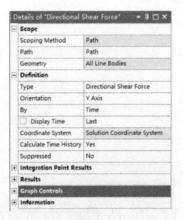

图 7-60　设置剪力显示方式

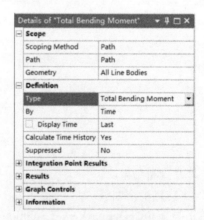

图 7-61　设置弯矩显示方式

剪力图和弯矩图分别如图 7-62 和图 7-63 所示，整个简支梁剪力为恒定值"100N"，弯矩最大值在固定端，为"10000N•mm"。

实际上，可以同时显示剪力、弯矩、变形图。同样的操作，只是此时添加【Shear-Moment Diagram】并按图 7-64 进行设置，则 VY-MZ-UY（Y 方向剪力-绕 Z 轴的弯矩-Y 方向变形）图如

图 7-65 所示，点击选项卡【Graph】，三个曲线绘制一张图上，如图 7-66 所示。

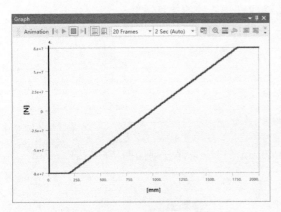

图 7-62　简支梁剪力图

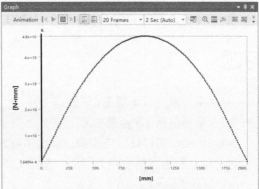

图 7-63　简支梁弯矩图

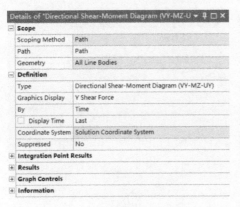

图 7-64　设置剪力-弯矩-变形

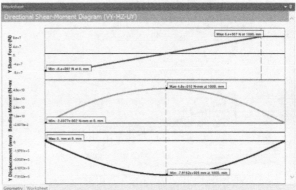

图 7-65　Worksheet 中分别显示 VY-MZ-UY

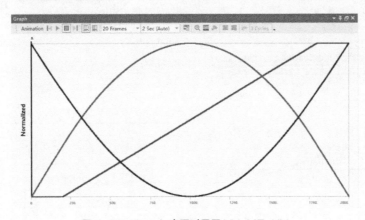

图 7-66　Graph 中同时显示 VY-MZ-UY

（5）保存文件并压缩存档

回到项目管理界面，单击菜单【File】→【Save as...】，选择保存目录，保存名为"悬臂梁静力分析"的 wbpj 工程文件；单击菜单【File】→【Archive...】，保存同名的 wbpz 压缩包文件。

梁问题要点：

① 分析类型必须设置为 3D；

② 生成线体（Line body）模型时要考虑边界条件的施加和截面形状的变化分段创建；

③ 分析支点或连接点的位移约束是梁问题施加边界条件的关键所在；

④ 生成剪力图和弯矩图等曲线要创建路径。

习题

7-1　梁问题分析类型是 2D 还是 3D？

7-2　梁模型是 2D 还是 3D？

7-3　已知梁的材料为结构钢，截面半径为 40mm，边界条件分别如图 7-67（a）～（d）所示，试分别分析各梁的支反力、剪力图和弯矩图。

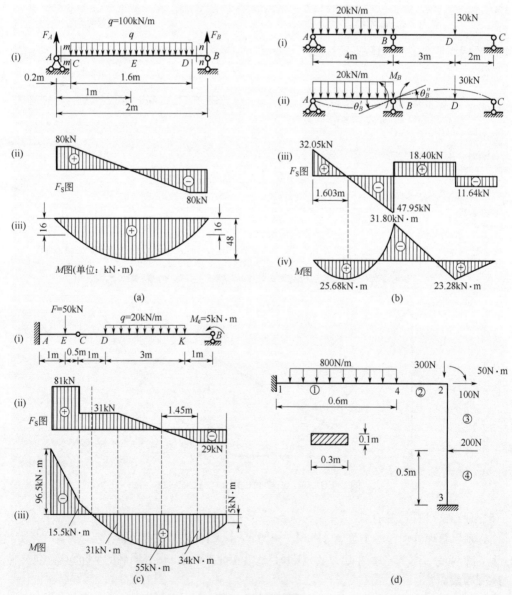

图 7-67　梁模型

7-4　订书机钉子材料属性：弹性模量 $E = 2.1 \times 10^5 \text{MPa}$，泊松比 $= 0.3$；矩形横截面尺寸：宽 $B = 0.64\text{mm}$，高 $H = 0.402\text{mm}$，如图 7-68（a）所示；当订书机被压入纸张时，约需要 120N 的载荷，载荷均匀分布在订书机的上部，A、B 为固定约束，如图 7-68（b）所示，要求用梁单元对订书机压入状态进行受力分析。

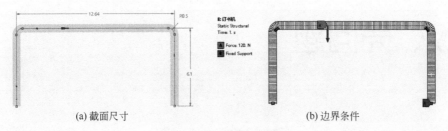

(a) 截面尺寸　　　　　　　　　　　　(b) 边界条件

图 7-68　订书机钉子模型

7-5　试利用梁单元计算习题 4-2 六角扳手的变形和应力。

7-6　如图 7-69 所示为 25mm × 16mm × 3mm 的角钢焊接而成的直角三角形空调支架，其边长分别为 300mm、400mm、500mm。固定 300mm 的一边，在顶点处加载竖直向下的 1000N 力，要求用梁单元计算变形和应力。

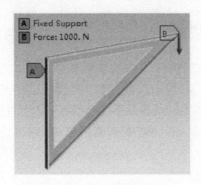

图 7-69　空调支架

第 8 章

薄板、壳问题

薄板结构是机械工程常见的结构，如钣金件、汽车车身等。这类结构特点是：几何体中一个方向的尺寸比另外两个方向的尺寸小得多，近似看着一个薄板，但如果其截面不在一个平面上或者承受的载荷和位移约束不在截面上，就不能用平面单元来模拟，此时，利用壳单元来取代实体单元，可以使模型减小很多，而精度同样能够保证。

8.1　壳单元类型

Workbench 壳单元类型主要有两种：Shell181 单元和 Shell281 单元。Shell181 单元为低阶单元，有 4 个节点，如图 8-1（a）所示；Shell281 单元为高阶单元，有 8 个节点，如图 8-1（b）所示，说明其几何模型为二维模型。壳单元的每个节点有六个自由度，即沿节点坐标系 XYZ 的平移自由度和绕 XYZ 的转动自由度，说明其分析类型为三维分析。

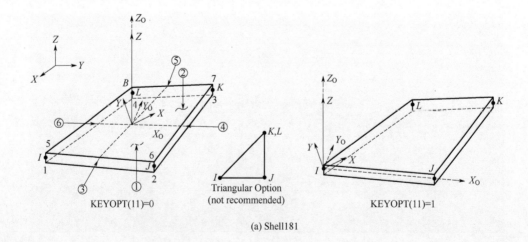

(a) Shell181

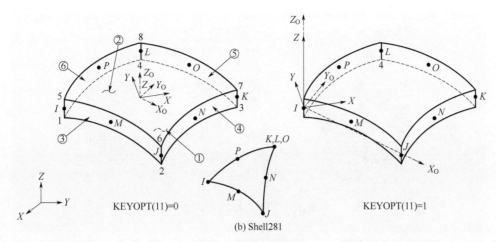

图 8-1　Shell 单元类型

8.2　壳模型的建立——抽中面操作

Workbench 中壳模型是一个 2D 面体，通过概念建模建立。由于一般分析前 3D 模型已经建立，所以经常采用对已有三维实体模型抽中面的方法建立中面。中面特征可用来创建已有实体两个相对表面的中间面体，抽中面操作后的面体自动地定义了厚度属性。

WB 提供有手动和自动两种模式。对简单的模型可选择手动选取配对面，复杂模型需要生成很多中面时选择自动模式。手动模式较简单，只需要你选取配对面即可，如图 8-2 所示。自动选取有三个必填选项：Face Pairs（配对面）、Minimum Threshold（最小极限值）、Maximum Threshold（最大极限值），如图 8-3 所示，这里的最小和最大的极限值是指你要识别并采取抽中面操作的一个厚度范围。

Details View		⊣
Details of MidSurf1		
Mid-Surface	MidSurf1	
Face Pairs	0	
Selection Method	Manual	
☐ FD3, Selection Tolerance (>=0)	0 mm	
☐ FD1, Thickness Tolerance (>=0)	0.0005 mm	
☐ FD2, Sewing Tolerance (>=0)	0.02 mm	
Allow Variable Thicknesses	No	
Extra Trimming	Intersect Untrimmed with Body	
Ambiguous Face Delete (Beta)	All	
Preserve Bodies?	No	

图 8-2　手动模式

Details View		⊣
Details of MidSurf1		
Mid-Surface	MidSurf1	
Face Pairs	0	
Selection Method	Automatic	
Bodies To Search	Visible Bodies	
Minimum Threshold	0 m	
Maximum Threshold	0 m	
Find Face Pairs Now	No	
☐ FD3, Selection Tolerance (>=0)	0 m	
☐ FD1, Thickness Tolerance (>=0)	0.0005 m	
☐ FD2, Sewing Tolerance (>=0)	0.02 m	

图 8-3　自动模式

8.3　壳单元应用实例——挂钩

8.3.1　问题描述

如图 8-4（a）所示为三维挂钩模型，挂钩厚度为 2mm，已知挂钩材料为结构钢，挂钩通过两个螺栓孔连接固定，安装面为螺栓孔所在底面及圆角面，挂钩下端承受 0.5MPa 的压力，边界条件及载荷如图 8-4（b）所示，要求对该挂钩进行结构静力分析。

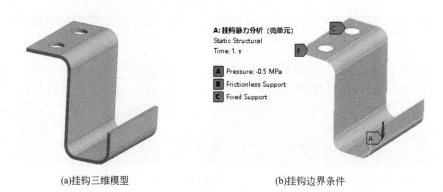

(a)挂钩三维模型   (b)挂钩边界条件

图 8-4　三维飞轮结构示意图

8.3.2　有限元分析过程

（1）创建结构静力学分析项目

在工具箱【Toolbox】的【Analysis Systems】中双击或拖动结构静力分析系统【Static Structural】到项目分析流程图，并修改系统名称为"挂钩静力分析（壳单元）"，如图 8-5 所示。

（2）建立几何模型

① 进入 DesignModeler 建模模块。

右键单击【Geometry】，弹出菜单，选择【New DesignModeler Geometry…】，启动 DesignModeler 建模模块。

② 导入挂钩模型。

在【DesignModeler】中点击下拉菜单【File】→【Import External Geometry File…】，弹出对话框，如图 8-6 所示，选择本书素材中的挂钩模型文件"ch08\example\hook.igs"，则在结构树【Tree Outline】中出现【Import1】，右击该对象，在弹出菜单中点击【Generate】，如图 8-7 所示，生成挂钩三维模型，如图 8-8 所示。

图 8-5　创建结构静力学分析项目

图 8-6　导入外部模型

③ 抽取中面。

单击菜单【Tools】→【Mid-Surface】，如图 8-9 所示，结构树出现添加的中面【MidSurf1】，点击【MidSurf1】，在【Details View】窗口中，设置【Selection Method】=Automatic，【Minimum Threshold】=1mm，【Maximum Threshold】=3mm，选择【Find Face Pairs Now】为 Yes，如图 8-10 所示，此时，窗口【Face Pairs】右边的输入框自动显示数字"7"，表明有 7 对符合要求的配对

面可提取中面。右键点击结构树的【Midsurf1】，在弹出菜单中点击【Generate】，如图 8-11 所示，则生成挂钩模型中面，如图 8-12 所示。

图 8-7　生成外部模型

图 8-8　导入的挂钩模型

注意： 此处也可采用手动方式提取中面。

图 8-9　抽取中面命令

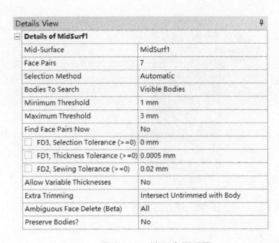

Details View	
Details of MidSurf1	
Mid-Surface	MidSurf1
Face Pairs	7
Selection Method	Automatic
Bodies To Search	Visible Bodies
Minimum Threshold	1 mm
Maximum Threshold	3 mm
Find Face Pairs Now	No
FD3, Selection Tolerance (>=0)	0 mm
FD1, Thickness Tolerance (>=0)	0.0005 mm
FD2, Sewing Tolerance (>=0)	0.02 mm
Allow Variable Thicknesses	No
Extra Trimming	Intersect Untrimmed with Body
Ambiguous Face Delete (Beta)	All
Preserve Bodies?	No

图 8-10　抽取中面设置

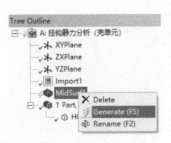

图 8-11　生成中面

图 8-12　抽取的中面

（3）建立有限元模型

① 进入 Mechanical 模块。

在项目管理界面，双击【Model】，进入 Mechanical 模块。

② 设置单位。

依次点击【Home】→【Tools】→【Units】，勾选【Metric（mm, kg, N, s, mV, mA）】。

③ 设置厚度和材料。

在导航树中单击【Geometry】→【HOOK】，在工具栏【Details of "HOOK"】窗口中，设置【Definition】→【Thickness】=2mm，设置【Material】→【Assignment】="Structural Steel"，如图 8-13 所示。

④ 划分网格。

右键单击导航树中【Mesh】，弹出菜单，选择【Generate Mesh】，生成网格，如图 8-14 所示。在工具栏【Details of "Mesh"】中单击【Statistics】，可以看到网格节点数为 602，单元数为 544，如图 8-15 所示。

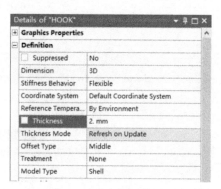

图 8-13　设置中面厚度及材料

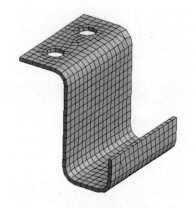

图 8-14　生成的网格

图 8-15　网格数量

⑤ 施加边界条件。

右键单击导航树的【Static Structural】，选择弹出菜单的【Insert】→【Fixed Support】，选择挂钩两个圆孔边施加固定支撑位移约束，如图 8-16 所示。

右键单击导航树的【Static Structural】，选择弹出菜单的【Insert】→【Frictionless Support】，选择如图 8-17 所示的两个面施加无摩擦支撑位移约束。

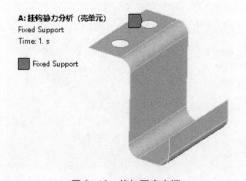

图 8-16　施加固定支撑

图 8-17　施加无摩擦支撑

右键单击导航树的【Static Structural】，选择弹出菜单的【Insert】→【Pressure】，在工具栏【Details of "Pressure"】中的【Scope】→【Geometry】选择挂钩承载面，在【Definition】→【Magnitude】输入数值 "−0.5MPa"，施加压力结果如图 8-18 所示。挂钩施加的边界条件如图 8-19 所示。

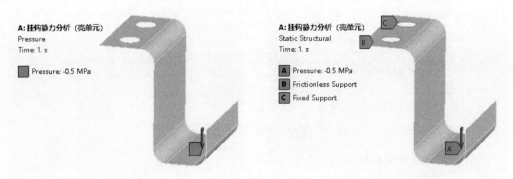

图 8-18　施加压力　　　　　　　　　　图 8-19　施加边界条件结果

（4）求解计算结果

① 添加需要计算的结果。

右键单击导航树的【Static Structural】→【Solution】，选择弹出菜单的【Insert】→【Deformation】→【Total】，添加变形计算。同理，右键单击导航树的【Static Structural】→【Solution】，选择弹出菜单的【Insert】→【Stress】→【Equivalent（von-Mises）】，添加冯-米塞斯等效应力计算。

② 进行求解计算。

右键单击【Solution】→【Solve】进行求解计算。

（5）查看结果

① 单击【Solution】→【Total Deformation】，挂钩变形如图 8-20 所示。

② 单击【Solution】→【Equivalent Stress】，挂钩应力如图 8-21 所示。

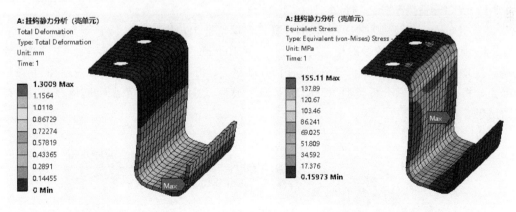

图 8-20　变形结果　　　　　　　　　　图 8-21　应力结果

③ 查看单元类型。单击【Solution】→【Solution Information】，鼠标移至【Worksheet】并单击，按住 "Ctrl+F" 快捷键，弹出【查找】对话框，输入 "shell" 回车，则【Worksheet】查找到，当前单元类型是 "SHELL181"，如图 8-22 所示。

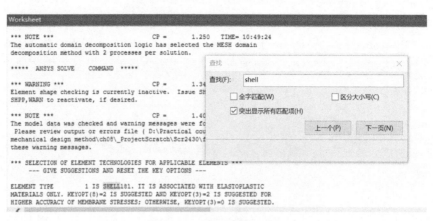

图 8-22　显示当前单元类型

（6）保存文件并压缩存档

回到项目管理界面，单击菜单【File】→【Save as…】，选择保存目录，保存名为"挂钩静力分析（壳单元）"的 wbpj 工程文件；单击菜单【File】→【Archive…】，勾选【Imported this external to project directory】，保存同名的 wbpz 压缩包文件。

壳单元问题要点：

① 壳单元适用于薄板，并且其截面可以不在一个平面上或者其边界条件可以不在板截面上；

② 壳单元有 6 个自由度，因此其分析类型必须设置为 3D；

③ 壳单元有 4 个节点或 8 个节点，因此其几何模型为 2D 模型，即面体（Surface body），故壳单元建立的有限元模型比 Solid 单元小很多，而其精度也能保证；

④ 壳单元模型一般利用三维模型通过抽中面生成得到，此时，面体厚度自动探测，无需设置。

习题

8-1　壳单元适用于什么场合？

8-2　壳单元分析类型是 2D 还是 3D？其几何模型是 2D 还是 3D？

8-3　如图 8-23 所示的矩形板，尺寸为：长度 100mm、宽度 10mm、厚度 2mm，左边为固定端，右边受向下的拉力 10N。试分别利用 Solid 单元、Plane 单元、Beam 单元和 Shell 单元进行静力分析，比较它们分析类型（2D/3D）、几何模型（2D/3D）、自由度、网格数量以及最大应力结果等有何不同？

图 8-23　矩形板模型

8-4　如图 8-24 所示塑料外壳（ch08\exe8-4\塑料外壳.agdb），材料为 ABS，壳厚 2mm，内孔固定，外壳承受 1MPa 压力，要求利用壳单元进行静力分析，求解变形及等效应力。

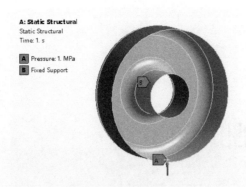

图 8-24　塑料外壳

8-5　如图 8-25 所示控制盒外壳（ch08\exe8-5\控制盒外壳.agdb），其外壳长 600mm、宽 350mm、高 120mm、厚 10mm、圆角半径 15mm，内筋宽 15mm、高 10mm，螺钉孔直径 30mm，表面受外压力 1MPa，四个螺钉孔受固定约束，材料为铝合金，要求利用壳单元求解外壳的变形、等效应力。

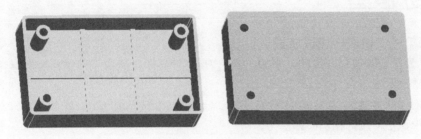

图 8-25　控制盒外壳

第 9 章

装配体接触问题

实际机械结构很多都是装配体，各零部件之间装配组合起来工作，它们之间存在接触，所以接触问题往往是无处不在的。

9.1　接触类型

在此简单地介绍软件中接触的类型和选择，通过实例来说明它的具体应用。

当两个分离的表面相互接触、相切，就认为是"接触"。从通常物理意义来说，相互接触的面有以下特征：

- 不能相互穿透；
- 可传递法向压力和切向摩擦力；
- 通常不传递法向张力。

因此，它们可以相互分离，接触时状态改变为非线性。就是说，在程序计算时系统刚度取决于接触状态，零件是否接触或分离。

在计算时可以用纯罚函数法（Pure Penalty）或增强的拉格朗日法（Augmented Lagrange），由于后者对刚度变化的敏感性较差，往往多被选用。

在实际操作中定义接触对时，一个为接触面，另一个为目标面，主要研究的是接触面，次要研究的是目标面。选择接触对的大致原则为：

- 如果一凸起的表面要和一平面或凹面接触，应选取平面或凹面为目标面。
- 如果一个表面有稀疏的网格而另一个表面网格细密，则应选择稀疏网格表面为目标面。
- 如果一个表面比另一个表面硬，则硬表面应为目标面。
- 如果一个表面为高阶表面而另一个为低阶表面，则低阶表面应为目标面。
- 如果一个表面大于另一个表面，则大的表面应为目标面。

接触中有五类情况，它们分别是 Bonded、No Separation、Frictionless、Rough、Frictional。如表 9-1 所示，它们的涵义为：绑定（Bonded），两物体间既无切向又无法向运动；不分离（No Separation），切向可以有相对滑动，法向不能分开；粗糙（Rough），切向不可相对滑动，法向可分开；无摩擦（Frictionless）和有摩擦（Frictional），切向、法向均可相对运动；切向滑动一个是无摩擦一个是有摩擦。

表 9-1　各种接触类型特点

接触类型	法向	切向
绑定（Bonded）	不可分开	不可相对滑动
不分离（No Separation）	不可分开	可相对滑动
粗糙（Rough）	可分开	不可相对滑动
无摩擦（Frictionless）	可分开	可相对滑动（无摩擦）
有摩擦（Frictional）	可分开	可相对滑动（有摩擦）

9.2　接触问题实例——螺栓连接

9.2.1　问题描述

如图 9-1 所示为螺栓连接模型，用于夹紧圆管，材料均为结构钢。夹紧块与圆管、螺栓、螺母的摩擦因数均为 0.15，工作时螺栓预紧力为 1000N，夹紧块后端平面固定，试求圆管夹紧时各零件的变形、应力。

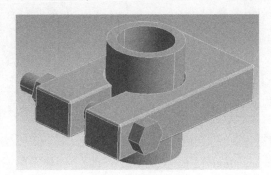

图 9-1　螺栓连接模型

9.2.2　有限元分析过程

（1）创建结构静力学分析项目

在工具箱【Toolbox】的【Analysis Systems】中双击或拖动结构静力分析系统【Static Structural】到项目分析流程图，并修改系统名称为"螺栓连接静力分析"，如图 9-2 所示。

（2）导入几何模型

① 进入 DesignModeler 建模模块。

右键单击【Geometry】，弹出菜单，选择【New DesignModeler Geometry…】，启动 DesignModeler 建模模块。

② 导入螺栓连接模型。

如图 9-3 所示，在【DesignModeler】中点击下拉菜单【File】→【Import External Geometry File…】，弹出对话框，如图 9-4 所示，

螺栓连接静力分析

图 9-2　创建结构静力学分析项目

选择本书素材中的螺栓连接装配体模型文件"ch09\example\bolt_connection.asm"，则在结构树

【Tree Outline】中出现【Import1】，右击该对象，在弹出菜单中点击【Generate】，生成螺栓连接模型，如图 9-5 所示。

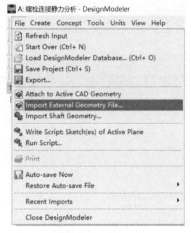

图9-3 导入外部模型

图9-4 生成外部模型

（3）进入 Mechanical 分析环境

① 进入 Mechanical 模块。

在项目管理界面，双击【Model】，进入 Mechanical 模块。

② 设置单位。

依次点击【Home】→【Tools】→【Units】，勾选【Metric（mm, kg, N, s, mV, mA）】。

（4）接触设置

① 设置夹紧基座侧面与螺栓头内侧面的接触。

图9-5 导入的螺栓连接装配体模型

在导航树上展开【Connections】→【Contacts】，单击【Contact Region】，在【Details of "Contact Region"】窗口中，设置【Type】=No Separation，点击【Contact】右边的方框，如图 9-6 所示，在【Contact Body View】窗口中选择与螺栓头接触的夹紧基座侧面作为接触面，点击【Apply】，点击【Target】右边的方框，在【Target Body View】窗口中选择与夹紧基座接触的螺栓头内侧面作为目标面，点击【Apply】，如图 9-7 所示。

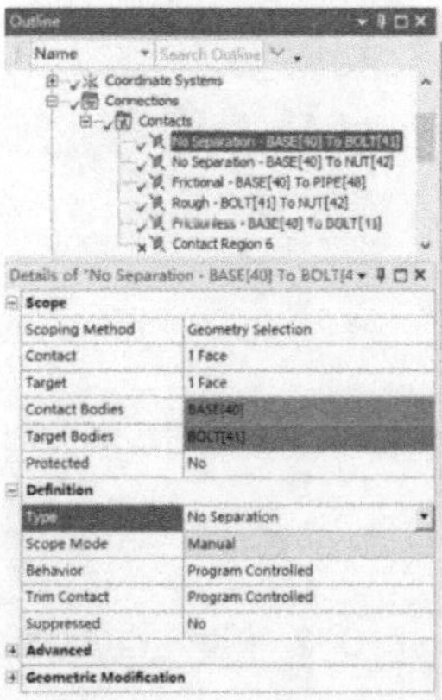

图9-6 设置 No Separation 接触类型 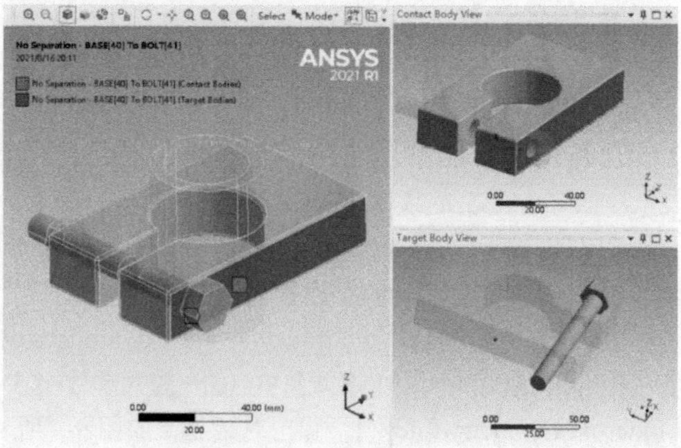　　　　　　图9-7 选择接触表面

② 设置夹紧基座与螺母的接触。

单击【Contact Region1】，在【Details of "Contact Region"】窗口中，设置【Type】=No Separation，点击【Contact】右边的方框，如图 9-8 所示，在【Contact Body View】窗口中选择与螺母接触的夹紧基座侧面作为接触面，点击【Apply】，点击【Target】右边的方框，在【Target Body View】窗口中选择与夹紧基座接触的螺母端面作为目标面，点击【Apply】，如图 9-9 所示。

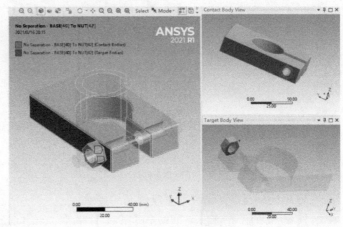

图 9-8　设置 No Separation 接触类型　　　　　　图 9-9　选择接触表面

③ 设置夹紧基座与圆管的接触。

单击【Contact Region1】，在【Details of "Contact Region2"】窗口中，设置【Type】=Frictional，【Friction Coefficient】=0.15，点击【Contact】右边的方框，如图 9-10 所示，在【Contact Body View】窗口中选择与圆管接触的夹紧基座圆孔面作为接触面，点击【Apply】，点击【Target】右边的方框，在【Target Body View】窗口中选择与夹紧基座接触的圆管圆柱面作为目标面，点击【Apply】，如图 9-11 所示。

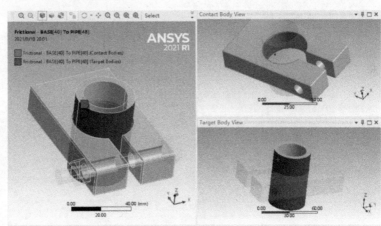

图 9-10　设置 Frictional 接触类型　　　　　　图 9-11　选择接触表面

④ 设置螺栓与螺母的接触。

单击【Contact Region3】，在【Details of "Contact Region"】窗口中，设置【Type】=Rough，点击【Contact】右边的方框，如图 9-12 所示，在【Contact Body View】窗口中选择与螺母接触的螺栓圆柱面作为接触面，点击【Apply】，点击【Target】右边的方框，在【Target Body View】

窗口中选择与螺栓接触的螺母内孔面作为目标面，点击【Apply】，如图 9-13 所示。

 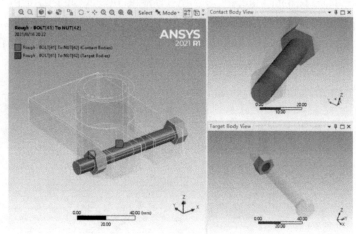

图 9-12　设置 Rough 接触类型　　　　　　图 9-13　选择接触表面

⑤ 设置螺栓外圆柱面与夹紧基座圆孔的接触。

右击【Contacts】，在弹出菜单单击【Insert】→【Manual Contact Region】，如图 9-14 所示，此时，在导航树【Contacts】下出现【Bonded-No Selection To No Selection】，在【Details of "Contact Region"】窗口中，设置【Type】=Frictionless，点击【Contact】右边的方框，如图 9-15 所示，在【Contact Body View】窗口中选择与螺栓圆柱面接触的夹紧基座圆孔面作为接触面，点击【Apply】，点击【Target】右边的方框，在【Target Body View】窗口中选择与夹紧基座圆孔面接触的螺栓圆柱面作为目标面，点击【Apply】，如图 9-16 所示。

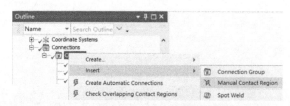

图 9-14　插入接触

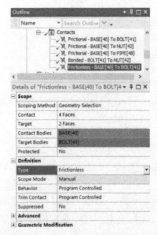

图 9-15　设置 Frictionless 接触类型　　　　　图 9-16　选择接触表面

（5）划分网格

① 设置网格大小。

在导航树中单击【Mesh】，在工具栏【Details of "Mesh"】中输入【Element Size】为 "2mm"。

② 生成网格。

右键单击导航树中【Mesh】，弹出菜单，选择【Generate Mesh】，生成网格，如图 9-17 所示。

（6）施加边界条件和载荷

① 施加固定约束。

右键单击导航树的【Static Structural】，选择弹出菜单的【Insert】→【Fixed Support】，选择夹紧基座后端面施加固定支撑位移约束，如图 9-18 所示。

② 施加螺栓预紧力。

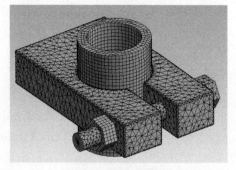

图 9-17　生成的网格

右键单击导航树的【Static Structural】，选择弹出菜单的【Insert】→【Bolt Pretension】，选择螺栓圆柱面施加螺栓预紧力，如图 9-19 所示。在【Details of "Bolt Pretension"】窗口中，设置【Preload】=1000N，如图 9-20 所示。

施加的边界条件和载荷如图 9-21 所示。

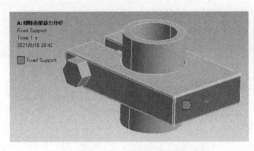

图 9-18　施加固定约束

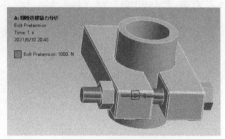

图 9-19　施加螺栓预紧力

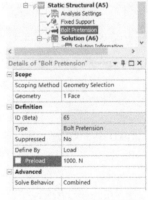

图 9-20　螺栓预紧力设置

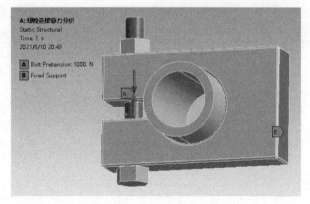

图 9-21　施加边界条件结果

（7）求解计算

① 添加整体变形计算结果。

右键单击导航树的【Static Structural】→【Solution】，选择弹出菜单的【Insert】→【Deformation】→【Total】，设置【Details of "Total Deformation"】→【Geometry】为 "All Bodies"，添加整体变

形计算结果。右击导航树【Solution】→【Total Deformation】，在弹出菜单选择【Rename】，修改名称为"整体变形"。

② 添加整体应力计算结果。

右键单击导航树的【Static Structural】→【Solution】，选择弹出菜单的【Insert】→【Stress】→【Equivalent（von-Mises）】，设置【Details of "Equivalent Stress"】→【Geometry】为"All Bodies"，添加整体应力计算结果。右击导航树【Solution】→【Equivalent Stress】，在弹出菜单选择【Rename】，修改名称为"整体应力"。

③ 添加圆管应力计算结果。

右键单击导航树的【Static Structural】→【Solution】，选择弹出菜单的【Insert】→【Stress】→【Equivalent（von-Mises）】，单击【Details of "Equivalent Stress"】→【Geometry】，选择圆管实体，添加圆管应力计算结果。右击导航树【Solution】→【Equivalent Stress】，在弹出菜单选择【Rename】，修改名称为"圆管应力"。

同理，添加螺栓应力、螺母应力、基座应力，如图 9-22 所示。

④ 选择求解器进行求解。

单击【Static Structural】→【Analysis Settings】，在【Details of "Analysis Settings"】窗口中，选择求解器类型【Solver Type】=Direct，如图 9-23 所示。

右键单击【Solution】→【Solve】进行求解计算。

图 9-22 添加的计算结果　　　　　　图 9-23 选择 Direct 求解器

（8）查看结果

① 单击【Solution】→【整体变形】，螺栓连接整体变形如图 9-24（a）所示。

② 单击【Solution】→【整体应力】，螺栓连接整体应力如图 9-24（b）所示。

③ 单击【Solution】→【圆管应力】，螺栓连接圆管应力如图 9-25（a）所示。

④ 单击【Solution】→【基座应力】，螺栓连接基座应力如图 9-25（b）所示。

⑤ 单击【Solution】→【螺栓应力】，螺栓连接螺栓应力如图 9-25（c）所示。

⑥ 单击【Solution】→【螺母应力】，螺栓连接螺母应力如图 9-25（d）所示。

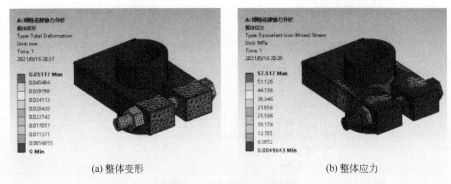

(a) 整体变形　　　　　　　　　　　(b) 整体应力

图 9-24　整体变形及应力结果

(a) 圆管应力　　　　　　　　　　　(b) 基座应力

(c) 螺栓应力　　　　　　　　　　　(d) 螺母应力

图 9-25　应力结果

（9）保存文件并压缩存档

回到项目管理界面，单击菜单【File】→【Save as...】，选择保存目录，保存名为"螺栓连接静力分析"的 wbpj 工程文件；单击菜单【File】→【Archive...】，勾选【Imported this external to project directory】，保存同名的 wbpz 压缩包文件。

习题

9-1　ANSYS Workbench 提供了哪些接触类型？各有什么特点？

9-2　一水杯放在托盘上，图 9-26（a）为其三维模型，图 9-26（b）为其截面尺寸（单位：mm），水杯和托盘材料均为 ABS，其中，密度为 1020kg/m^3，弹性模量为 2000MPa，泊松比为 0.3，假设水杯装满水，要求利用轴对称模型分析水杯和托盘的变形、应力。

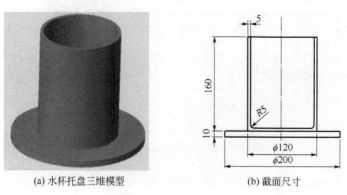

(a) 水杯托盘三维模型   (b) 截面尺寸

图 9-26　托盘水杯几何模型

9-3　一轮轨接触模型（ch09\exe9-3\Wheel rail.agdb），已知轮轨材料参数使用结构钢，其中屈服强度为 $2.5×10^8Pa$，切线模量为 $2×10^{10}Pa$；车轮承受 10000N 轴承力，钢轨底端面固定，如图 9-27 所示。试求轮轨在轴承力作用下的钢轨变形、应力状态以及接触压力。

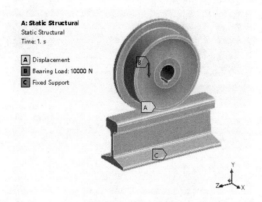

图 9-27　轮轨模型

9-4　轧制成形是一种重要的锻造成形工艺，靠旋转的轧辊与轧件间的摩擦力将轧件拖入轧辊缝使之受到压缩产生塑性变形。已知轧件为铜合金板，两轧辊为结构钢，轧辊与轧件模型（ch09\exe9-4\Rolling metal.agdb），如图 9-28 所示。假设轧辊与轧件之间的摩擦因数为 0.25，试求轧辊旋转一圈后轧件的成形情况。

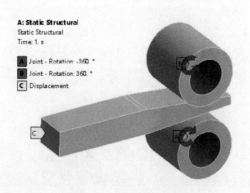

图 9-28　轧辊与轧件模型

第 10 章

动力学问题

10.1 动力学分析概述

在实际工程结构的设计工作中，动力学设计和分析是必不可少的一部分。几乎现代的所有工程结构都面临着动力问题。在航空航天、船舶、汽车等行业，动力学问题更加突出，在这些行业中将会接触大量的旋转结构（例如：轴、轮盘等结构）。这些结构一般来说在整个机械中占有极其重要的地位。它们的损坏大部分都是由于共振导致较大振动应力引起的。同时由于处于旋转状态，它们所受外界激振力比较复杂，更要求对这些关键部分进行完整的动力学设计与分析。

结构动力学分析与结构静力学分析的区别：①动载荷是随时间变化的；②由随时间变化的载荷引起的响应，如位移、速度、加速度、应力、应变等物理量，也是随时间变化的。这些随时间变化的物理量使得动力学分析比静力学分析更复杂，也更接近于实际。

结构动力学分析的主要工作有：一方面是系统的动态特性分析，即求解结构的固有频率和振型；另一方面是系统受到一定载荷时的动力响应分析。结构动力学分析根据系统的特性可分为线性动力分析和非线性动力分析两类。根据载荷随时间变化的关系可以分为稳态动力分析和瞬态动力分析。

ANSYS 提供了强大的动力分析工具，可以很方便地进行各类动力问题分析，主要动力分析类型如下：

- 模态分析。
- 谐响应分析。
- 瞬时动力分析。
- 谱分析。
- 随机振动分析。

模态分析用于确定设计中的结构或机器部件的自由振动特性（固有频率和振型）。它也是更详细的动力学分析的起点。

谐响应分析用于分析持续的周期载荷在结构系统中产生的持续的周期响应（谐响应），以及确定线性结构承受随时间按正弦（简谐）规律变化的载荷时稳态响应的一种技术。这种分析技术只是计算结构的稳态受迫振动，发生在激励开始时的瞬态振动不在谐响应分析中考虑。谐响应分析是一种线性分析，但也可以分析有预应力的结构。

瞬态动力分析（亦称时间历程分析）是用于确定承受随时间变化载荷的结构的动力学响应的一种方法。可以用瞬态动力学分析确定结构在静载荷、瞬态载荷和简谐载荷的随意组合作用下随时间变化的位移、应变、应力及力。载荷和时间的相关性使得惯性力和阻尼作用比较重要。

谱分析是一种将模态分析的结果与一个已知的谱联系起来计算模型的位移和应力的分析技术。谱分析替代时间历程分析，主要用于确定结构对随机载荷或随时间变化载荷（如地震、风载、海洋波浪、喷气发动机推力、火箭发动机振动等）的动力响应情况。谱是谱值与频率的关系曲线，它反映了时间历程载荷的强度和频率信息。

10.2 模态分析

模态分析主要用于确定设计结构或机器部件的振动特性，即结构的固有频率和振型，它们是承受动态载荷结构设计中的重要参数。同时，模态分析也是所有动力学分析类型最基础的内容，是其它动力学分析所必需的前提，是进行例如瞬态动力学分析、谐响应分析和谱分析等动力学分析的前期分析过程。通过模态分析，计算出结构的固有频率及振型，就可以在设计结构时，使得结构固有频率避开使用过程中的外部激振频率，避免共振。

10.2.1 模态分析理论基础

多自由度振动模型的运动方程一般形式为：

$$[M]\{\ddot{x}\}+[C]\{\dot{x}\}+[K]\{x\}=\{F(t)\} \tag{10-1}$$

当为自由振动并忽略阻尼时，方程变为：

$$[M]\{\ddot{x}\}+[K]\{x\}=\{0\} \tag{10-2}$$

当发生简谐振动时，即

$$\{x\}=\{u\}\,\mathrm{e}^{\mathrm{j}\omega t} \tag{10-3}$$

代入方程得：

$$([K]-\omega^2[M])\{u\}=\{0\} \tag{10-4}$$

由振幅 u 有非零解的条件得频率方程为：

$$\left\|[K]-\omega^2[M]\right\|=0 \tag{10-5}$$

由频率方程可以解出结构的固有频率 ω_i（弧度/秒），进而得出自然频率 $f_i=\omega_i/2\pi$（Hz，即次/秒）。

将解出的固有频率代入方程可以得出振型向量 $\{u\}_i$，即结构按某一个固有频率 ω_i 振动时的振动形态，值得注意的是，由于方程是线性相关的，因此，该振型值是相对值。

10.2.2 Workbench 模态分析步骤

模态分析与静力分析过程相似，其步骤如下：

①创建模态分析→②建立几何模型→③进行网格划分→④施加边界条件→⑤分析设置及求解→⑥查看求解结果。

（1）创建模态分析

在工具箱【Toolbox】→【Analysis Systems】中双击或拖动模态分析项目【Modal】到项目

分析流程图，即可创建模态分析系统，如图 10-1 所示。

若进行预应力模态分析，需要先进行结构静力分析，得出应力结果作为模态分析的预应力，然后进行模态分析。因此首先创建结构静力学分析系统，然后单击该系统的【Solution】单元，从弹出菜单中选择【Transfer To New】→【Modal】，即创建模态分析系统，此时相关联的数据共享，如图 10-2 所示。

图 10-1　创建模态分析

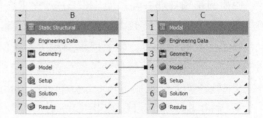
图 10-2　创建有预应力的模态分析

（2）材料属性

模态分析的材料属性必须指定杨氏模量、泊松比和密度。

（3）网格划分

模态分析如果只需求解模态振型，而不需求解模态应力，其网格无需划分得很密，只要划分均匀，这样可以减小计算时间。

（4）施加边界条件

在模态分析施加边界条件需要注意的是：

① 由于模态分析是针对系统自由振动，故模态分析唯一有效的载荷是零位移约束。

② 与静态结构分析不同，模态分析并不要求禁止刚体运动，倘若没有或仅有部分约束，将发生刚体模态，这些模态将处于 0Hz 附近。

③ 在模态分析中，由于边界条件可以影响零件的振型和固有频率，即自由模态与约束模态在振型和固有频率上有较大差别，应按实际情况施加约束条件，进行约束模态分析。

（5）模态分析设置

进入 Mechanical 后，单击【Analysis Settings】出现如图 10-3 所示的模态分析设置窗口。

① 模态选项【Options】　用于设置模态阶数和频率范围。

● 最大模态阶数【Max Modes to Find】，默认值是 6 阶模态，最大为 200 阶。

● 频率变化范围【Limit Search to Range】，默认值为 "No"，即不指定，程序将计算从 0Hz 开始的所有频率。如果选择 "Yes"，则指定搜索范围限制在一个用户感兴趣的特定的频率范围，如最大和最小频率。但此选项是和【Max Modes to Find】相关联的，假如不需要足够多的模态，在这个搜索范围内，并不是所有的模态都能发现。

图 10-3　模态分析设置

② 求解控制【Solver Controls】 用于控制求解类型。

● 阻尼【Damped】，默认为否。

● 求解类型【Solver Type】，多数情况为默认的程序控制。也可使用直接求解法【Direct】、迭代求解法【Iterative】、非对称【Unsymmetric】求解法、超节点【Super node】求解法和子空间【Subspace】求解法。直接求解器采用的是 Block Lanczos 特征提取方法，使用的是稀疏矩阵直接求解器。迭代求解器使用的是 Power dynamics 求解方法，这种方法是子空间特征值提取方法的混合，使用的是预处理共轭梯度（PCG）方程求解器，当仅需要求解不多的振型时，Power dynamics 特征值对具有体单元的较大几何模型很有效。非对称求解法适用于刚度矩阵和质量矩阵非对称情况，如流固交接面问题。超节点求解法用于求解大模态的对称特征值问题，特别是模态超过 200 时的情况。子空间求解法是一种迭代算法，适用于含有对称刚度矩阵和质量矩阵的问题。

③ 转子动力学控制【Rotordynamics Controls】 用于控制转子动力学计算。

● 科里奥利效应【Coriolis Effect】，可以考虑此效应，默认不考虑。

● 坎贝尔图【Campbell Diagram】，可以绘制此图，默认不绘制，如绘制，可设置求解点的数目，默认值为 2 个。

④ 输出控制【Output Controls】 可以严格控制确定点的输出结果。

● 是否计算应力【stress】，默认不计算。

● 是否计算应变【strain】，默认不计算。

● 是否计算节点力【Nodal Forces】，默认不计算。

● 是否计算反作用力【Calculate Reactions】，默认为不计算。

● 是否计算杂项设置【General Miscellaneous】，默认为不设置。

（6）查看结果

① 查看固有频率。

求解后，点击【Solution】，会显示一个图和表，显示固有频率和模态阶数，如图 10-4 所示。

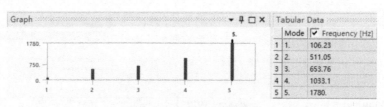

图 10-4　模态阶数与固有频率

② 提取模态振型。

需要提取各阶模态振型，可以在【Graph】或【Tabular Data】窗口中单击鼠标右键，弹出菜单，点击【Select All】，如图 10-5 所示；再次单击鼠标右键，弹出菜单，点击【Create Mode Shape Results】，如图 10-6 所示，则在结构树【Solution（A6）】中出现各阶模态振型。

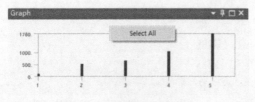

图 10-5　选择提取的所有模态

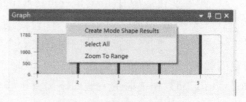

图 10-6　创建各阶模态振型

10.3　模态分析实例——飞机机翼

10.3.1　实例 1：不带预应力的模态分析

10.3.1.1　问题描述

飞机机翼的一端固定在机体上，另一端悬空，机翼沿长度方向的轮廓是一致的，如图 10-7（a）所示，横截面尺寸如图 10-7（b）所示，机翼材料为铝合金，要求对其进行模态分析。

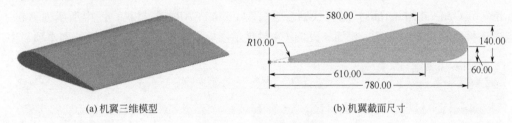

(a) 机翼三维模型	(b) 机翼截面尺寸

图 10-7　机翼模型示意图

10.3.1.2　有限元分析过程

（1）创建结构模态分析项目

在工具箱【Toolbox】的【Analysis Systems】中双击或拖动模态分析项目【Modal】到项目分析流程图，并修改项目名称为"飞机机翼模态分析"，如图 10-8 所示。

（2）导入几何模型

① 进入 DesignModeler 建模模块。

右键单击【Geometry】，弹出菜单，选择【New DesignModeler Geometry...】，启动 DesignModeler 建模模块。

② 导入外部飞机机翼模型。

图 10-8　创建模态分析项目

如图 10-9 所示，在【DesignModeler】中点击下拉菜单【File】→【Import External Geometry File...】，弹出对话框，选择本书素材中三维机翼模型外部文件"ch10\example1\PlaneWing.igs"，则在结构树【Tree Outline】中出现【Import1】，右击该对象，在弹出菜单中点击【Generate】，如图 10-10 所示，生成机翼三维模型，如图 10-11 所示。

图 10-9　导入外部模型

图 10-10　生成导入的外部模型

（3）建立有限元模型

1）进入材料数据模块，从 Workbench 材料库中选择添加铝合金材料。

回到项目管理模块，双击【Engineering Data】进入材料定义模块。此时界面显示该项目可用材料只有 "Structural Steel"，为了从 Workbench 材料库中选择添加所需的铝合金材料，按照图 10-12 进行以下操作。

图 10-11 导入机翼模型结果

① 在工具栏上点击 Engineering Data Sources，打开材料库选择界面，此时界面切换为【Engineering Data Sources】，即工程材料源库。②选择 A4 栏材料库【General Materials】。③从【Outline of General Materials】中查找铝合金【Aluminum Alloy】材料，图中所示为 A4 栏。④点击该材料右边 B14 栏的 ➕ 按钮，此时 C4 栏显示图标 ✎，表明该材料已添加到本项目中。

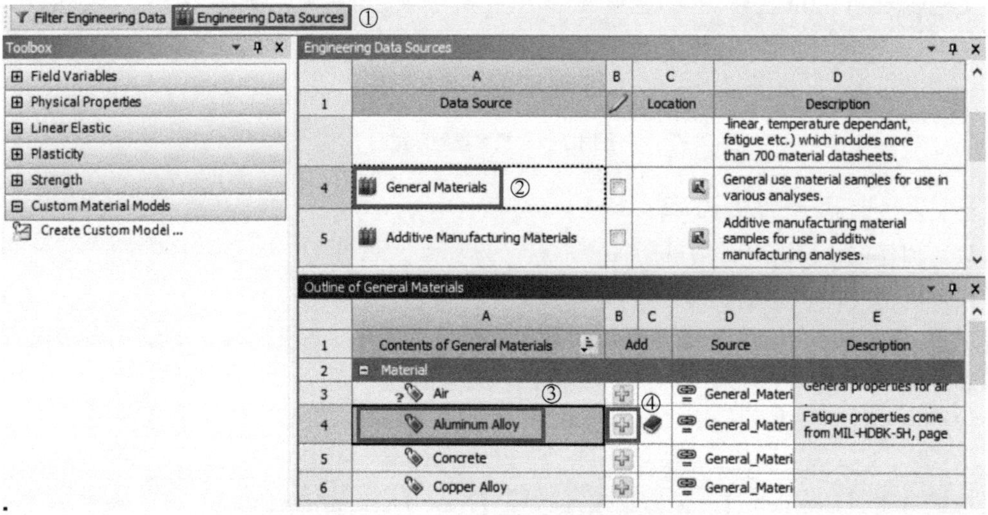

图 10-12 从材料库选择添加铝合金材料

再次点击工具栏的 Engineering Data Sources，界面切换到【Outline of Schematic A2：Engineering Data】，此时，A4 栏出现【Aluminum Alloy】材料，如图 10-13 所示，表明材料添加成功。

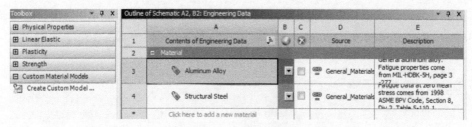

图 10-13 添加材料结果

2）进入 Mechanical 模块，赋予机翼以铝合金材料。

回到项目管理模块，双击【Model】进入 Mechanical 模块。单击结构树【Outline】中【Model】→【Geometry】→【TRM_SRF】，在【Details of "TRM_SRF"】中设置【Assignment】为 "Aluminum Alloy"，如图 10-14 所示。

3）划分网格。

右击导航树【Mesh】，选择【Generate Mesh】，生成网格。

4）施加位移约束。

右击导航树的【Modal（A5）】，单击弹出菜单的【Insert】→【Fixed Support】，选择机翼左端面施加约束，施加结果如图 10-15 所示。

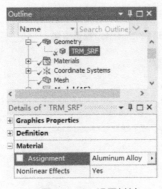

图 10-14 设置材料

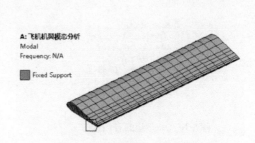

图 10-15 施加边界条件结果

（4）计算并查看结果

① 分析设置并求解固有频率。

单击导航树【Outline】→【Modal（A5）】→【Analysis Settings】，如图 10-16 所示，在【Details of "Analysis Settings"】中，设置【Max Modes to Find】为"6"，即提取最大模态数为 6 阶。右击【Solution（A6）】，选择弹出菜单的菜单项【Solve】，进行求解。

② 查看固有频率结果。

左键单击导航树【Outline】→【Solution（A6）】，在【Graph】和【Tabular Data】窗口中分别显示机翼前 6 阶模态固有频率柱状图和表格，如图 10-17 所示为 6 阶模态固有频率。

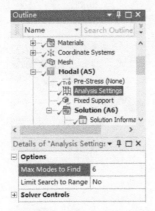

图 10-16 设置提取最大模态数

	Mode	Frequency [Hz]
1	1.	10.513
2	2.	52.942
3	3.	64.583
4	4.	94.967
5	5.	175.65
6	6.	280.16

图 10-17 6 阶模态固有频率表

③ 计算各阶振型。

在【Graph】或【Tabular Data】窗口中单击鼠标右键，弹出菜单，点击【Select All】，如图 10-18 所示，再次单击鼠标右键，弹出菜单，如图 10-19 所示，点击【Create Mode Shape Results】，则在结构树【Solution（A6）】中出现 6 阶模态振型，如图 10-20 所示。右击【Solution（A6）】，

在弹出菜单中点击【Evaluate All Results】，如图 10-21 所示，计算各阶振型。

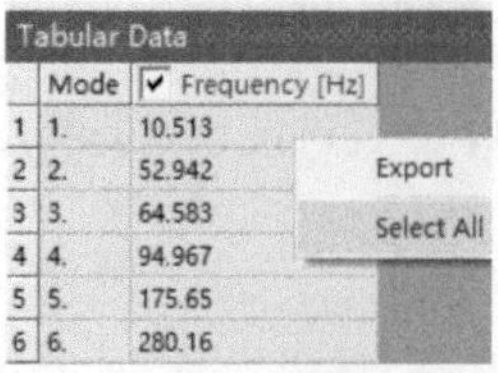

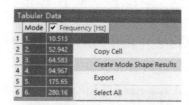

图 10-18　选择提取的所有模态

图 10-19　创建各阶模态振型

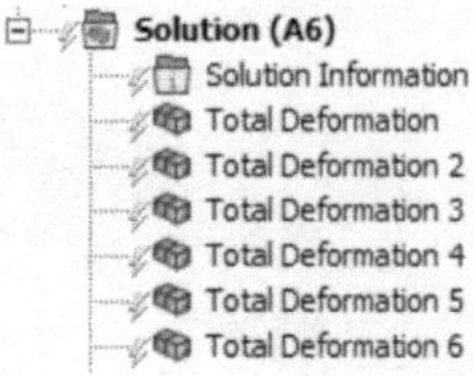

图 10-20　创建的 6 阶模态

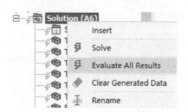

图 10-21　计算各阶模态振型

④ 查看各阶振型。

依次点击结构树【Solution（A6）】中提取的 6 阶模态，各阶振型如图 10-22 所示。

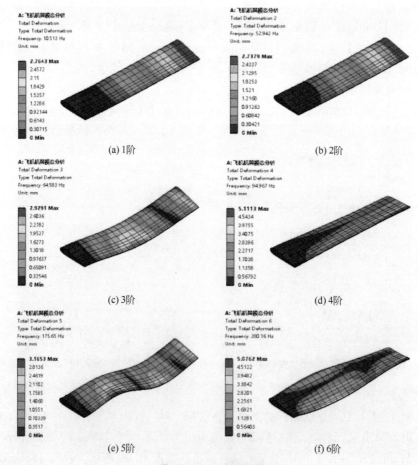

(a) 1阶

(b) 2阶

(c) 3阶

(d) 4阶

(e) 5阶

(f) 6阶

图 10-22　6 阶振型图

⑤ 保存文件并压缩存档。

回到项目管理界面，单击菜单【File】→【Save as...】，保存名为"飞机机翼模态分析（不带预应力）"的 wbpj 工程文件；单击菜单【File】→【Archive...】，勾选【Imported this external to project directory】，保存同名的 wbpz 压缩包文件。

10.3.2 实例 2：带预应力的模态分析

许多结构如有载结构、张紧的弦、旋转涡轮片、高速旋转的机械等工作时有预应力，对它们要进行有预应力模态分析。有预应力模态分析需要通过静力分析将预应力加到结构上，一般执行两个迭代过程：首先进行线性静力分析，通过进行静力分析把荷载产生的应力（预应力）加到结构上；然后进行带预应力的模态分析。

（1）静力学分析

① 双击打开 "ch10\example2\飞机机翼模态分析（不带预应力）.wbpz" 压缩包。

② 创建结构静力学分析项目。

在工具箱【Toolbox】的【Analysis Systems】中双击或拖动结构静力分析项目【Static Structural】到项目分析流程图，并修改项目名称为 "飞机机翼静力分析"，如图 10-23 所示。

③ 共享数据。

从 "飞机机翼模态分析" 分析系统拖动【Engineering Data】和【Geometry】到 "飞机机翼静力分析" 分析系统，传递材料、几何模型等数据，实现两个分析系统共享数据，如图 10-24 所示。

图 10-23 飞机机翼静力分析   图 10-24 共享数据

④ 赋予机翼以铝合金材料属性。

双击"飞机机翼静力分析"分析系统的【Model】，进入 Mechanical 模块，单击结构树【Outline】中【Model】→【Geometry】→【TRM_SRF】，在【Details of "TRM_SRF"】中设置【Assignment】为 "Aluminum Alloy"。

⑤ 划分网格。

右击导航树的【Mesh】，弹出菜单，选择【Generate Mesh】，生成网格。

⑥ 施加边界条件。

右键单击导航树的【Modal（A5）】，选择弹出菜单的【Insert】→【Fixed Support】，选择机翼左端面施加约束。右键单击导航树的【Modal（A5）】，选择弹出菜单的【Insert】→【Pressure】，在【Details of "Pressure"】中【Geometry】选择机翼右端面，【Magnitude】设置为 "60MPa"，如图 10-25 所示。施加结果如图 10-26 所示。

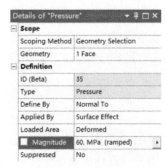

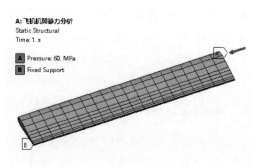

图 10-25　压力设置　　　　　　　　　图 10-26　飞机机翼施加边界条件结果

⑦ 计算求解并查看结果。

添加需要计算的结果。右键单击导航树的【Static Structural】→【Solution】，选择弹出菜单的【Insert】→【Deformation】→【Total】，添加变形计算。同理，右键单击导航树的【Static Structural】→【Solution】，选择弹出菜单的【Insert】→【Stress】→【Equivalent（von-Mises）】，添加冯-米塞斯等效应力计算。右击【Solution（A6）】，选择弹出菜单的菜单项【Solve】，进行求解。

⑧ 查看结果。

单击【Solution】→【Total Deformation】，机翼变形如图 10-27 所示。

单击【Solution】→【Equivalent Stress】，机翼应力如图 10-28 所示。

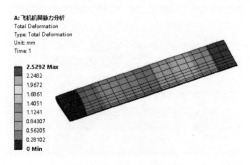

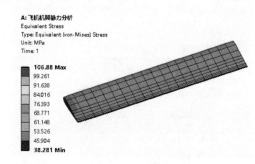

图 10-27　飞机机翼变形图　　　　　　　图 10-28　飞机机翼应力图

（2）模态分析

① 新建模态分析并将静力分析结果数据传递给模态分析。

在项目管理模块，右击"飞机机翼静力分析"分析系统的【Solution】，弹出菜单，选择【Transfer Data To New】→【Modal】，如图 10-29 所示，建立一个与前面静力分析系统相关联的模态分析系统并将系统名称改为"飞机机翼模态分析（带预应力）"，如图 10-30 所示。

② 对静力分析重新进行求解。

双击"飞机机翼模态分析（带预应力）"分析系统的【Setup】进入 Mechanical 模块，如图 10-31 所示，右击导航结构树【Outline】中的【Static Structural】，弹出菜单，选择【Solve】，对静力分析重新进行求解。

③ 分析设置并求解固有频率。

单击导航树【Outline】→【Modal（C5）】→【Analysis Settings】，在【Details of "Analysis Settings"】中，设置【Max Modes to Find】为"6"，即提取最大模态数为 6 阶。右击【Solution（C6）】，选择弹出菜单的菜单项【Solve】，进行求解。

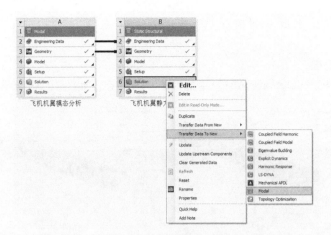

图 10-29　将静力分析结果数据传递给新建的模态分析

图 10-30　建立的带预应力模态分析

④ 查看固有频率结果。

左键单击导航树【Outline】→【Solution（A6）】，在【Tabular Data】窗口中显示机翼前 6 阶模态固有频率，如图 10-32 所示。

图 10-31　进入 Mechanical 模块

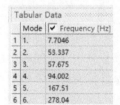

	Mode	✓ Frequency [Hz]
1	1.	7.7046
2	2.	53.337
3	3.	57.675
4	4.	94.002
5	5.	167.51
6	6.	278.04

图 10-32　6 阶模态固有频率表

⑤ 计算各阶振型。

在【Graph】或【Tabular Data】窗口中单击鼠标右键，在弹出菜单中点击【Select All】，再次在窗口中单击鼠标右键，点击【Create Mode Shape Results】，则在结构树【Solution（C6）】

中出现6阶模态振型，右击【Solution（C6）】，在弹出菜单中点击【Evaluate All Results】，计算各阶振型。

⑥ 查看各阶振型。

依次点击结构树【Solution（A6）】中提取的6阶模态，如图10-33所示。

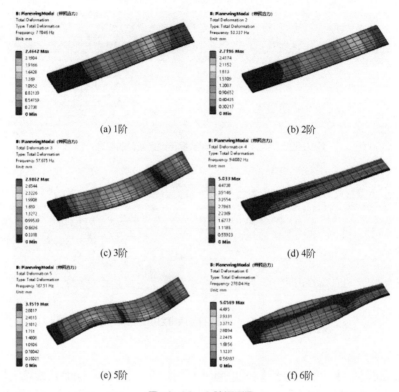

(a) 1阶   (b) 2阶

(c) 3阶   (d) 4阶

(e) 5阶   (f) 6阶

图10-33　6阶振型图

⑦ 保存文件并压缩存档。

回到项目管理界面，单击菜单【File】→【Save as...】，选择保存目录，保存名为"飞机机翼模态分析（带预应力）"的wbpj工程文件；单击菜单【File】→【Archive...】，勾选【Imported this external to project directory】，保存同名的wbpz压缩包文件。

10.4　谐响应分析

谐响应分析是用于分析持续的周期载荷在结构系统中产生的持续的周期响应（谐响应），以及确定线性结构承受随时间按正弦（简谐）规律变化的载荷时稳态响应的一种技术。这种分析技术只是计算简谐载荷作用下结构受迫振动的稳态响应，瞬态响应随时间衰减，不在谐响应分析中考虑。

10.4.1　谐响应分析理论基础

多自由度振动模型的运动方程一般形式为：

$$[M]\{\ddot{x}\}+[C]\{\dot{x}\}+[K]\{x\}=\{F(t)\} \tag{10-6}$$

当激振力为简谐函数，发生简谐强迫振动时，即

$$\{F(t)\} = \{F\}\mathrm{e}^{\mathrm{j}\omega t} = \{F_1 + \mathrm{j}F_2\}$$

$$\{x(t)\} = \{u\}\mathrm{e}^{\mathrm{j}\omega t} = \{u_1 + \mathrm{j}u_2\}$$

代入方程得系统谐响应动力学方程为：

$$\left([K] - \omega^2[M] + \mathrm{j}\omega[C]\right)\{u_1 + \mathrm{j}u_2\} = \{F_1 + \mathrm{j}F_2\} \tag{10-7}$$

由式（10-7）可求解出系统谐响应的位移变化量。其结果有如下假设：

- 假设材料为线弹性材料。
- 为小变形，不存在非线性特性。
- 包含有阻尼矩阵 $[C]$，但激励频率与固有频率相同，则响应变得无限大。
- 虽然有相位的存在，但载荷 $|F|$ 仍按给定的频率做正弦变化。

说明：系统的激振频率是指加载时产生的频率。如果几个不同相位的载荷同时发生激振，将会产生一个力相位变换 ψ；如果存在阻尼或力的相位变换，将会产生一个位移相变换 Φ。

10.4.2　谐响应分析步骤

谐响应分析必须以模态分析作为前期分析，其它步骤基本与一般有限元分析步骤一致，下面针对不同的主要步骤进行介绍。

（1）创建谐响应分析系统

首先完成模态分析，在项目管理模块，右击模态分析系统的【Solution】，弹出菜单，选择【Transfer Data To New】→【Harmonic Response】，如图 10-34 所示，建立一个与模态分析系统相关联的谐响应分析系统，如图 10-35 所示。

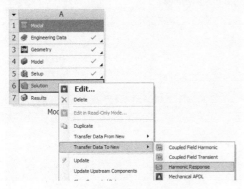

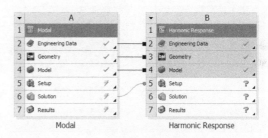

图 10-34　创建谐响应分析系统　　　图 10-35　建立的与模态分析相关联的谐响应分析系统

（2）施加谐响应载荷

谐响应分析允许施加的载荷，如图 10-36 所示，有：加速度、压力、力、远端力、轴承力、扭矩、线性压力、旋转力、位移、节点力等。注意谐响应分析载荷的特征：

- 允许在同一个平面上应用多重载荷；
- 瞬态结果将会忽略；
- 所有载荷将以相同的激励频率呈正弦变化；
- 不支持热载荷；
- 并不是所有的载荷都支持相位的输入，加速度、轴承力、扭矩的相位为 0；

● 压力和力可以输入幅值和相位角，而线压力不能输入相位角。

谐响应分析载荷幅值和相位角的输入，如图 10-37 所示。已知载荷的实部 F_1 和虚部 F_2，幅值和相位角分别为：

$$幅值 = \sqrt{F_1^2 + F_2^2}$$

$$相位角 = \arctan\frac{F_2}{F_1}$$

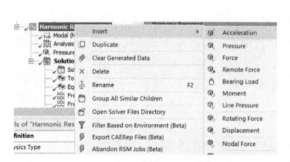

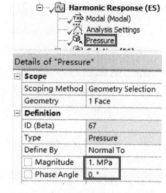

图 10-36　谐响应分析允许施加载荷类型　　　　图 10-37　谐响应分析载荷幅值和相位角的输入

（3）谐响应分析设置

进入 Mechanical 后，单击【Analysis Setting】，出现图 10-38 所示详细分析设置栏。

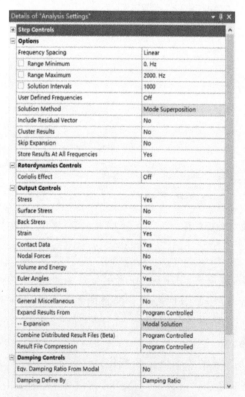

图 10-38　谐响应分析设置

① 谐响应分析选项【Options】：用于设置频率范围和求解方法等。

● 频率间隔【Frequency Spacing】：分为线性【Linear】、对数【Logarithmic】、倍频带【Octave Band】、二分之一倍频带【1/2 Octave Band】、三分之一倍频带【1/3 Octave Band)、六分之一倍频带【1/6 Octave Band】、十二分之一倍频带【1/12 Octave Band】、二十四分之一倍频带【1/24 Octave Band】。

● 最小频率范围【Range Minimum】：默认值是 0Hz。

● 最大频率范围【Range Maximum】：首先应指定一个最大频率范围。

● 求解间隔【Solution Intervals】：默认值为 10。

● 求解方法【Solution Method】：默认为模态叠加法，也可用完全法。

❑ 模态叠加法【Mode Superposition】，在模态坐标系中求解谐响应方程。首先需完成模态分析，计算结构固有频率和振型，然后通过振型叠加完成求解，这是默认的快速算法。在谐响应分析中，响应的峰值与结构的固有频率相对应，由于已得到自然频率，Mechanical 能将结果聚敛到自然振动频率附近，生成更光滑和准确的 Harmonic Response（A5）响应曲线。

❑ 完全法【Full】，对每个点计算所有位移和应力，计算速度较慢，只能采用平均分布间隔，因此，无聚敛处理结果。

● 结果聚敛【Cluster Results】：默认值为否。

● 模态频率范围【Modal Frequency Range】：默认程序控制。

● 写下全频段的结果【Store Results At All Frequencies】：默认为是。

② 转子动力学控制【Rotordynamics Controls】：此选项用于控制转子动力学计算。科里奥利效应【Coriolis Effect】，可以考虑此效应，默认不考虑。

③ 输出控制【Output Controls】：用于控制确定点的输出结果。

● 是否计算应力【stress】：默认计算。

● 是否计算应变【strain】：默认计算。

● 是否计算节点力【Nodal Forces】：默认不计算。

● 是否计算反作用力【Calculate Reactions】：默认为计算。

● 结果扩展形式【Expand Results From】：为程序控制、谐响应求解和模态求解三种。

● 结果扩展【Expansion】：当结果扩展形式为程序控制时出现，默认为谐响应求解。

● 是否计算杂项设置【General Miscellaneous】：默认为不设置。

④ 阻尼控制【Damping Controls】：用于设置阻尼。

● 常值阻尼比【Constant Damping Ratio】：默认值为 0，可以直接输入改变。

● 刚度系数设置【Stiffness Coefficient Define By】：直接输入，或输入阻尼比及响应频率计算得到。

● 刚度系数【Stiffness Coefficient】：默认值为 0，可以直接输入改变。

● 质量系数【Mass Coefficient】：默认值为 0，可以直接输入改变。

（4）谐响应分析结果

① 频率响应图（幅频特性和相频特性）——bode 图。

可以查看某一结果（如变形、应力等）的幅频特性和相频特性，如图 10-39 所示，右击导航树【Harmonic Response (B5)】→【Solution (B6)】，在弹出菜单依次选择【Insert】→【Frequency Response】→【Deformation】，如图 10-40 所示为变形的 bode 图（幅频特性和相频特性）。

② 某一个特定频率下的结果（变形、应力等）。

可以查看某一个特定频率下的结果(变形、应力等)，如图 10-41 所示，右击导航树【Harmonic

Response（B5）】→【Solution（B6）】，在弹出菜单依次选择【Insert】→【Deformation】→【Total】，如图 10-42 所示为 900Hz 下的变形。

图 10-39　插入变形的 Bode 图

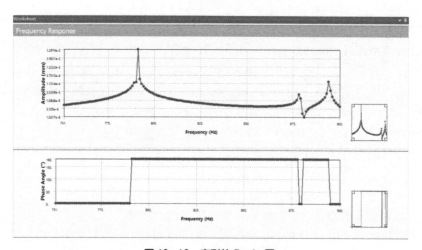

图 10-40　变形的 Bode 图

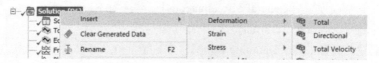

图 10-41　插入变形结果

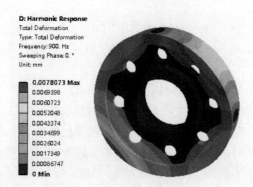

图 10-42　900Hz 下的变形

③ Phase Response（输入与输出相位关系）。

可以查看输出物理量（应力、变形）与输入物理量（谐载荷）的相位关系，如图 10-43 所示，右击导航树【Harmonic Response（B5）】→【Solution（B6）】，在弹出菜单依次选择【Insert】→【Phase Response】→【Deformation】，如图 10-44 所示为输入与输出相位关系。

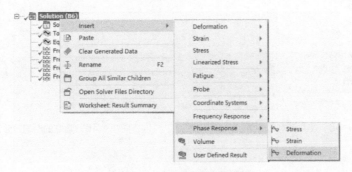

图 10-43　插入相位关系响应

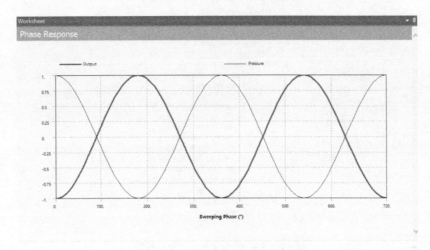

图 10-44　输入与输出相位关系曲线

10.5　谐响应分析实例——飞机机翼

谐响应分析前一般必须进行模态分析。

（1）模态分析

双击打开"ch10\example1\飞机机翼模态分析（不带预应力）.wbpz"压缩包。

（2）谐响应分析

① 新建谐响应分析并将模态分析结果数据传递给谐响应分析。

在项目管理模块，右击"飞机机翼模态分析"分析系统的【Solution】，弹出菜单，选择【Transfer Data To New】→【Harmonic Response】，如图 10-45 所示，建立一个与前面模态分析系统相关联的谐响应分析系统并将系统名称改为"飞机机翼谐响应分析"，如图 10-46 所示。

② 双击"飞机机翼谐响应分析"分析系统的【Setup】进入 Mechanical 模块，如图 10-47 所示，右击导航结构树【Outline】中的【Modal】，弹出菜单，选择【Solve】，对模态分析重新进行求解。

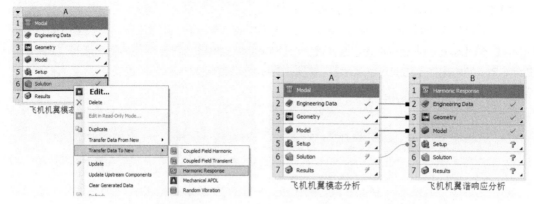

图 10-45　建立谐响应分析　　　　　　　　图 10-46　建立的谐响应分析系统

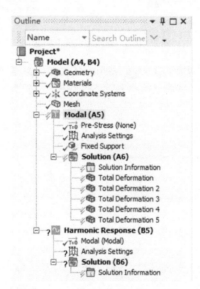

图 10-47　进入 Mechanical 模块

③ 施加边界条件。

右键单击导航树的【Harmonic Response（B5）】，如图 10-48 所示，选择弹出菜单的【Insert】→【Pressure】，在【Details of "Pressure"】中【Geometry】选择机翼下表面，【Magnitude】设置为 "0.1MPa"。施加结果如图 10-49 所示。

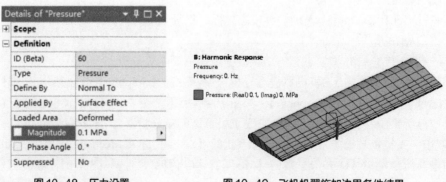

图 10-48　压力设置　　　　　　　　　　图 10-49　飞机机翼施加边界条件结果

④ 分析设置并求解。

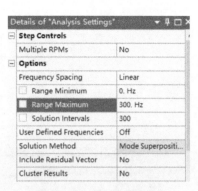

单击导航树【Outline】→【Harmonic Response（B5）】→【Analysis Settings】，如图 10-50 所示，在【Details of "Analysis Settings"】中，设置【Range Minimum】为"0Hz"，设置【Range Maximum】为"300Hz"，设置【Solution Intervals】为"300"，即设置频率范围为 0～300Hz，采样点数为 300。右击【Harmonic Response（B5）】，选择弹出菜单的菜单项【Solve】，进行求解。

图 10-50　谐响应分析设置

⑤ 查看某个频率下的变形和应力。

右击导航树【Outline】→【Harmonic Response（B5）】→【Solution（B6）】，在弹出菜单依次选择【Insert】→【Deformation】→【Total】，如图 10-51 所示，则导航树中出现【Total Deformation】。

在【Details of "Total Deformation"】工具栏中设置【Frequency】为"100Hz"，如图 10-52 所示。

点击导航树的【Total Deformation】，可以查看谐响应频率为 100Hz 下机翼变形图，如图 10-53 所示。

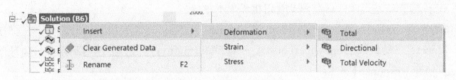

图 10-51　插入变形结果

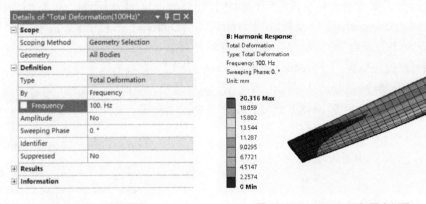

图 10-52　设置频率　　　　图 10-53　100Hz 下机翼变形图

右击导航树【Outline】→【Harmonic Response（B5）】→【Solution（B6）】，在弹出菜单依次选择【Insert】→【Stress】→【Equivalent（von-Mises）】，如图 10-54 所示，则导航树中出现【Equivalent Stress】。

在【Details of "Equivalent Stress（100Hz）"】工具栏中设置【Frequency】为"100Hz"，如图 10-55 所示。

点击导航树的【Equivalent Stress】，可以查看谐响应频率为 100Hz 下机翼应力图，如图 10-56 所示。

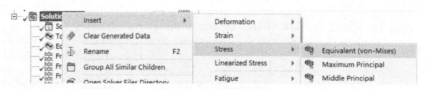

图 10-54　插入应力结果

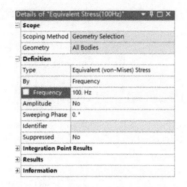

图 10-55　设置 100Hz 下的应力

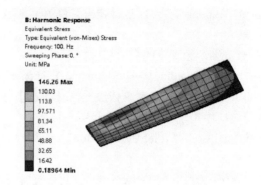

图 10-56　100Hz 下的应力结果

⑥ 查看频率响应结果（幅频特性和相频特性曲线）。

右击导航树【Outline】→【Harmonic Response（B5）】→【Solution（B6）】，在弹出菜单依次选择【Insert】→【Frequency Response】→【Deformation】，如图 10-57 所示，则导航树中出现【Frequency Response】。

在【Details of "Frequency Response"（UY）】工具栏中进行相关设置：在【Scope】→【Geometry】中选择机翼右端面尖点并点击【Apply】，在【Definition】→【Type】中选择【Directional Deformation】，在【Orientation】中设置为 "Y Axis"，在【Options】→【Display】中选择 "Bode"，【Chart Viewing Style】设置为 "Log Y"，如图 10-58 所示。

设置好后，点击导航树的【Frequency Response（UY）】，查看机翼整体 Y 方向的位移 Bode 图（幅频特性和相频特性曲线），如图 10-59 所示，可以看出，在前面提取的 6 阶固有频率处均明显出现峰值，相位角发生 $0° \rightarrow 180°$ 跳变，即在该处发生共振。

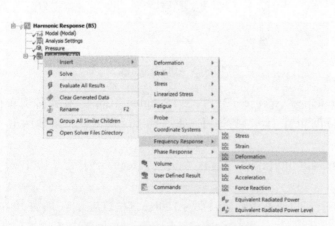

图 10-57　插入变形的频率响应结果

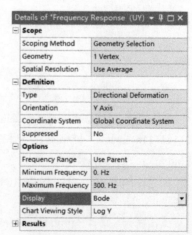

图 10-58　频率响应曲线设置

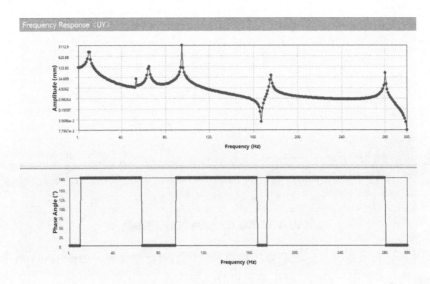

图 10-59　机翼 UY 变形的 Bode 图

　　也可以单独显示幅频特性曲线和相频特性曲线。操作步骤与前面相同，分别按照图 10-60、图 10-61 设置，分别可以得到机翼位移 UY 的幅频特性曲线和机翼位移 UY 的相频特性曲线，如图 10-62、图 10-63 所示。

Details of "Frequency Response (UY)	▼ ┹ □ ✕
Scope	
Scoping Method	Geometry Selection
Geometry	1 Vertex
Spatial Resolution	Use Average
Definition	
Type	Directional Deformation
Orientation	Y Axis
Coordinate System	Global Coordinate System
Suppressed	No
Options	
Frequency Range	Use Parent
Minimum Frequency	0. Hz
Maximum Frequency	300. Hz
Display	Amplitude
Chart Viewing Style	Log Y

Details of "Frequency Response (UY)	▼ ┹ □ ✕
Scope	
Scoping Method	Geometry Selection
Geometry	1 Vertex
Spatial Resolution	Use Average
Definition	
Type	Directional Deformation
Orientation	Y Axis
Coordinate System	Global Coordinate System
Suppressed	No
Options	
Frequency Range	Use Parent
Minimum Frequency	0. Hz
Maximum Frequency	300. Hz
Display	Phase Angle
Chart Viewing Style	Log Y

图 10-60　机翼 UY 位移幅频特性曲线设置　　　图 10-61　机翼 UY 位移相频特性曲线设置

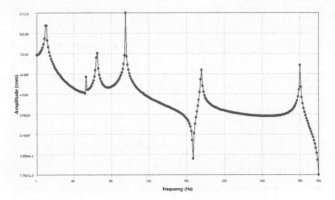

图 10-62　机翼 UY 位移幅频特性曲线图

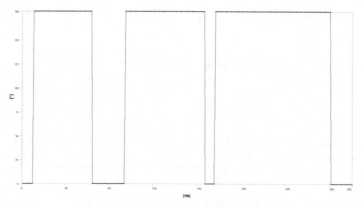

图 10-63　机翼 UY 位移相频特性曲线图

除此以外，还可以得到其它物理量的幅频特性和相频特性曲线。如图 10-64 所示，插入速度结果，并按图 10-65 进行设置，可以得到机翼 Y 向速度 VY 相频特性曲线，如图 10-66 所示。同理，插入加速度结果，如图 10-67 所示，并按图 10-68 进行设置，可以得到机翼 Y 向加速度 AY 相频特性曲线，如图 10-69 所示。

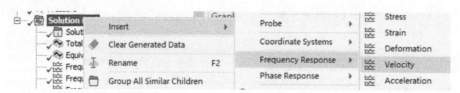

图 10-64　插入速度的频率响应结果

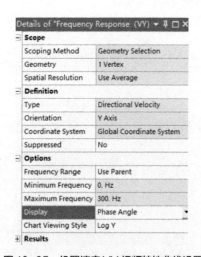

图 10-65　机翼速度 VY 相频特性曲线设置

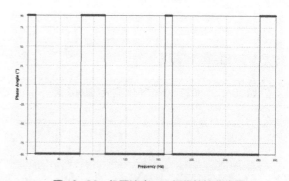

图 10-66　机翼速度 VY 相频特性曲线图

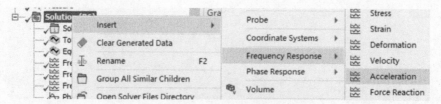

图 10-67　插入加速度的频率响应结果

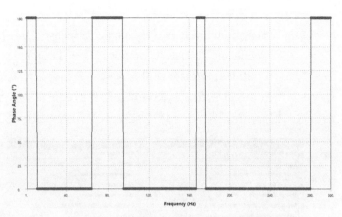

图 10-68　机翼加速度 AY 相频特性曲线设置　　　图 10-69　机翼加速度 AY 相频特性曲线图

⑦ 查看输出物理量（应力、变形）与输入物理量（谐载荷）的相位关系。

右击导航树【Outline】→【Harmonic Response（B5）】→【Solution（B6）】，在弹出菜单依次选择【Insert】→【Phase Response】→【Deformation】，如图 10-70 所示，则导航树中出现【Phase Response】。

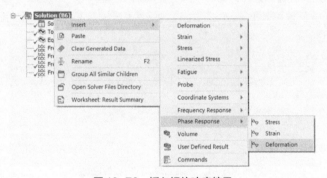

图 10-70　插入相位响应结果

在【Details of "Phase Response"】工具栏中进行相关设置：在【Scope】→【Geometry】中选择机翼右端面尖点并点击【Apply】，在【Definition】→【Type】中选择【Directional Deformation】，在【Orientation】中设置为"Y Axis"，在【Options】→【Frequency】中输入"5Hz"，如图 10-71 所示。

设置好后，点击导航树的【Phase Response】，可以查看机翼在 5Hz 谐振频率下输出量（UY）与输入量（Pressure）的相位关系，如图 10-72 所示，在无阻尼的情况下两者相位完全同步。如果阻尼不为 0，则输出位移将有一个滞后，下面将讨论阻尼对相位的影响。

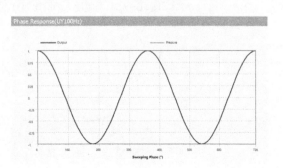

图 10-71　机翼 UY 相位曲线设置　　　图 10-72　UY 输出与 Pressure 输入相位关系

⑧ 阻尼对频率响应曲线和相位关系的影响。

单击导航树【Outline】→【Harmonic Response（B5）】→【Analysis Settings】，如图 10-73 所示，在【Details of "Analysis Settings"】→【Damping Controls】→【Damping Ratio】分别设置为 0、0.1 和 0.6，然后分别进行求解，分别得到不同阻尼的频率响应和相位响应曲线，如图 10-74～图 10-76 所示。从图可知，阻尼对峰值具有抑制作用，阻尼存在，使得输出相位滞后于输入相位，阻尼越大，相位差越大。当阻尼为强阻尼时，系统不发生振动。

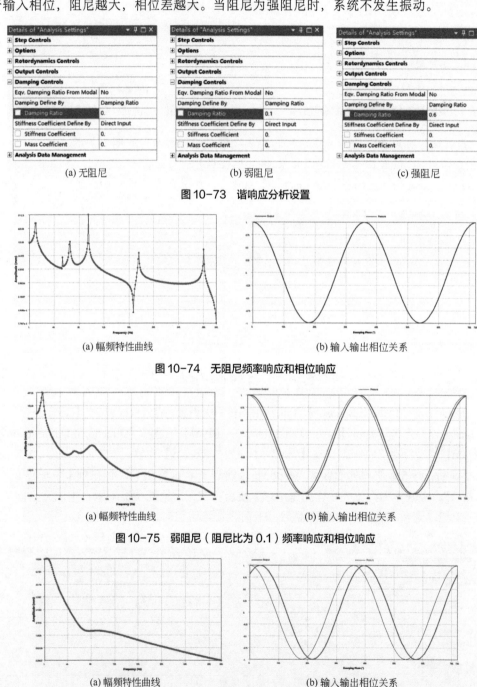

(a) 无阻尼　　　　　　　　　(b) 弱阻尼　　　　　　　　　(c) 强阻尼

图 10-73　谐响应分析设置

(a) 幅频特性曲线　　　　　　　　　(b) 输入输出相位关系

图 10-74　无阻尼频率响应和相位响应

(a) 幅频特性曲线　　　　　　　　　(b) 输入输出相位关系

图 10-75　弱阻尼（阻尼比为 0.1）频率响应和相位响应

(a) 幅频特性曲线　　　　　　　　　(b) 输入输出相位关系

图 10-76　强阻尼（阻尼比为 0.6）频率响应和相位响应

⑨ 保存文件并压缩存档。

回到项目管理界面，单击菜单【File】→【Save as...】，选择保存目录，保存名为"飞机机翼谐响应分析"的 wbpj 工程文件；单击菜单【File】→【Archive...】，勾选【Imported this external to project directory】，保存同名的 wbpz 压缩包文件。

习题

10-1　ANSYS Workbench 提供了哪些类型的结构动力学分析？

10-2　模态分析的主要作用是什么？

10-3　自由模态分析为什么前面几阶的固有频率接近 0Hz？

10-4　谐响应分析的作用是什么？

10-5　谐响应分析后能够查看哪些结果？

10-6　生产车间的起重机承受力的主要构件是横梁（工字钢截面，ch10\exe10-6\工字钢.prt），如图 10-77 所示，起重机的控制室和吊起的重物可以简化为集中质量，由于它在起吊和运输时承受动载荷，因此需研究它的模态和谐响应。设由电动机干扰引起的简谐力为 1000N，频率为 0～100Hz，试分析起重机横梁的谐响应。

10-7　车轮模型（ch10\exe10-7\wheel with hole.igs）如图 10-78 所示，材料为结构钢，假设车轮转速是 2000r/min，车轮外圆受简谐力为 1MPa，试对其进行模态分析并完成谐响应分析。要求显示提取固有频率范围内的幅频特性及相频特性曲线以及其中某个频率下的变形及应力。

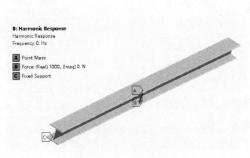

图 10-77　起重机梁模型

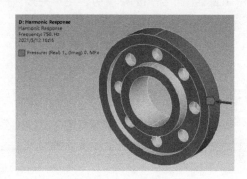

图 10-78　车轮模型

第 11 章

电-热-力耦合问题

广义来说，热分析也属于结构分析的范畴，与结构分析有相似性。热分析主要用于计算一个系统或部件的温度分布及其他热物理参数。通过热分析计算，可以在模型中观察温度分布、温度梯度、热流以及模型周围环境之间交换的热量。

热分析在许多工程应用中扮演着重要角色，如发动机、液压缸、电动机或电动泵、换热器、管路系统、电子元件、锻铸造等。通常首先热分析后提取温度场并作为边界条件导入结构分析器再进行结构分析，以计算由于热膨胀或收缩而引起的热变形、热应力等。比如，涡轮在运转中会产生高温高压的气体，受到高温高压气体作用的各部件会出现热膨胀，产生热应力，从而会影响到某些零部件的热疲劳、过早失效，严重时会影响装备整体的稳定性。

11.1 传热学基础

11.1.1 传热学经典理论

热力学分析遵循热力学第一定律，即能量守恒定律，其描述如下：

对于一个封闭的系统（没有质量的流入或流出）有

$$Q - W = \Delta U + \Delta KE + \Delta PE \tag{11-1}$$

其中，Q 为热量；W 为做功；ΔU 为系统内能；ΔKE 为系统动能；ΔPE 为系统势能。

对于大多数工程传热问题：$\Delta KE = \Delta PE = 0$；通常考虑没有做功：$W = 0$，则 $Q = \Delta U$。

对于稳态热分析：$Q = \Delta U = 0$，即流入系统的热量等于流出的热量；对于瞬态热分析：$q = dU/dt$，即流入或流出的热传递速率 q 等于系统内能的变化。

11.1.2 热传递方式

ANSYS 热力学分析包括热传导、热对流及热辐射三种热传递方式。

（1）热传导

热传导可以定义为完全接触的两个物体之间或一个物体的不同部分之间由于温度梯度而引起的内能的交换。热传导遵循傅里叶定律：$q'' = -k\dfrac{dT}{dx}$，式中，q'' 为热流密度，W/m²，k 为热导率，W/（m·℃），负号表示热量流向温度降低的方向。

（2）热对流

热对流是指固体的表面与它周围接触的流体之间，由于温差的存在引起的热量的交换。热对流可以分为两类：自然对流和强制对流。热对流用牛顿冷却方程来描述：$q'' = h(T_S - T_B)$，式中，h 为对流换热系数（或称膜传热系数、给热系数、膜系数等）；T_S 为固体表面的温度；T_B 为周围流体的温度。

（3）热辐射

热辐射指物体发射电磁能，并被其他物体吸收转变为热的热量交换过程。物体温度越高，单位时间辐射的热量越多。热传导和热对流都需要有传热介质，而热辐射无须任何介质。实质上，在真空中的热辐射效率最高。

在工程中通常考虑两个或两个以上物体之间的辐射，系统中每个物体同时辐射并吸收热量。它们之间的净热量传递可以用斯蒂芬-波尔兹曼方程来计算：$q = \varepsilon \sigma A_1 F_{12}(T_1^4 - T_2^4)$，式中，$q$ 为热流率；ε 为辐射率（黑度）；σ 为斯蒂芬-波尔兹曼常数，约为 $5.67 \times 10^{-8} \mathrm{W/(m^2 \cdot K^4)}$；$A_1$ 为辐射面 1 的面积；F_{12} 为由辐射面 1 到辐射面 2 的形状系数；T_1 为辐射面 1 的绝对温度；T_2 为辐射面 2 的绝对温度。由上式可以看出，包含热辐射的热分析是高度非线性的。

11.1.3　温度场

如重力场、速度场等一样，物体中存在温度的场，称为温度场。它是各个时刻物体中各点温度所组成的集合，又称温度分布。一般来说，物体的温度场 T 是坐标 (x, y, z) 与时间 t 的函数，即

$$T = f(x, y, z, t) \tag{11-2}$$

温度场可以分为两大类：一类是稳态工作条件下的温度场，此时物体中各点的温度不随时间变化而变化，称为稳态温度场；另一类是工作条件变动时的温度场，温度分布随时间的变化而变化，如内燃机、蒸汽轮机、航空发动机的部件在启动、停止或者变工况时出现的温度场，这种温度场称为非稳态温度场或瞬态温度场。

温度场中同一瞬间相同温度各点连成的面称作等温面。任何一个二维的截面上等温面表现为等温线。温度场习惯上用等温面云图或等温线图来表示。物体中的任何一条等温线要么形成一个封闭的曲线，要么终止在物体表面上，它不会与另一条等温线相交。当等温线图上每两条相邻等温线间的间隔相等时，等温线的疏密可以直观地反映出不同区域导热热流密度的相对大小。

11.1.4　传热学在工程领域中的应用

传热学在工程领域应用广泛，尽管在工程的各个领域遇到的传热问题形式多种多样，但大致可归为以下三种类型的问题：

① 强化传热　即在一定的条件下增加所传递的热量，如家用空调、发动机散热装置、蜗轮蜗杆传动装备、电脑芯片散热装置等都需要强化传热的热平衡计算。

② 削弱传热，或称热绝缘　即在一定的温差下使热量的传递减到最小。如建筑物中的保温墙、家用电冰箱及相关装备当中的隔热保温装置，需减少散热（能量）损失，都要进行削弱传热计算。这类问题关系到节能减排问题。

③ 温度控制　为使一些设备能安全经济地运行，或得到优质产品，要对热量传递过程中物体关键部位的温度进行控制，如高速精密机床主轴滑动轴承部位和大规模集成电路的温度控制等。

11.2　热应力耦合分析

所谓热应力，是在温度改变时，物体外在约束以及内部各部分之间的相互约束，使其不能完全自由胀缩而产生的应力，又称变温应力。

求解热应力一般分两步：①先进行热分析，由热传导方程和边界条件确定其温度场；②再导入热分析数据，进行结构分析，由热弹性力学方程计算变形及应力。如图 11-1 所示。

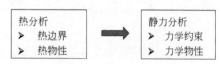

图 11-1　热应力分析步骤

11.2.1　热分析过程

（1）选择热分析类型

在 ANSYS Workbench 中，根据温度场性质不同，将热分析分为稳态热分析和瞬态热分析两类。一般可以先对系统或部件进行稳态热分析，然后把分析的结果导入瞬态热分析中，进行瞬态热分析。也可以在所有瞬态效应消失后，将稳态热分析作为瞬态热分析的最后一步进行分析。

① 稳态热分析　稳态传热用于分析稳定的热载荷对系统或部件的影响。在稳态传热系统中各点的温度仅随着位置的变化而变化，不随时间变化。因此，单位时间通过传热面额定热量是一个恒量。

系统处于热稳定状态，通常指系统的净流入为零，即系统自身产生的热量加上流入系统的热量等于系统流出的热量。

稳态热分析的能量平衡方程为（以矩阵形式表示）

$$[K(T)]\{T\} = \{Q(T)\} \tag{11-3}$$

式中，$[K]$ 为传导矩阵，包含热导率、对流系数及辐射率和形状系数；$\{T\}$ 为节点温度向量；$\{Q\}$ 为节点热流率向量，包含热生成。

ANSYS 利用模型几何参数、材料热性能参数以及所施加的边界条件，生成 $[K]$、$\{T\}$ 以及 $\{Q\}$。

② 瞬态热分析　瞬态热分析用于计算一个系统随时间变化的温度场及其他热参数。在瞬态传热过程中，系统的温度、热流率、热边界条件，以及系统内能不仅随着位置不同而不同，而且随时间变化而变化。

根据能量守恒原理，瞬态热平衡可以表达为（以矩阵形式表示）

$$[C(T)]\{\dot{T}\} + [K(T)]\{T\} = \{Q(t, T)\} \tag{11-4}$$

式中，$[K]$ 为传导矩阵，包含热导率、对流系数及辐射率和形状系数；$[C]$ 为比热容矩阵，考虑系统内能的增加；$\{T\}$ 为节点温度向量；$\{\dot{T}\}$ 为温度对时间的导数；$\{Q\}$ 为节点热流率向量，包含热生成。

（2）材料属性

稳态热分析中，必须定义热导率，热导率可以是各向同性或各向异性，它可以是恒定的，也可以随温度变化。

瞬态热分析中，必须定义热导率、热力密度和比热容，热导率可以是各向同性或各向异性，所有属性可以是恒定的，也可以随温度变化。

材料的属性可以在 Engineering Data 中以表格的形式自定义输入。

另外，需要注意的是，如存在任何温度改变而导致材料性质的改变，那么必须要进行相应的非线性求解。

（3）热分析设置

当瞬态热分析设置中的时间积分关闭后，就成了稳态热分析。现在以 Mechanical 模块中的瞬态热分析为例，介绍热分析的求解设置，图 11-2 所示为详细分析设置栏。

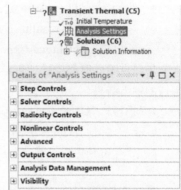

图 11-2 瞬态热分析设置

① 步长控制【Step Controls】 用于非线性分析时控制小增量的时间步长，也可以创建多载荷步。

● 步数【Number Of Steps】，用于设置随时间变化的计算步数，其默认值为 1。

● 当前时间步【Current Step Number】，用于显示当前的计算步数，其默认值为 1。

● 时间步终止【Step End Time】，对稳态热分析没有实际物理意义，但提供了一个方便设置载荷步和子载荷步的方法，默认值为 1，此后的载荷步对应的时间步逐次加 1。

● 自动时间步【Auto Time Stepping】，用来优化载荷增量减少求解时间，在瞬态热分析中，响应检测基于热特征值。对大多数问题，都应该打开自动时间步长功能并设置积分上下限，有助于控制时间步长的变化量。

● 初始时间步【Initial Time Step】，用来确定初始时间步长。

● 最小时间步【Minimum Time Step】，可以防止 Workbench Mechanical 进行无限次的求解。最小时间步长可以指定为初始时间步长的 1/10 或 1/100。

● 最大时间步【Maximum Time Step】，根据精度的要求确定，该值可以与初始时间步长一样或者稍大一点。

● 时间积分【Time Integration】，该选项决定是否有结构惯性载荷、热容之类的瞬态效应，在瞬态热分析中，时间积分效应是打开的，如果设为关闭状态，ANSYS 将进行稳态热分析。

② 求解控制【Solver Controls】 求解类型【Solver type】，在程序默认下为程序自动控制方法，除此之外，用户还可选择直接求解器（Direct），其通常用在包含薄面和细长体的模型中，可以处理各种情况；迭代求解器（Iterative），一般用于处理体积较大的模型计算量。

③ 热辐射控制【Radiosity Controls】

● 热辐射求解【Radiosity Solver】，在程序默认下为程序控制方法，除此之外，用户还可以选择直接求解器（Direct）、雅克比迭代求解器（Iterative Jacobi）和高斯-赛德尔迭代求解器（Iterative Gauss-Seidel）。

● 通量收敛【Flux Convergence】，用于设置热通量收敛精度，通常程序默认值为 0.0001。

● 最大迭代次数【Maximum Iteration】，用于设置计算的最大迭代次数，通常程序默认值为 1000 次。

● 求解容差【solver Tolerance】，用于设置计算结果精度，通常程序默认值为 10^{-7}W/mm^2。

● 超松弛【Over Relaxation】，用于设置超松弛计算方法因子，通常程序默认值为 0.1。

- 半立方体法求解【Hemicube Resolution】，用于设置半立方体法求解因子，通常程序默认值为 10。

④ 非线性控制【Nonlinear Controls】　用于修改收敛准则和求解控制，通常使用默认设置。

- 热收敛准则【Heat Convergence】，默认为程序控制，也可打开或移除。
- 温度收敛准则【Temperature Convergence】，默认为程序控制，也可打开或移除。
- 线性搜索【Line search】，默认为程序控制，也可打开或关闭。
- 非线性准则【Nonlinear Formulation】，默认为程序控制（瞬态热分析）。

⑤ 输出控制【Output Controls】　用于处理所需要时间点的输出值，因为瞬态热分析涉及载荷历程中不同时间点的计算结果，并非所有结果都是我们感兴趣的，此选项可以严格控制确定点的输出结果。

- 是否计算热通量【Calculate Thermal Flux】，默认值为计算。
- 综合其他【General Miscellaneous】，默认值为不进行其他输出。
- 计算机结果输出【Calculate Results At】，默认值为所有时间点，也可进行其他时间点的选择。

⑥ 可视化【Visibility】　用于进行可视化设置，只有瞬态热分析有此选项。

- 整体温度最大值【Temperature-global Maximum】，通常程序默认为显示。
- 整体温度最小值【Temperature-global Minimum】，通常程序默认为显示。

（4）热负载

Workbench 热分析的热负载形式如图 11-3 所示。

① 热流率【Heat Flow】，指单位时间内通过传热面的热量，单位为 W。热流率作为节点集中载荷，可以施加在点、边、面上，可以方便地施加在线体上。当输入正值时，表明是获取热量，即热流流入节点。

② 完全绝热【Perfectly Insulated】，可以用于应力及轴对称分析，施加在表面上，可认为施加的是零热流率。然而，一般不会针对性地在表面上施加完全绝热条件，当加载时，可用于删除某个特定面上的载荷。

③ 热流密度（热通量）【Heat Flux】，指单位时间内通过单位传热面积所传递的热量，$q = Q/A$，单位为 W/m^2。热流密度用于应力及轴对称分析，是一种面载荷，仅适用于实体和壳体单元。

④ 内部生热【Internal Heat Generation】，可以用于应力及轴对称分析，内部生热作为体载荷仅能施加在体上，可以模拟单元内的热生成，单位为 W/m^3。

⑤ 质量流动速率【Mass Flow Rate】，可以用来作为线体的热流体边界条件进行热流体分析，单位为 kg/s。

（5）热边界

Workbench 热分析有 3 种形式的热边界条件，如图 11-4 所示。

图 11-3　热负载类型

图 11-4　热边界条件类型

① 恒定温度【Temperature】，温度是求解的自由度，可在点、线、面上施加恒定的温度值。

② 对流【Convection】，对流通过与流体接触面发生对流换热，对流使"环境温度"与表面温度相关，可以用公式 $q = hA(T_{surface} - T_{bulk})$ 来表征它们的关系。式中，q 为对流热通量；h 为对流换热系数；A 为表面积；$T_{surface}$ 为表面温度；T_{bulk} 为环境温度。其中对流换热系数 h 可以是常量或温度的变量，也可以是与温度相关的对流条件。

另外，还可以从外部文件导入历史载荷或对流载荷以及进行输出，如图 11-5、图 11-6 所示。

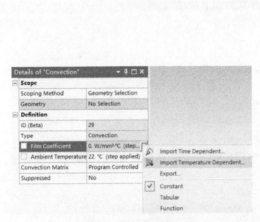

图 11-5　对流设置

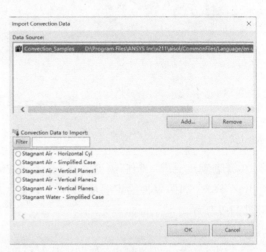

图 11-6　从外部文件导入对流载荷

③ 辐射【Radiation】，辐射只可以施加到 3D 模型的表面或 2D 模型的边，即只是周围环境的辐射（不进行两个面之间的辐射）。

（6）求解与后处理

Workbench 热分析中可以得到用户满意的结果用于后处理，如温度、热通量、反作用的热流速、用户自定义等。一般在求解之前定义需要的求解结果，也可中间进行增加需要的结果。

① 温度场云图　在热分析中，温度是最基本的求解输出，是求解的自由度。温度是标量，没有方向性，如图 11-7 所示。

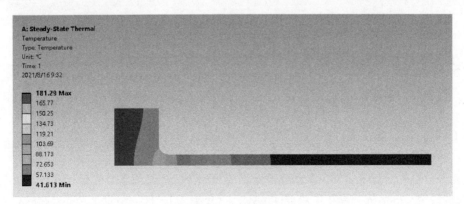

图 11-7　温度场

② 热通量云图　热通量 $q = -\lambda dT/dn$，热通量与温度梯度有关，整体热通量【Total Heat Flux】云图显示大小，矢量图显示大小和方向。热通量输出三个分量，每个分量可以用方向热通量

【Directional Heat Flux】映射到任意坐标下，如图 11-8 所示。

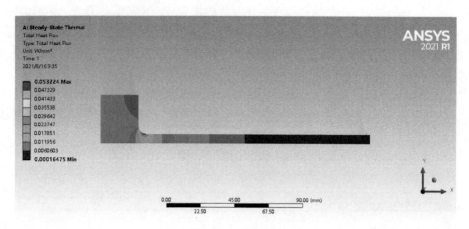

图 11-8　热通量

③ 响应热流率　响应热流率【Reaction Probe】相当于补充一个已知热源，这个热源可以输出，当每个热源单独给定温度和对流负载后，响应热流率会在求解之后在详细列表中输出，如图 11-9 所示。

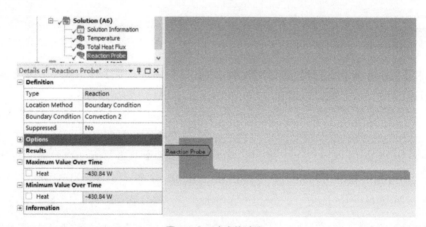

图 11-9　响应热流率

11.2.2　热应力分析过程

（1）创建静力学分析

右键单击热分析系统 A【Solution】，如图 11-10 所示，在弹出菜单依次选择【Transfer Data To New】→【Static Structural】，单击左键，创建结构静力分析系统 B，如图 11-11 所示。

（2）材料属性

热应力分析中，除了需要定义弹性模量和泊松比外，还必须定义热膨胀系数。如图 11-12 所示，在材料定义界面的工具箱中双击【Physical Properties】→【Isotropic Instantaneous Coefficient of Thermal Expansion】，即可添加热膨胀系数，它可以是恒定的，也可以随温度变化。

（3）施加边界约束及施加负载

在静力分析模块需要施加外部力学负载和位移约束边界条件。

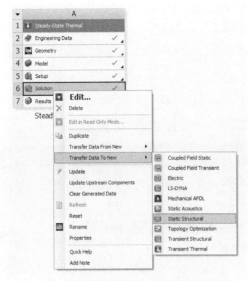

图 11-10　将稳态热分析结果数据传递给静力分析

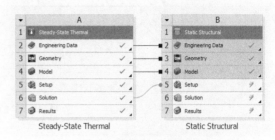

图 11-11　建立的结构静力分析

(4) 导入热分析结果

除了力学负载和位移约束边界条件，热应力分析还需导入热分析的温度场结果。右键单击导航树的【Imported Load（A6）】→【Imported Body Temperature】，在弹出菜单点击【Imported Load】，输入热分析的温度场载荷，如图 11-13 所示。

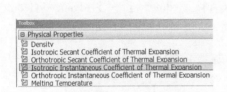

图 11-12　添加热膨胀系数

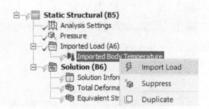

图 11-13　导入热分析的温度场载荷

(5) 求解与后处理

Workbench 热应力分析中可以得到结构由于热-力耦合作用的位移场和应力场。

11.3　实例 1：热应力耦合分析——冷却栅管

11.3.1　问题描述

本实例确定一个冷却栅管的温度场分布及位移和应力分布。如图 11-14（a）所示，一个轴对称的冷却栅管，管内为热流体，管外为空气，冷却栅管材料为不锈钢，管内压力为 6.89MPa，管内流体温度为 250℃，对流系数为 249.23W/(m²·℃)，外界流体（空气）温度为 39℃，对流系数为 62.3W/(m²·℃)，试求解其温度和应力分布。

假定冷却栅管无限长，根据冷却栅管结构的对称性特点可以构造出的有限元分析简化模型如图 11-14（b）所示，其上下边界施加对称边界约束，管内承受均布压力，整个冷却栅管是轴对称的。

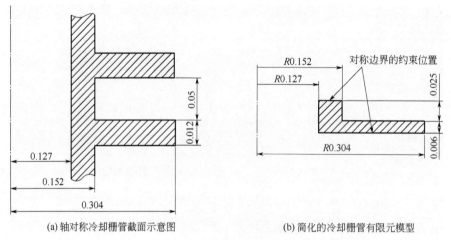

(a) 轴对称冷却栅管截面示意图　　　　　(b) 简化的冷却栅管有限元模型

图 11-14　冷却栅管示意图

11.3.2　冷却栅管稳态热分析

（1）创建冷却栅管稳态热分析模块

① 创建稳态热分析模块。

在工具箱【Toolbox】的【Analysis Systems】中双击或拖动结构静力分析系统【Steady-State Thermal】到项目分析流程图，如图 11-15 所示。

② 设置分析 2D 类型。

单击【Geometry】，选择【Properties of Schematic A3：Geometry】→【Advanced Geometry Options】→【Analysis Type】为 2D，设置分析类型为 2D 分析，如图 11-16 所示。

Steady-State Thermal

图 11-15　创建结构静力学分析项目

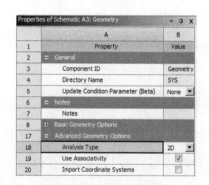

图 11-16　设置分析类型

（2）建立几何模型

① 进入 DesignModeler 建模模块。

双击 A 系统分析的【Geometry】，启动 DesignModeler 建模模块。

② 进入草绘模块。

右键单击导航树【Tree Outline】的【XYPlane】，选择【Look at】，使得 *XOY* 草绘平面正对屏幕；点击导航树【Tree Outline】的【Sketching】选项，进入草绘模块。

③ 绘制截面多边形。

单击工具栏【Sketching Toolboxes】→【Draw】→【Polyline】命令，绘制如图 11-17 所示

的截面多边形，注意，绘制每条边时，一定要使得自动约束"H"或"V"字母出现，才能保证每条边水平或垂直，最后一条封闭边的绘制，需要点击右键，弹出如图 11-18 所示菜单，选择【Closed End】。

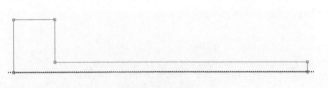

图 11-17　草图　　　　　　　　　　　　　　图 11-18　对多边形进行封闭

④ 绘制圆角。

单击工具栏【Sketching Toolboxes】→【Modify】→【Fillet】命令，选择拐角处两条边倒圆角。

⑤ 标注尺寸。

单击工具栏【Sketching Toolboxes】→【Dimensions】→【General】，按照问题描述给出的尺寸，依次选择相应边进行标注，如图 11-19 所示。

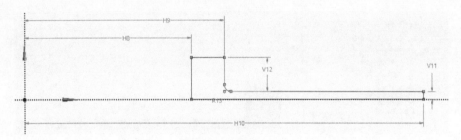

图 11-19　标注尺寸

⑥ 修改尺寸。

在工具栏【Details View】→【Dimensions：6】中修改尺寸值，如图 11-20 所示，完成草图"Sketch1"的绘制。

⑦ 生成面体。

点击工具栏【Sketching Toolboxes】的【Modeling】选项，进入建模模块。点击下拉菜单【Concept】→【Surfaces From Sketches】，如图 11-21 所示，在【Tree Outline】中出现"SurfaceSk1"，在【Details View】→【Details of SurfaceSk1】→【Base Objects】中选择"1Sketch"，点击【Apply】，如图 11-22 所示。然后，鼠标右键点击【Tree Outline】中的【SurfaceSk1】，弹出菜单，如图 11-23 所示，选择【Generate】，生成面体，如图 11-24 所示，完成几何建模。

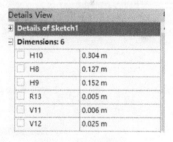

图 11-20　修改尺寸

（3）建立有限元模型

① 进入材料数据模块，添加不锈钢材料。

回到项目管理界面，双击【Engineering Data】进入材料定义模块。此时界面显示该项目可用材料只有"Structural Steel"，为了从 Workbench 材料库中选择所需材料，首先，打开材料库选择界面，在工具栏上点击 Engineering Data Sources ，此时界面切换为【Engineering Data Sources】，即工程材料源库，如图 11-25 所示，选择 A4 栏材料库【General Materials】，从【Outline of General Materials】中查找不锈钢【Stainless Steel】材料，图中所示为 A12 栏，然后点击该材料右边 B12 栏的 ⊕ 按钮，此时 C12 栏显示图标 ✎，表明该材料已添加到本项目中。再次在工具栏上点击 ⊞ Engineering Data Sources，界面切换到【Outline of Schematic A2：Engineering Data】，如图 11-26 所示，此时，A4 栏出现【Stainless Steel】材料，表明材料添加成功。

图 11-21 由草图生成面体

图 11-22 选择 Sketch1 生成面体

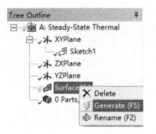

图 11-23 生成面体

图 11-24 生成面体结果

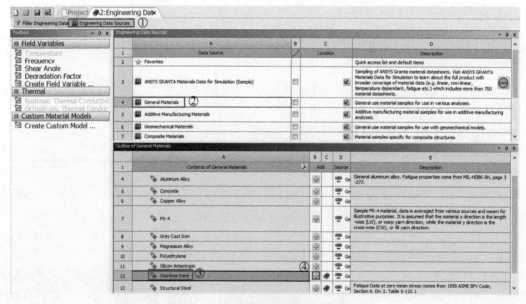

图 11-25 从材料库选择添加不锈钢材料

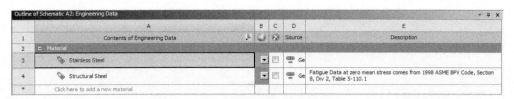

图 11-26　添加材料结果

② 进入 Mechanical 模块。

在项目管理界面，双击【Model】，进入 Mechanical 模块。

③ 设置单位。

依次点击【Home】→【Tools】→【Units】，勾选【Metric (mm, kg, N, s, mV, mA)】。

④ 设置平面分析类型。

在导航树中单击【Geometry】，在工具栏【Details of "Geometry"】中选择【2D Behavior】为 "Axisymmetric"，即轴对称问题，如图 11-27 所示。

⑤ 创建对称。

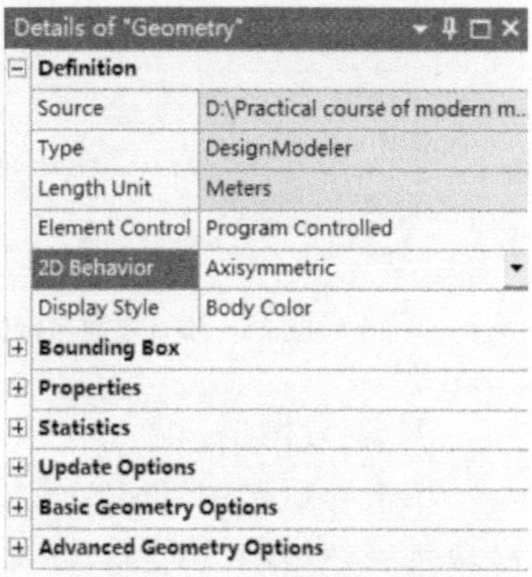

右键单击选中导航树【Outline】的【Model】，在弹出菜单

图 11-27　设置轴对称平面

中依次选择【Insert】→【Symmetry】，如图 11-28 所示，则在导航树中出现【Symmetry】对象，右键单击该对象，在弹出菜单中依次选择【Insert】→【Symmetry Region】，如图 11-29 所示，则在导航树中出现【Symmetry Region】对象，如图 11-30 所示，在【Details of "Symmetry Region"】中设置【Geometry】时，按住 Ctrl 键，选择代表对称面的两条边，如图 11-31 所示，然后点击【Apply】，设置【Symmetry Normal】为 "Y Axis"。

图 11-28　插入对称对象

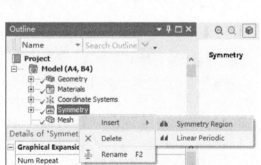

图 11-29　插入对称面

⑥ 设置材料。

在导航树中单击【Geometry】→【Surface Body】，在工具栏【Details of "Surface Body"】中，在【Material】中的【Assignment】选择 "Stainless Steel"，如图 11-32 所示。

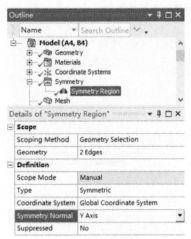

图 11-30　设置对称面

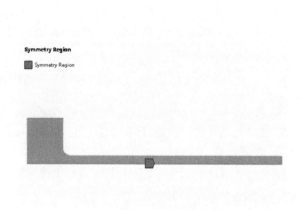

图 11-31　选择对称面

⑦ 划分网格。

单击导航树中【Mesh】，在【Details of "Mesh"】中设置【Element Size】为 0.002m。右键单击导航树中【Mesh】，弹出菜单，选择【Generate Mesh】，生成网格，如图 11-33 所示。

图 11-32　设置材料

图 11-33　生成的网格

⑧ 施加对流载荷。

右键单击导航树的【Steady-State Thermal】，点击弹出菜单的【Insert】→【Convection】，如图 11-34 所示，选择冷却栅管内部最左边，在【Details of "Convection"】中的【Scope】→【Geometry】中点击【Apply】，在【Film Coefficient】文本框中输入 "2.4923×10^{-4}W/(mm^2·℃)"，在【Ambient Temperature】文本框中输入 "250℃"，如图 11-35 所示。同理，对冷却栅管外部右边 4 段施加对流，对流设置如图 11-36 所示，施加结果如图 11-37 所示。

图 11-34　添加对流

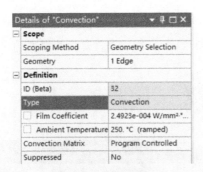

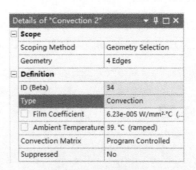

图 11-35　对流设置　　　　　　　　　　　图 11-36　对流设置

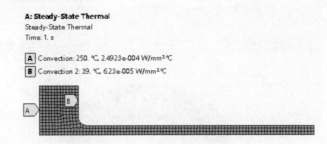

图 11-37　施加边界条件结果

（4）计算并查看结果

① 添加温度结果并求解计算。

右击结构树的【Solution】，在弹出菜单中选择【Insert】→【Thermal】→【Temperature】，添加温度场计算，如图 11-38 所示，再次右击结构树的【Solution】，选择【Solve】进行稳态分析计算。

图 11-38　添加温度计算

② 二维显示冷却栅管温度场计算结果。

如图 11-39 所示为冷却栅管二维截面温度场分布状况。

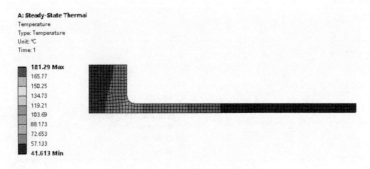

图 11-39　二维截面温度场结果

③ 三维完整显示冷却栅管温度场计算结果。

右键单击导航树【Outline】→【Model（A4）】，弹出菜单中点击【Insert】，如图 11-40 所

示，在导航树中出现对称对象。点击【Symmetry】，在【Details of "Symmetry"】中设置对称类型为 "2D AxiSymmetric"，如图 11-41 所示，图 11-42 为三维完整冷却栅管温度场计算结果。

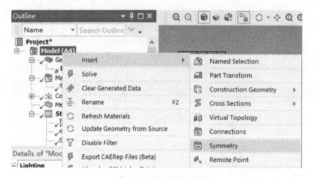

图 11-40　插入对称

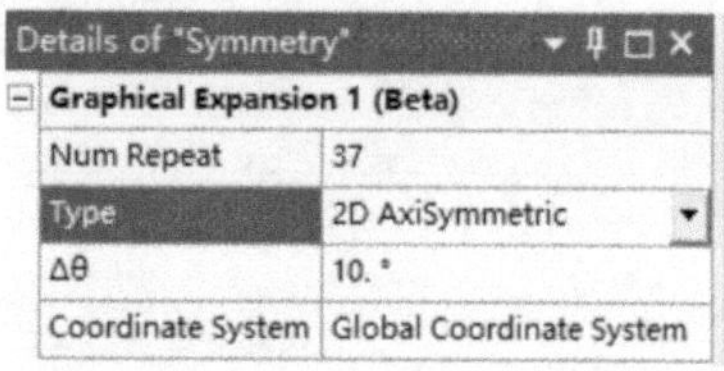

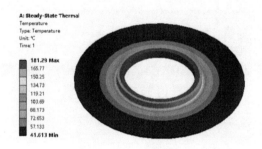

图 11-41　设置对称类型为轴对称

A: Steady-State Thermal
Temperature
Type: Temperature
Unit: ℃
Time: 1

181.29 Max
165.77
150.25
134.73
119.21
103.69
88.173
72.653
57.133
41.613 Min

图 11-42　三维温度场结果

11.3.3　冷却栅管热应力分析

（1）添加结构静力分析模块并与稳态热分析关联

① 创建结构静力分析系统。

右键单击 A 分析系统【Solution】，如图 11-43 所示，在弹出菜单依次选择【Transfer Data To New】→【Static Structural】，单击左键，创建结构静力分析系统 B，如图 11-44 所示。

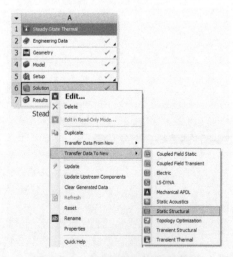

图 11-43　创建结构静力分析系统 B

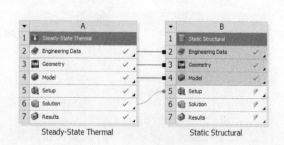

图 11-44　建立的结构静力分析

194

② 重新求解热分析。

双击 B 分析系统的【Setup】进入 Mechanical 模块。右击导航结构树【Outline】中的【Steady-State Thermal】，弹出菜单，选择【Solve】，对热分析重新进行求解，如图 11-45 所示。

（2）施加边界条件

① 施加内部压力。

右键单击导航树的【Static Structural（B5）】，如图 11-46 所示，选择弹出菜单的【Insert】→【Pressure】，在【Details of "Pressure"】中【Geometry】选择冷却栅管内部表面，即最左边，【Magnitude】设置为"6.89MPa"。

② 导入热分析计算结果。

如图 11-47 所示，右键单击导航树的【Imported Load（A6）】→【Imported Body Temperature】，在弹出菜单点击【Imported Load】，输入稳态热分析的温度场载荷，如图 11-48 所示。

最终施加的边界条件如图 11-49 所示。

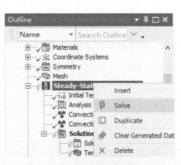

图 11-45 重新求解热分析

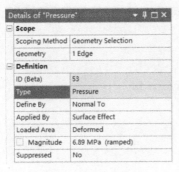

图 11-46 压力设置

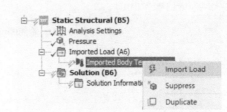

图 11-47 输入稳态热分析的温度场载荷

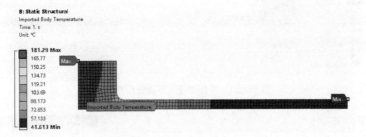

图 11-48 输入温度场载荷结果

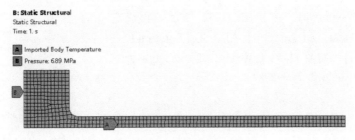

图 11-49 施加边界条件结果

（3）求解计算

添加需要计算的结果。右键单击导航树的【Static Structural】→【Solution】，选择弹出菜单的【Insert】→【Deformation】→【Total】，添加变形计算。同理，右键单击导航树的【Static Structural】→【Solution】，选择弹出菜单的【Insert】→【Stress】→【Equivalent（von-Mises）】，添加冯-米塞斯等效应力计算。右键单击【Solution】→【Solve】进行求解计算。

（4）查看结果

① 二维显示结果。

单击【Solution】→【Total Deformation】，冷却栅管变形如图 11-50 所示。单击【Solution】→【Equivalent Stress】，冷却栅管等效应力如图 11-51 所示。

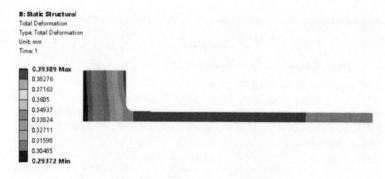

图 11-50 冷却栅管二维截面变形云图

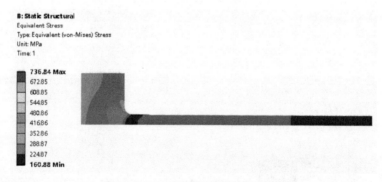

图 11-51 冷却栅管二维截面应力云图

② 三维扩展结果显示。

在导航树窗口【Outline】单击【Model（A4）】→【Symmetry】，在【Details of "Symmetry"】中设置对称类型为 "2D AxiSymmetric"，如图 11-52 所示。再单击【Solution】→【Total Deformation】和单击【Solution】→【Equivalent Stress】，如图 11-53 和图 11-54 所示，分别为三维完整冷却栅管变形及应力计算结果。

图 11-52 设置对称类型

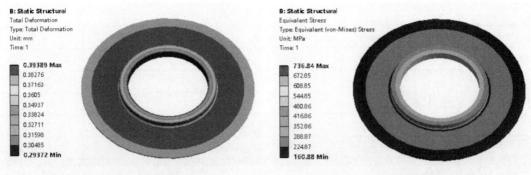

图 11-53 三维冷却栅管变形云图　　　　　图 11-54 三维冷却栅管应力云图

11.4 实例 2：电热耦合分析——平板式汽车氧传感器

11.4.1 问题描述

如图 11-55 所示，平板式汽车氧传感器为多层结构，包括 Al_2O_3 基体层、Pt 加热器、绝缘层、固态氧分压参比层、YSZ 固体电解质层等，传感器的总体尺寸为 60mm×6mm×1.2mm。加热器结构尺寸如图 11-56 所示，采用的各种材料属性如表 11-1 所示，Pt 的电阻率为 $10.6 \times 10^{-8}\Omega \cdot m$。

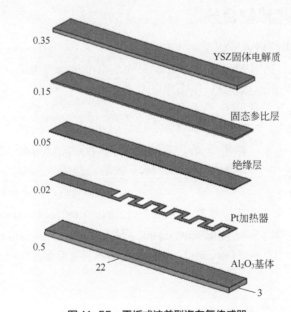

图 11-55 平板式浓差型汽车氧传感器

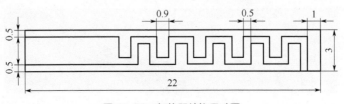

图 11-56 加热器结构尺寸图

197

表 11-1　各种材料属性

项目	Al₂O₃	Pt	YSZ	CeO₂	温度
密度/（kg/m³）	3580	21500	5680	6853	
比热容/[J/（kg·K）]	760	133	474	—	25℃
	1150	150	613	—	500℃
	1240	160	644	470	1000℃
热导率/[W/（m·℃）]	14.6	71.1	2.81	—	25℃
	7.72	74.2	2.36	—	500℃
	5.08	84.2	2.05	2.77	1000℃
弹性模量/GPa	281	171	210	172	
泊松比	0.204	0.39	0.259	0.29	
热膨胀系数/10⁻⁶℃⁻¹	7.8	9	7.3	13	
断裂强度/MPa	321	—	332	—	25℃
	312	—	288	—	500℃
	249	—	237	195	800℃
	238	—	266	—	1000℃

11.4.2　氧传感器电热耦合分析

（1）创建氧传感器电热耦合分析模块

在工具箱【Toolbox】的【Analysis Systems】中双击或拖动热电耦合分析系统【Thermal-Electric】到项目分析流程图，如图 11-57 所示。

（2）建立几何模型

① 进入 DesignModeler 建模模块。

右键单击【Geometry】，弹出菜单，选择【New DesignModeler Geometry…】，启动 DesignModeler 建模模块。

② 导入氧传感器模型。

在【DesignModeler】中点击下拉菜单【File】→【Import External Geometry File…】，选择光盘的氧传感器模型外部文件"ch11\example2\sensor.asm"，则在结构树【Tree Outline】中出现【Import1】，右击该对象，在弹出菜单中点击【Generate】，生成氧传感器三维模型，如图 11-58 所示。

图 11-57　创建结构静力学分析

图 11-58　导入氧传感器模型结果

（3）建立有限元模型

① 进入材料数据模块，建立氧传感器各层材料。

回到项目管理模块，双击【Engineering Data】进入材料定义模块。按照表 11-1 依次新建氧传感器各层材料：Al_2O_3、CeO_2、Pt、YSZ，如图 11-59 所示，各层材料设置如图 11-60～图 11-63 所示。

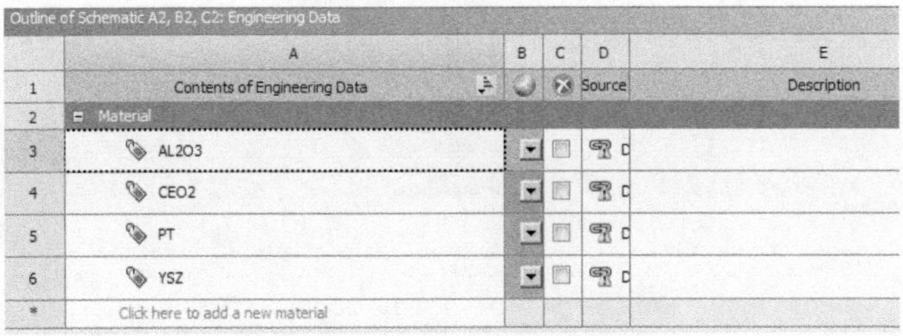

Outline of Schematic A2, B2, C2: Engineering Data

	A	B	C	D	E
1	Contents of Engineering Data			Source	Description
2	Material				
3	AL2O3				
4	CEO2				
5	PT				
6	YSZ				
*	Click here to add a new material				

图 11-59　建立氧传感器各层材料

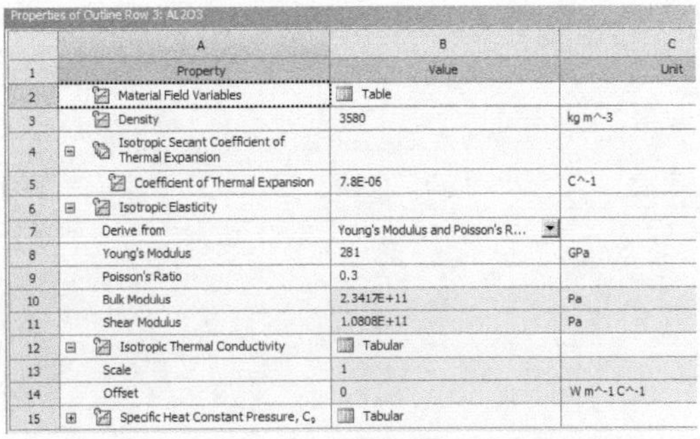

Properties of Outline Row 3: AL2O3

	A	B	C
1	Property	Value	Unit
2	Material Field Variables	Table	
3	Density	3580	kg m^-3
4	Isotropic Secant Coefficient of Thermal Expansion		
5	Coefficient of Thermal Expansion	7.8E-06	C^-1
6	Isotropic Elasticity		
7	Derive from	Young's Modulus and Poisson's R...	
8	Young's Modulus	281	GPa
9	Poisson's Ratio	0.3	
10	Bulk Modulus	2.3417E+11	Pa
11	Shear Modulus	1.0808E+11	Pa
12	Isotropic Thermal Conductivity	Tabular	
13	Scale	1	
14	Offset	0	W m^-1 C^-1
15	Specific Heat Constant Pressure, C_p	Tabular	

图 11-60　Al_2O_3 基体及绝缘层材料

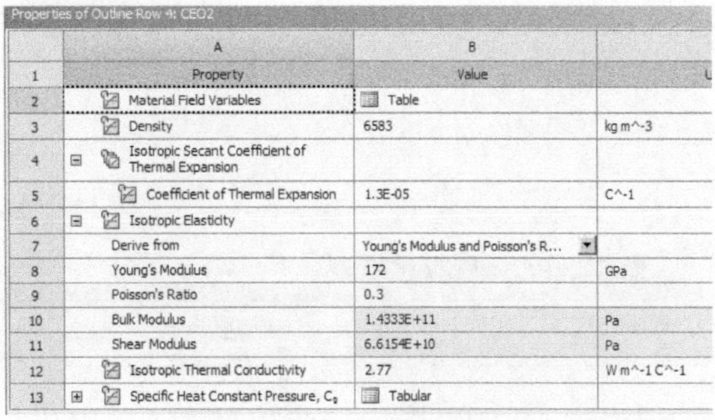

Properties of Outline Row 4: CEO2

	A	B	C
1	Property	Value	U
2	Material Field Variables	Table	
3	Density	6583	kg m^-3
4	Isotropic Secant Coefficient of Thermal Expansion		
5	Coefficient of Thermal Expansion	1.3E-05	C^-1
6	Isotropic Elasticity		
7	Derive from	Young's Modulus and Poisson's R...	
8	Young's Modulus	172	GPa
9	Poisson's Ratio	0.3	
10	Bulk Modulus	1.4333E+11	Pa
11	Shear Modulus	6.6154E+10	Pa
12	Isotropic Thermal Conductivity	2.77	W m^-1 C^-1
13	Specific Heat Constant Pressure, C_p	Tabular	

图 11-61　CeO_2 参比层材料

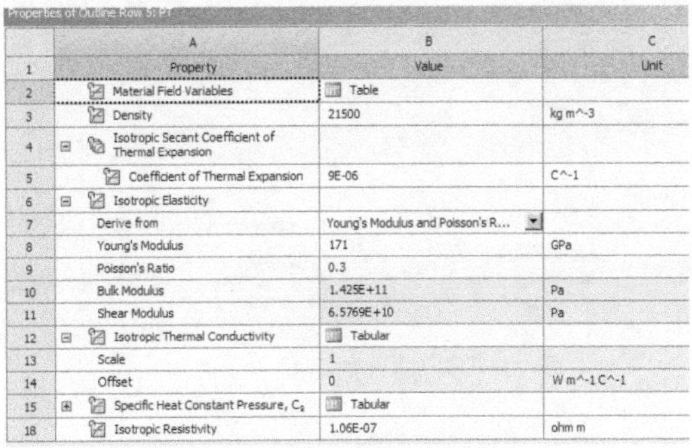

Properties of Outline Row 5: PT

	A	B	C
1	Property	Value	Unit
2	Material Field Variables	Table	
3	Density	21500	kg m^-3
4	Isotropic Secant Coefficient of Thermal Expansion		
5	Coefficient of Thermal Expansion	9E-06	C^-1
6	Isotropic Elasticity		
7	Derive from	Young's Modulus and Poisson's R...	
8	Young's Modulus	171	GPa
9	Poisson's Ratio	0.3	
10	Bulk Modulus	1.425E+11	Pa
11	Shear Modulus	6.5769E+10	Pa
12	Isotropic Thermal Conductivity	Tabular	
13	Scale	1	
14	Offset	0	W m^-1 C^-1
15	Specific Heat Constant Pressure, C_p	Tabular	
18	Isotropic Resistivity	1.06E-07	ohm m

图 11-62　Pt 电极材料

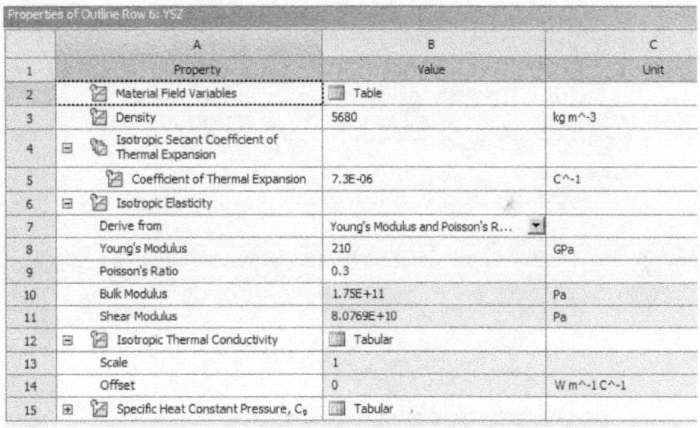

Properties of Outline Row 6: YSZ

	A	B	C
1	Property	Value	Unit
2	Material Field Variables	Table	
3	Density	5680	kg m^-3
4	Isotropic Secant Coefficient of Thermal Expansion		
5	Coefficient of Thermal Expansion	7.3E-06	C^-1
6	Isotropic Elasticity		
7	Derive from	Young's Modulus and Poisson's R...	
8	Young's Modulus	210	GPa
9	Poisson's Ratio	0.3	
10	Bulk Modulus	1.75E+11	Pa
11	Shear Modulus	8.0769E+10	Pa
12	Isotropic Thermal Conductivity	Tabular	
13	Scale	1	
14	Offset	0	W m^-1 C^-1
15	Specific Heat Constant Pressure, C_p	Tabular	

图 11-63　YSZ 电解质层材料

② 进入 Mechanical 模块，赋予氧传感器各层以相应材料。

回到项目管理模块，双击【Model】进入 Mechanical 模块。单击下拉菜单【File】→【Refresh All Data】，刷新上游材料数据的传递。然后，单击结构树【Outline】中【Model】→【Geometry】→【基体】，在【Details of “基体”】中设置【Assignment】为“AL2O3”，如图 11-64 所示。类似操作，设置 Pt 电极的材料为“PT”，绝缘层的材料为“AL2O3”，参比层的材料为“CEO2”，电解质层的材料为“YSZ”。

③ 创建对称。

右键单击选中导航树【Outline】的【Model】，在弹出菜单中依次选择【Insert】→【Symmetry】，如图 11-65 所示，则在导航树中出现【Symmetry】对象。右键单击该对象，在弹出菜单中依次选择【Insert】→【Symmetry Region】，如图 11-66 所示，则在导航树中出现【Symmetry Region】对象，如图 11-67 所示。在【Details of "Symmetry Region"】中设置【Geometry】时，按住 Ctrl 键，选择代表对称面的 5 个面，如图 11-68 所示，然后点击【Apply】。设置【Symmetry Normal】为 "Z Axis"。

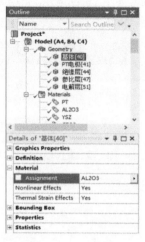

图 11-64 设置材料

图 11-65 插入对称对象

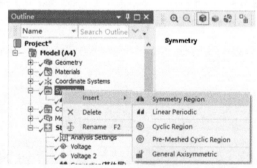

图 11-66 插入对称面

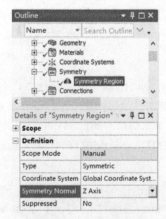

图 11-67 设置对称面

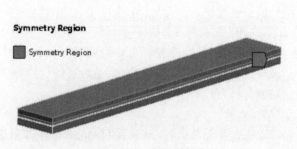

图 11-68 选择对称面

④ 划分网格。

设置局部网格大小。右击【Mesh】→【Insert】→【Sizing】，选择 Pt 电极，并设置【Details of "Body Sizing"】的【Element Size】为 "0.25mm"，如图 11-69 所示。

设置全局网格大小。点击【Mesh】，设置【Details of "Mesh"】的【Element Size】为 "0.5mm"，如图 11-70 所示。

生成网格。右键单击导航树中【Mesh】，弹出菜单，选择【Generate Mesh】，生成网格，如图 11-71 所示。

图 11-69　局部网格控制

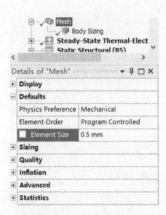

图 11-70　全局网格控制

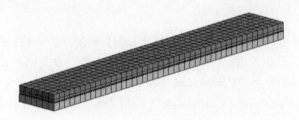

图 11-71　生成的网格模型

⑤ 对 Pt 电极施加电压载荷。

右键单击导航树的【Steady-State Thermal-Electric Conduction（A5）】，如图 11-72 所示，单击弹出菜单的【Insert】→【Voltage】，选择 Pt 电极对称面施加电压载荷，设置【Details of "Voltage"】的【Magnitude】为 "0mV"，如图 11-73 所示；再次同样操作，选择 Pt 电极一端施加电压载荷，设置【Details of "Voltage 2"】的【Magnitude】为 "4500mV"，如图 11-74 所示。

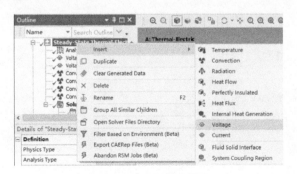

图 11-72　施加电压载荷

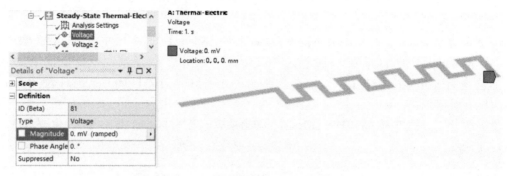

图 11-73 选择 Pt 电极对称面施加电压值

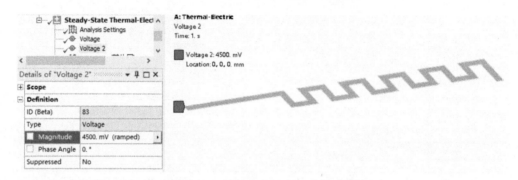

图 11-74 选择 Pt 电极一端施加电压值

⑥ 施加对流载荷。

选择菜单【Environment】，单击选项卡【Thermal】中的【Convection】按钮，如图 11-75 所示，在导航树出现 "Convection" 对象，右键单击该对象，点击弹出菜单的【Rename】，如图 11-76 所示，修改其名称为 "Convection（基体层）"。选择基体层与空气接触的 3 个面（下面、后面、右面），在【Details of "Convection"】中的【Scope】→【Geometry】中点击【Apply】，在【Film Coefficent】文本框中输入 "0.001W/(mm² • ℃)"，在 [Ambient Temperature] 文本框中输入 "25℃"，如图 11-77 所示。

同样操作，对氧传感器其它层与空气接触面施加对流。氧传感器最终边界条件施加结果如图 11-78 所示。

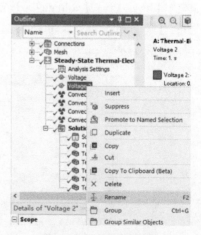

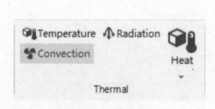

图 11-75 添加对流

图 11-76 修改对流名称

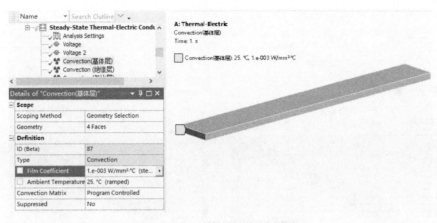

图 11-77　对基体层施加对流载荷

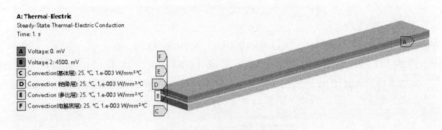

图 11-78　施加边界条件结果

⑦ 计算温度场。

添加温度场计算。右击结构树的【Solution】，在弹出菜单中选择【Insert】→【Thermal】→【Temperature】，添加温度场计算，修改名称为"Temperature（所有层）"，并在【Details of "Temperature"】中的【Scope】→【Geometry】中选择"ALL Bodies"。同样操作，依次添加氧传感器各层的温度场计算，如图 11-79 所示。

进行求解计算。右击结构树的【Solution】，选择【Solve】进行稳态计算。

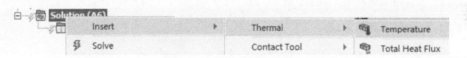

图 11-79　添加温度场计算

⑧ 查看结果。

如图 11-80（a）～（e）所示分别为氧传感器对称模型的一半各层的温度场分布状况。

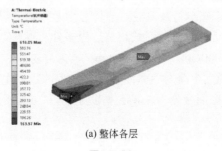

(a) 整体各层

图 11-80

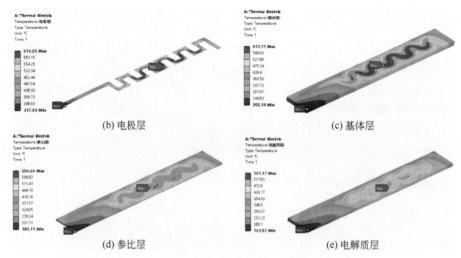

(b) 电极层 (c) 基体层

(d) 参比层 (e) 电解质层

图 11-80 氧传感器对称模型的一半各层温度场分布云图

单击导航树的【Symmetry】，在【Details of "Symmetry"】窗口中，设置【Num Repeat】为 2，【Method】为 "Half"，【ΔZ】为 "10^{-5}mm"，如图 11-81 所示。点击【Solution】→【Temperature（所有层）】，查看完整的氧传感器整体温度场分布状况，如图 11-82 所示。

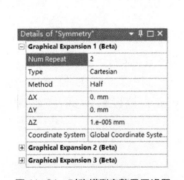

图 11-81 对称模型完整显示设置

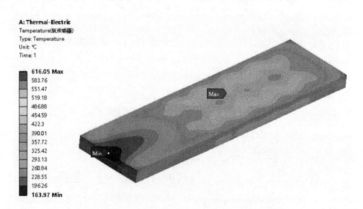

图 11-82 完整氧传感器温度场分布情况

习题

11-1 热传递方式有哪些?

11-2 热分析类型有哪些?

11-3 稳态热分析、瞬态热分析及热应力分析分别必须定义哪些材料属性?

11-4 Workbench 热分析的热负载形式和热边界条件有哪些?

11-5 一导线的长度为 100mm，截面为 ϕ5mm；导体材料：热导率为 60.5W/(m·℃)，电阻率 $\rho = 1.7 \times 10^{-7} \Omega \cdot m$；导线通过电流为 10A；导线与空气的对流换热系数为 5W/(m²·℃)，环境温度为 20℃。试对其进行热电耦合分析，求导体电压分布、电流密度分布、热流密度及焦耳热、温度场分布。

11-6 铝合金芯片散热片（ch11\exe11-6\散热片.agdb），如图 11-83 所示，散热片材料为铝合金, 底部芯片材料为硅, 芯片内部生成热为 $0.006W/mm^3$, 铝散热片与空气对流换热系数为 80W/ $(m^2 \cdot ℃)$, 环境温度为 20℃, 芯片底部承受固定约束。试对其进行稳态热分析及热应力分析。

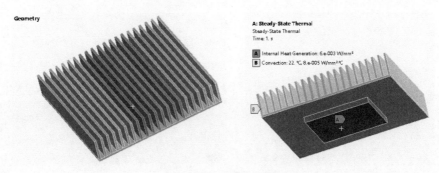

图 11-83　铝散热片模型

优化设计篇

第 12 章

优化设计理论简介

12.1 概述

在设计过程中，常常需要根据产品设计的要求，合理确定各种参数，例如：质量、成本、尺寸、工作行程等，以期达到最佳的设计目标。这就是说，一项工程设计总是要求在一定的技术和物质条件下，取得一个或若干个技术经济指标为最佳的设计方案。优化设计就是在这样一种思想下产生和发展起来的。

优化设计从 20 世纪 60 年代初发展而来，它是将最优化原理和计算技术应用于设计领域，为工程设计提供一种重要的科学设计方法，使得在解决复杂设计问题时，能从众多的设计方案中寻找到尽可能完善的或最适宜的设计方案。实践证明，在机械设计中运用优化设计方法，不仅可以减轻机械设备自重，降低材料消耗与制造成本，而且可以提高产品的质量与工作性能。因此，优化设计已经成为现代机械设计理论和方法中的一个重要领域，并且越来越受到从事机械设计的科学工作者和工程技术人员的重视。

12.1.1 优化设计与传统设计方法的比较

机械设计的任务就是要使所设计的产品既具有优良的技术性能指标，又能满足生产的工艺性、使用的可靠性和安全性，同时还要使消耗和成本最低等。

设计一个机械产品，一般均需要经过调查分析、方案拟定、技术设计、零件工作图绘制等环节。传统的设计方法通常是在调查分析的基础上，参照同类产品通过估算、经验类比或试验，并经过分析评价来确定初始的设计方案。确定基本结构参数后，根据初始设计方案的设计参数进行强度、刚度、稳定性等性能分析计算，检查各性能是否满足设计指标要求。如果不完全满足性能指标的要求，设计人员将凭借经验或直观判断对参数进行修改。这样反复进行分析计算-性能检验-参数修改，直到设计者感到满意为止。整个传统设计过程就是人工试凑和定性分析比较的过程，主要的工作是性能的重复分析，至于每次参数的修改，以及最后参数方案的确定，主要凭借经验或直观判断，并不是根据某种理论精确计算出来的，大部分的设计结果都有改进提高的余地，而不是最佳设计方案。

优化设计就是把最优化理论和计算机技术引入到机械设计领域，使得在解决复杂设计问题时，可以从大量可行设计方案中寻找一种最优设计方案，又不必耗费过多的设计工作量，因而得到了越来越广泛的重视，其应用也越来越广。目前，优化方法已不仅用于产品结构的设计、工艺方案的选择，也用于运输路线的确定、商品流通量的调配、产品配方的配比等。目前，优化方法在机械、冶金、石油、化工、建筑、宇航、造船、轻工等部门都已得到广泛的应用。

相对于传统设计方法，优化设计方法的优点主要有：

- 使得设计求解由可行解上升到最优解；
- 使得设计时性能校核可以不再进行；
- 使得设计由定性变为定量；
- 使得零缺陷设计成为可能；
- 大大提高了产品的设计质量；
- 大大提高了生产效率，降低了产品开发周期。

12.1.2　优化设计一般过程

优化设计的一般过程如下：

（1）设计问题分析

首先确定设计目标，它可以是单项目标，也可以是多项设计目标的组合。从技术经济观点出发，就机械设计而言，机器的运动学和动力学性能、体积与总量、效率、成本、可靠性等，都可以作为设计所追求的目标。然后分析设计应满足的要求，主要有：某些参数的取值范围；某种设计性能或指标按设计规范推导出的技术性能；还有工艺条件对设计参数的限制等。

（2）建立数学模型

最优化设计的数学模型是设计问题的数学表达形式，反映了设计问题中各主要因素间内在联系的一种数学关系。工程设计人员进行最优化设计的主要任务就是将实际设计问题用数学方程的形式予以全面、准确的描述，其中包括：确定设计变量，即哪些设计参数参与优选；构造目标函数，即评价设计方案优劣的设计指标；选择约束函数，即把设计应满足的各类条件以等式或不等式的形式表达。建立数学模型时要尽可能简单，而且要能完整地描述所研究的系统，但要注意到，过于简单的数学模型所得到的结果可能不符合实际情况，而过于详细复杂的模型又给分析计算带来困难。因此，具体建立怎样的数学模型需要丰富的经验和熟练的技巧。即使在建立了问题的数学模型之后，通常也必须对模型进行必要的数学简化以便于分析、计算。

（3）选择最优化方法

根据数学模型的函数形态、设计精度要求等选择使用最优化方法，并编制出相应的计算机程序。

（4）上机计算择优

将所编程序及有关数据输入计算机，进行运算，求解得最优值，然后对所算结果作出分析、判断，得到设计问题的最优设计方案。

上述最优化设计过程的核心是进行如下两项工作：一是分析设计任务，将实际问题转化为一个最优化问题，即建立最优化问题的数学模型；二是选用适用的最优化方法在计算机上求解数学模型，寻求最优化设计方案。

12.2 优化设计的数学模型

12.2.1 设计变量与设计空间

(1) 设计变量

实际工程中，任何一个设计问题都有设计参数，在这些设计参数中，有一些可以根据实际情况预先确定为常数，在设计过程中不发生变化，而另一些则需在设计过程中确定。因此，设计变量是表达设计方案的一组基本参数。如几何参数：零件的外形尺寸，截面尺寸，机构的运动学尺寸等；物理参数：构建的材料、截面二次矩、频率等；性能导出量：应力、挠度、效率等。总之，设计变量是对设计性能指标好坏有影响的量，应在设计过程中选择，且应是互相独立的参数。

一般地说，设计变量越多，优化过程就越复杂。在确定设计变量时，要首先从设计参数中分清哪些参数是独立的、主要的，哪些参数是非独立的、次要的。可以将独立的、重要的参数列为设计变量，其余可作为常量或因变量，尽量减少设计变量的个数。

(2) 设计空间

在一个设计问题中，所有的设计变量组成一个设计空间，变量的个数就是这个空间的维数，以 n 个设计变量为坐标轴组成的 n 维实空间，用 R^n 表示。例如，一个设计问题中包含 3 个设计变量，则这个设计空间就是三维的，可以用 R^3 表示这个三维实空间。

所有的设计变量可以用矢量 X 表示，由 n 个设计变量组成的 n 维列矢量可以表示为

$$X = (x_1, x_2, \cdots, x_n)^{\mathrm{T}}$$

X 的物理意义可看作是 n 维设计空间中的一点，代表一个设计方案，用 $X \in R^n$ 表示。

设计空间是所有设计方案的集合，设计空间中的任一设计方案是从设计空间原点出发的设计矢量。$X^{(k)}, X^{(k-1)}, \cdots, X^{(1)}$,表示有 k 个不同的设计方案。相邻两个设计方案的关系，可用矢量和矩阵运算表示。以三维空间为例，如图 12-1 所示，$X^{(1)}$ 为第一个设计方案，修改 $\Delta X^{(1)}$ 后，第二个设计方案为

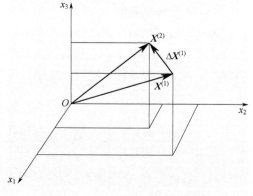

图 12-1 设计变量的空间几何表示

$$X^{(2)} = X^{(1)} + \Delta X^{(1)} \tag{12-1}$$

以矩阵表示

$$\begin{bmatrix} x_1^{(2)} \\ x_2^{(2)} \\ x_3^{(2)} \end{bmatrix} = \begin{bmatrix} x_1^{(1)} \\ x_2^{(1)} \\ x_3^{(1)} \end{bmatrix} + \begin{bmatrix} \Delta x_1^{(1)} \\ \Delta x_2^{(1)} \\ \Delta x_3^{(1)} \end{bmatrix} \tag{12-2}$$

式中，$\Delta X^{(1)}$ 为第一次定向修改设计量，表示为

$$\Delta X^{(1)} = \alpha S^{(1)} \tag{12-3}$$

式中，α 为常数；$S^{(1)}$ 为单位列矢量或定向修改设计的单位方向。

机械设计中设计变量一般认为是连续变量，并且有上下限，即：

$$a_i \leqslant x_i \leqslant b_i (i = 1, 2, \cdots, n)$$

但在实际工程设计中应该注意到，设计变量可能是离散的，尤其在机械优化设计中，如齿轮的齿数、模数，钢丝的直径，钢板的厚度，型钢的截面尺寸等参数的值都是离散的，这样的变量称为离散型设计变量。

12.2.2　约束

（1）约束的定义

工程实际中，设计变量的值不能无条件地选取，通常要受到某些条件的制约。例如，机械设计中的强度极限、刚度要求、频率要求、速度限制、几何要求、工艺要求等。在优化设计中，为了得到可行的设计方案，必须根据实际要求，对设计变量的取值加以种种限制，这种限制称为设计约束。

根据约束的特性，又可分为：

① 边界约束　它主要考虑设计变量的取值范围，如面积、长度、质量等变量只能取正值。

② 性能约束　它是由某种设计性能或指标推导出来的一种约束条件，如对应力、变形、振动频率、机械效率等性能指标的限制或者运动参数，如位移、速度、加速度的限制等。这些约束可根据设计规范中的设计公式或者通过物理学和力学的基本分析导出的约束函数来表示。

实际问题中，还有如制造工艺的限制、几何位置的限制等。

显然，约束只有与设计变量有关才能起到预设的限制作用。因此，不管是何种约束，均应表达为设计变量的函数，称为约束函数。当然，约束函数不见得非是所有设计变量的函数，但至少要与一个设计变量有关。约束函数可表达为如下形式：

① 不等式约束　$g_u(X) = g_u(x_1, x_2, \cdots, x_u) \geqslant 0$ 或 $\leqslant 0 (u = 1, 2, \cdots, m)$。

② 等式约束　$h_v(X) = h_v(x_1, x_2, \cdots, x_v) = 0 (v = 1, 2, \cdots, p, p < n)$。

以上 2 种形式均可变化为 $g_u(x) \leqslant 0$ 或 $g_u(x) \geqslant 0$ 的形式，如 $g_u(x) \geqslant 0$ 可以变化为 $-g_u(x) \leqslant 0$，$h_v(x) = 0$ 可以变化为 $h_v(x) \leqslant 0$ 和 $-h_v(x) \leqslant 0$ 或 $h_v(x) \geqslant 0$ 和 $-h_v(x) \geqslant 0$。

（2）可行设计域和不可行设计域

① 可行设计域　凡满足不等式约束方程组 $g_u(x_1, x_2, \cdots, x_u) \leqslant 0 (u = 1, 2, \cdots, m)$ 的设计变量选择区域，称为约束区域或可行设计区域（简称可行域），用 D 表示（图 12-2）。

② 不可行设计域　凡不满足不等式约束方程组中任一个约束条件的设计变量选择区域，称为不可行设计区域（简称不可行域）。

（3）内点、外点和边界点

① 内点　若 $X^{(1)} \in D$，且满足 $g_u(x_1, x_2, \cdots, x_u) < 0 (u = 1, 2, \cdots, m)$，称为内点或可行设计方案。

② 外点　若 $X^{(3)}$ 不满足 $g_u(x_1, x_2, \cdots, x_u) \leqslant 0 (u = 1, 2, \cdots, m)$，称为外点或不可行设计方案。

③ 边界点　若 $g_j(X^{(2)}) = 0$，则称 $X^{(2)}$ 为边界点，j 约束称为起作用约束（$1 \leqslant j \leqslant m$）。

在约束优化设计问题中，通常得到的最优点是约束区域的边界点。如果是内点，则所有约束都不是起作用约束。在这种情况下，就要进一步研究所施加于设计问题上的约束是否完善和所取得的最优解是否正确。当有等式约束时，例如图 12-2 中的虚线表示一个等式约束，可行方案只能在线段 AB 上选择。从理论上说，有一个等式约束，就可以消去一个设计变量。但一个隐函数的消元过程是很难实现的，因此，想通过简单的消元法，减少设计问题的维数是不现实的。约束条件主要由具体的工程问题来确定，通常只保留那些一旦没有它们，设计就会变得不合理的约束条件。

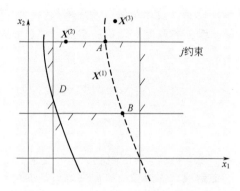

图12-2　内点、外点、边界点和等式约束

12.2.3　目标函数

优化设计的目的在于找到最优的设计方案。那么，什么是最优设计方案呢？对于不同的问题，标准是不一样的。对某个问题而言，也可以有几个判断标准。举例说，在机械设计中，目标可能是产品的自重最轻或体积最小。而在其他设计中，目标可能是最小成本或最大利润等。通常来说，所有的设计目标都可以表示为数学函数。能被用于评选设计方案好坏的函数，称为目标函数或评价函数，用 $f(X)$ 表示。因此，最优设计方案可以看做是一组使 $f(X)$ 有最小值或最大值的变量值。

在机械设计中，目标函数主要根据设计准则建立，例如：

① 在机构优化中，运动误差、主动力、约束反力等可以设定为目标函数。

② 在结构优化中，自重、效率和可靠性等可以设定为目标函数。

③ 在产品设计中，成本、价格和寿命等可以设定为目标函数。

在确定目标函数时，还应注意以下问题：

① 产品的自重最轻，并不一定最适合工程问题实际或一定就能使产品的成本最低。

② 物体的运动加速度极小化，动态响应并不一定好。

③ 有时候目标函数和约束函数可以互相转化。

④ 有的设计问题中，可能存在两个以上的分目标需要优化，这样的问题称为多目标优化问题。

12.2.4　数学模型

(1) 一般形式

优化数学模型包括设计变量、目标函数和约束函数，其一般形式可以表示为：

$$\left. \begin{array}{l} 设计变量：X = (x_1, x_2, \cdots, x_n) \in R^n \\ 目标函数：f(X) 最小或最大 \\ 约束条件：g_u(X) \leqslant 0 (u = 1, 2, \cdots, m) \\ \qquad\qquad\ h_v(X) = 0 (v = 1, 2, \cdots, p, p < n) \end{array} \right\} \qquad (12\text{-}4)$$

其含义就是在 n 维设计空间中寻找一组设计变量 X，在满足约束条件 g_u、h_v 的前提下，使

目标函数 $f(X)$ 最小化或最大化。

应该指出的是，优化目标既可能是函数 $f(X)$ 的最小值，也可能是 $f(X)$ 的最大值。由于一个最大值的 $f(X)$ 通过前面加一个负号"$-$"，就变为最小值。因此，为叙述方便，在本章的讨论中，都指使目标函数最小化。

（2）类型

根据优化问题有无约束可分为：

① 约束优化：有约束条件的优化设计称为约束优化设计，如式（12-4）所示。

② 无约束优化：无约束条件的优化设计称为无约束优化设计，表示为

$$\left.\begin{array}{l} 寻找\ X = (x_1, x_2, \cdots, x_n)^{\mathrm{T}} \in R^n \\ 使\ f(X)\ 最小 \end{array}\right\} \tag{12-5}$$

工程实际中，不加限制的设计是没有的，但是常常可以将有约束问题转化为无约束问题求解，以便能使用一些比较有效的无约束极小化的算法和程序。因此，我们还是应该了解一些无约束优化方法的求解原理。

（3）优化设计的几何解释

① 目标函数的等值线（面）　对于 $f(X) = f(x_1, x_2, \cdots, x_n)$，若给定 $f(X)$ 值，则有无限多的 $x_1, x_2, \cdots, x_n$ 的值与之对应，或当 $f(X) = c$（c 为任意常数）时，在设计空间有一个点集与之对应，为空间超曲面。二维问题时，这个点集为曲线。

如 $n = 2$ 的无约束优化问题，$f(X) = x_1^2 + x_2^2$，不同的等值线代表目标函数不同水平的值，如图 12-3 所示。

② 约束优化的几何表示　例：

$$\left.\begin{array}{l} 使\ f(X) = x_1^2 + x_2^2\ 最小 \\ 受约束于\ g_1(X) = x_1 + x_2^2 + 9 \leqslant 0 \\ g_2(X) = x_1 + x_2 - 1 \leqslant 0 \end{array}\right\} \tag{12-6}$$

如图 12-4 所示，目标函数的等值面为旋转抛物面，约束函数为以 x_1 轴对称的抛物面和一平面。

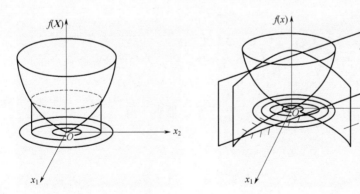

图 12-3　目标函数的等值线　　　　　图 12-4　约束优化的几何表示

12.2.5　应用实例

［例 12-1］立柱优化设计模型。

如图 12-5 所示，一立柱受外力 F 作用。已知 $F = 22680\text{N}$，立柱的高 L 为 254cm，材料的

弹性模量 $E = 7.03\times10^4$MPa，材料的密度$\rho = 2.768\times10^{-6}$kg/cm^3，许用应力$[\sigma] = 140$MPa，立柱壁厚为 t，立柱的内、外直径分别为 D_0、D_1，要求在保证立柱的强度与稳定性的条件下，使其质量尽可能小。

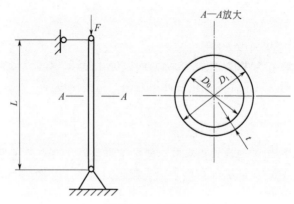

图 12-5　立柱受力

令 $D = (D_0 + D_1)/2$，则立柱的质量可表示为：　$m = \rho L \pi D t = 0.703 \pi D t$。

为了使立柱足够轻，也就是求函数 m 在满足以下条件下的最小值，m 可设为目标函数。m 是变量 D、t 的函数，可设 D、t 为本问题的设计变量。设计约束条件包括：

① 稳定性条件　立柱的应力应小于最大稳定极限应力 σ_e，即

$$\sigma - \sigma_e \leqslant 0$$

其中，　$\sigma = \dfrac{F}{\pi D t}$，　$\sigma_e = \dfrac{\pi^2 E (D^2 + t^2)}{8 L^2}$

② 强度条件　立柱的应力应小于许用应力$[\sigma]$，即

$$\sigma - [\sigma] \leqslant 0$$

③ 工艺与几何条件

$$t \geqslant 0.1\text{cm}$$

$$0 < D \leqslant 8.9\text{cm}$$

将已知数值代入上面各式，并按照一般格式整理后，本问题的数学模型可归纳为：

设计变量　　　　　　　$x_1 = t$，$x_2 = D$，$X = (x_1, x_2)^{\mathrm{T}} = (t, D)^{\mathrm{T}}$

目标函数　　　　　　　$m = f(x_1, x_2) = 0.703 \pi x_2 x_1$ 的最小值

约束条件

$$g_1(X) = x_1 - 0.1 \geqslant 0$$

$$g_2(X) = x_2 \geqslant 0$$

$$g_3(X) = 8.9 - x_2 \geqslant 0$$

$$g_4(X) = \frac{\pi^2 E (x_2^2 + x_1^2)}{8 L^2} - \frac{F}{\pi x_1 x_2}$$

$$g_5(X) = [\sigma] - \frac{F}{\pi x_1 x_2} \geqslant 0$$

因此，本问题是有 2 个设计变量和 5 个约束条件的一个非线性的优化设计问题。

[例 12-2] 销轴优化设计模型。

如图 12-6 所示，一圆形截面销轴，一端固定，一端作用着集中载荷 $F = 1000\text{N}$ 和扭矩 $M = 100\text{N}\cdot\text{m}$。由于结构需要，轴的长度 L 不得小于 8cm，已知销轴材料的许用弯曲应力$[\sigma_\text{w}] = 120\text{MPa}$，许用扭转剪切应力$[\tau] = 80\text{MPa}$，允许扰度$[f] = 0.01\text{cm}$，密度$\rho = 7.6\text{t/m}^3$，弹性模量 $E = 2\times10^5\text{MPa}$，现要求在满足使用要求的条件下，试设计一个用料最省的方案。

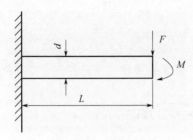

图 12-6　销轴受力

销轴的质量可表示为：

$$m = \frac{1}{4}\pi d^2 L\rho$$

为了使销轴用料最省，也就是求函数 m 在满足以下条件下的最小值，m 可设为目标函数。m 是变量 d、L 的函数，可设 d、L 为本问题的设计变量。设计约束条件包括：

① 抗弯强度条件：销轴的弯曲应力应小于许用弯曲应力$[\sigma_\text{w}]$

即　$\sigma - [\sigma_\text{w}] \leqslant 0$

其中 $\sigma = \dfrac{M_\text{w}}{W_\text{z}} = \dfrac{FL\,d/2}{I_\text{z}} = \dfrac{FL\,d/2}{\pi d^4/64} = \dfrac{FL}{\pi d^3/32} = \dfrac{32FL}{\pi d^3}$

故　$\dfrac{32FL}{\pi d^3} - [\sigma_\text{w}] \leqslant 0$

② 抗扭强度条件：销轴的扭转剪切应力应小于许用扭转剪切应力$[\tau]$

即　$\tau - [\tau] \leqslant 0$

其中 $\tau = \dfrac{M}{W_\text{p}} = \dfrac{M\,d/2}{I_\text{p}} = \dfrac{M\,d/2}{\pi d^4/32} = \dfrac{M}{\pi d^3/16} = \dfrac{16M}{\pi d^3}$

故　$\dfrac{16M}{\pi d^3} - [\tau] \leqslant 0$

③ 刚度条件：销轴的扰度应小于许用扰度$[f]$，即

$$f - [f] = \frac{FL^3}{3EI} - [f] = \frac{64FL^3}{3E\pi d^4} - [f] \leqslant 0$$

④ 工艺与几何条件：销轴长度 L 不得小于 8cm，即

$$L \geqslant L_\text{min} = 8\text{cm}$$

将已知数值代入上面各式，并按照一般格式整理后，本问题的数学模型可归纳为：

设计变量　$x_1 = d$，　$x_2 = L$，　$X = (x_1, x_2)^\text{T} = (d, L)^\text{T}$

目标函数　$f = (x_1, x_2) = 1.9\pi x_1^2 x_2 = m$ 的最小值

约束条件

$$g_1(X) = \frac{32000x_2}{\pi x_1^3} - 120 \leqslant 0$$

$$g_2(X) = \frac{1600}{\pi x_1^3} - 80 \leqslant 0$$

$$g_3(X) = \frac{32x_2^3}{3\pi x_1^4} \times 10^{-8} - 0.01 \leqslant 0$$

$$g_4(X) = x_2 - 8 \leqslant 0$$

因此，本问题是有 2 个设计变量和 4 个约束条件的一个非线性的优化设计问题。

12.3　优化设计基本方法

建立优化数学模型后，下面所要做的就是解决如何求解的问题。一般来讲，一个设计问题可以采用解析法、图解法和数值迭代方法找到最优解。但是一个实际的工程问题往往是非线性、多约束、多变量的优化问题，求解过程复杂，很难采用前两种方法获得最优解。而对于工程问题来讲，又允许有一定的误差，于是，人们在优化设计中大量采用了数值近似迭代方法。

（1）数值迭代方法

通常情况下，数值迭代方法有以下迭代公式，即

$$X^{(k+1)} = X^{(k)} + \alpha^{(k)} S^{(k)} \tag{12-7}$$

式中，$X^{(k)}$ 为第 k 步的迭代点；$X^{(k+1)}$ 为新的迭代点；$S^{(k)}$ 为第 k 步的搜索方向；$\alpha^{(k)}$ 为步长因子。

参数的几何表示可参见图 12-1。

从式（12-7）中可以看出每计算一个新的数值，可以通过现在的已知值 $X^{(k)}$ 在 $S^{(k)}$ 方向加上增量求得。若使迭代更有效率，应科学选取 $\alpha^{(k)}$ 和 $S^{(k)}$。

根据迭代算法，首先给出设计变量的初始值 $X^{(0)}$，通过迭代公式（12-7），可求出一系列的点：$X^{(0)}$，$X^{(1)}$，$X^{(2)}$，…，$X^{(k)}$，$X^{(k+1)}$，…，其对应的函数值之间的关系可表示为

$$f\left(X^{(0)}\right) > f\left(X^{(1)}\right) > f\left(X^{(2)}\right) > ... > f\left(X^{(k)}\right) > f\left(X^{(k+1)}\right) > ... \tag{12-8}$$

（2）收敛准则

迭代过程不可能无限制地进行下去，因此，只要符合一定的条件，就认为已经找到近似的最优点，可以中止迭代了，这个条件就是收敛准则。

常用的收敛准则有以下三种：

① 两点距离准则　当相邻两个迭代点之间的距离已达到充分小时，即

$$\left\| X^{(k+1)} - X^{(k)} \right\| \leqslant \varepsilon_1$$

② 目标函数准则　当相邻两迭代点的目标函数已达到充分小时，即

$$\left| f\left(X^{(k+1)}\right) - f\left(X^{(k)}\right) \right| \leqslant \varepsilon_2$$

或

$$\frac{\left|f\left(X^{(k+1)}\right)-f\left(X^{(k)}\right)\right|}{\left|f\left(X^{(k)}\right)\right|}\leqslant \varepsilon_2$$

③ 目标函数的梯度　当前迭代点目标函数的梯度已充分小时，即

$$\left\|\nabla f\left(X^{(k+1)}\right)\right\|\leqslant \varepsilon_3$$

其中，$\nabla f=\left[\dfrac{\partial f}{\partial x_1}\ \dfrac{\partial f}{\partial x_2}\cdots\dfrac{\partial f}{\partial x_n}\right]^{\mathrm{T}}$。

ε_1、ε_2、ε_3 的大小应根据具体问题确定，一般情况下，可取 $10^{-1}\sim 10^{-7}$。

（3）迭代步骤

一般说来，数值迭代方法包含以下步骤：

① 定义一个初始值 $X^{(0)}$，以及收敛误差 ε。

② 确定搜索方向 $S^{(k)}$。

③ 选取步长因子 $\alpha^{(k)}$，根据式（12-7），得到新的迭代点 $X^{(k+1)}$。

④ 收敛的判定：若 $X^{(k+1)}$ 满足收敛要求，则看作最优点，迭代结束；否则，继续从 $X^{(k+1)}$ 计算，得到新的点。

图 12-7 所示为例 12-1 中立柱优化数值迭代过程。由图可以看出，迭代从初始点 $X^{(0)}$ 出发，沿着由采用的优化方法确定的方向和准则进行搜索，找到下一个迭代点 $X^{(1)},X^{(2)},X^{(3)},\cdots$，一直到符合迭代准则，找到最优点为止，即 $X^*=(D,t)=(8.128,0.1)$。

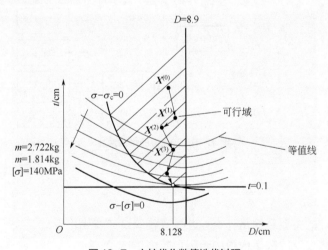

图 12-7　立柱优化数值迭代过程

从以上的讨论不难看出，迭代问题有 3 个关键点：

① 搜索方向。对数值迭代方法的效率有影响。

② 步长因子。也对数值迭代方法的效率有影响。

③ 收敛准则。影响数值迭代方法的精确度。

围绕这些关键点，针对不同的优化模型，产生了不同的优化设计方法。如图 12-8 所示，目前，主要优化设计方法包括无约束优化方法和约束优化方法。其中，无约束优化方法主要包括坐标轮换法、鲍威尔法、复合形法等直接方法和梯度法、牛顿法和变尺度法等间接方法；约束

优化设计主要包括网格法、随机搜索法、复合形法等直接方法和消元法、惩罚函数法、乘子法等间接方法。具体算法，详见其它相关资料，这里不介绍。

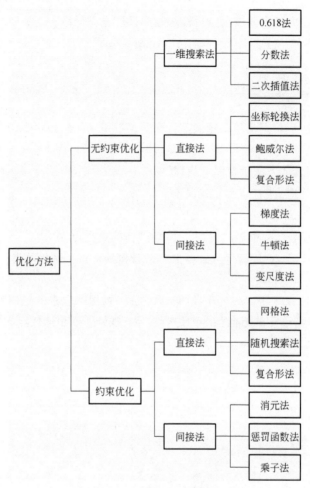

图 12-8　优化设计求解方法

习题

12-1　优化设计的主要目的是什么？并比较传统设计与优化设计。

12-2　写出优化设计的数学模型的一般形式。

12-3　优化设计的一般过程是什么？

12-4　优化设计方法包括哪些？

12-5　如图 12-9 所示，一个中间固定有重块的转轴，以 ω 角速度转动。为了使轴稳定转动，要求轴的固有频率高于 1.5ω，在这个条件下建立转轴优化设计模型，使其质量尽可能小。

12-6　如图 12-10 所示的单级直齿圆柱齿轮减速器，其输入轴扭矩为 $T = 150\mathrm{N} \cdot \mathrm{m}$，齿数比 $u = 3.2$，工作寿命要求达到 72000h，原动机采用电动机，工作载荷均匀平稳。小齿轮材料为 40Cr，调质后表面淬火，齿面硬度 $235 \sim 275\mathrm{HB}$，$[\sigma_H]_1 = 650\mathrm{MPa}$，$[\sigma_F]_1 = 290\mathrm{MPa}$。大齿轮材料为 45 钢，调质，齿面硬度 $217 \sim 255\mathrm{HB}$，$[\sigma_H]_2 = 550\mathrm{MPa}$，$[\sigma_F]_2 = 210\mathrm{MPa}$，载荷系数 $k = 1.48$。

要求建立在满足工作要求的前提下使齿轮的重量最轻的优化模型。

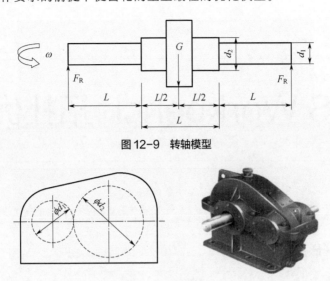

图 12-9 转轴模型

图 12-10 减速器

第 13 章

ANSYS Workbench 拓扑优化

13.1 拓扑优化介绍

13.1.1 什么是拓扑优化

结构优化可分为尺寸优化、形状优化和拓扑优化。尺寸优化：优化对象为产品结构的设计尺寸，例如图 13-1 （a） 所示，已知板中间有一圆孔，通过尺寸优化确定该圆孔的最优尺寸。形状优化：优化对象为产品结构的形状，例如图 13-1 （b） 所示，已知板内部有一个孔洞，通过形状优化确定该孔洞的形状。拓扑优化：优化对象为产品结构的材料分布，例如图 13-1 （c） 所示，优化前产品为材料均匀分布的矩形板，通过拓扑优化确定板的最佳材料分布方案。

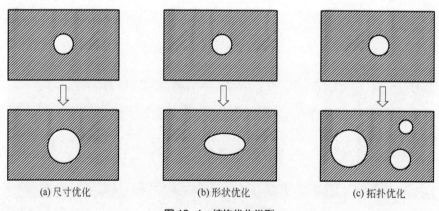

(a) 尺寸优化 (b) 形状优化 (c) 拓扑优化

图 13-1 结构优化类型

所谓拓扑优化（topology optimization），是指一种根据给定的负载情况、约束条件和性能指标，在给定的区域内对材料分布进行优化的数学方法。拓扑优化是形状优化的高级形式，高版本的 ANSYS Workbench 将形状优化归并到拓扑优化。

利用有限元进行优化通常是在完成拓扑优化之后，再执行尺寸优化。首先进行拓扑优化，它可以在产品设计的初级阶段对产品进行概念化设计，使得设计出的产品结构更加合理，性能更加优良。然后再进行尺寸优化，主要目的是确定优化后的零件具体尺寸值。

13.1.2　拓扑优化实现方法

拓扑优化方法分为离散体结构拓扑优化和连续体结构拓扑优化，其中，连续体拓扑优化方法主要有均匀化方法、变密度法、水平集方法等。变密度法适应性强，广泛应用于连续结构刚度最大化、频率最大化及多目标拓扑优化求解中，现如今各种拓扑优化软件的拓扑优化模块大多基于变密度法开发。

变密度法原理是利用有限元法，以单元相对密度作为设计变量，引入密度与材料弹性模量之间的假设函数关系，用伪密度来描述单元与结构特性之间的关系，作为设计变量，在给定的约束条件下，寻找目标函数的最优解。伪密度值在 0～1 之间，值越接近于 1，表示单元对结构贡献率大，单元不可以去除；相反，值越接近于 0，表明单元可以删除。

为了保证单元伪密度向 0～1 两端极限状态靠近，减少中间过渡材料的出现，通常需要引入密度-刚度插值模型，常见的有固体各向同性惩罚微结构模型（solid isotropic microstructures with penalization, SIMP）、材料属性的有理近似模型（rational approximation of material properties, RARM）和 Hashin-Shtrikman 材料属性上下限插值模型。三种插值模型对中间伪密度单元均有抑制作用，相对而言，SIMP 法数值模型直观简单，设计变量灵敏度易于求解，而且对多相材料结构拓扑优化问题同样适用，因此工程中应用较多。

13.1.3　拓扑优化设计流程

ANSYS Workbench 拓扑优化可以完成以下两个目标：
① 在特定载荷和约束条件下，确定零件最佳外形或最小体积（或质量）；
② 使零件达到需要的固有频率，避免使用过程中产生共振。

因此，在执行拓扑优化分析前，需先进行结构分析或模态分析，优化结构形状结果可以预览并以 Stl 格式输出保存，在 SpaceClaim 里编辑并转化为实体模型后可进行验证性分析，固化的模型可以导入 CAD 软件出图，也可直接输出进行 3D 打印制造。

拓扑优化流程如图 13-2 所示，具体步骤如下：

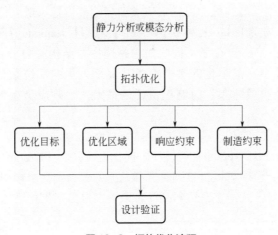

图 13-2　拓扑优化流程

① 结构静力分析或模态分析，求解得出参考值。
② 拓扑优化，包括优化目标、优化区域、响应约束及制造约束等的设置，求解和输出优

化模型。

③ 验证优化分析和设计，包括优化模型编辑，对优化模型重新进行结构静力分析或模态分析并进行验证。

④ 处理优化模型，包括导出优化模型、导入 CAD 软件出图。

13.1.4　拓扑优化分析界面

在 Workbench 中建立拓扑优化分析项目，首先在左边 Toolbox 的 Analysis Systems 中选择【Static Structural】调入项目流程图【Project Schematic】，然后右键单击结构静力分析项目单元格的【Solution】→【Transfer Data To New】→【Topology Optimization】，如图 13-3 所示。

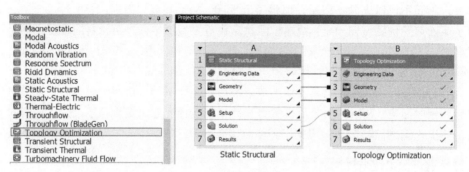

图 13-3　建立拓扑优化分析项目

13.2　拓扑优化工具

拓扑优化有独立的工具条，包括优化目标、优化区域、响应约束、制造约束，如图 13-4 所示。

（1）优化目标

优化目标【Objective】用来指定模型优化的目标，

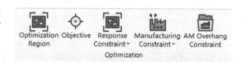

图 13-4　拓扑优化工具条

指定优化目标需指定整个模型的优化目标响应类型和响应目标（最大值或最小值），响应类型有柔顺度【Compliance】、质量【Mass】、体积【Volume】、频率【Frequency】。依据求解选择【Solution Selection】的不同，响应目标会有所不同。如求解选择为结构静力分析系统，对所有响应类型值，响应目标均为最小，最小化的柔顺度意味着最大化的系统结构刚度。如求解选择为模态分析系统，当响应类型为频率时响应目标为最大，当响应类型为质量、体积时，响应目标为最小。

（2）优化区域

优化区域【Optimization Region】可以指定优化设计区域【Design Region】和不优化区域【Exclusion Region】。设计区域可以直接通过选择几何方式指定整个模型体或局部点、线、面和单元，也可通过名称选择方式指定；边界条件可以被指定为不优化区域，包括全部边界条件、全部载荷和不应用边界条件。

（3）响应约束

响应约束【Response Constraint】为拓扑优化分析必选项，包括质量约束【Mass Constraint】、体积约束【Volume Constraint】、整体等效应力约束【Global Von-Mises Stress Constraint】、固有频率约束【Natural Frequency Constraint】、位移约束【Displacement Constraint】、局部等效应力

约束【Local Von-Mises Stress Constraint】、支反力约束【Reaction Force Constraint】。质量约束与体积约束，可指定优化的保留百分比；整体等效应力约束和局部等效应力约束，可指定最大应力值；固有频率约束，可指定模态数、最小频率和最大频率；位移约束可指定节点及节点坐标轴位置；支反力约束可指定节点及节点坐标轴力大小。

（4）制造约束

制造约束【Manufacturing Constraint】用来通过约束模型构件尺寸实现约束优化结果，确保优化结果可工艺化，方便制造，避免不必要的优化干扰。制造约束用来指定优化模型结果尺寸，可以指定整个优化模型的最大构件尺寸【Maximum Member Size】、最小构件尺寸【Minimum Member Size】；也可指定整个模型的沿某一坐标轴方向的拔出方向优化【Pull Out Direction】、挤出区域优化【Extrusion】和沿某一坐标轴方向的循环优化【Cyclic】、对称优化【Symmetry】。

13.3　拓扑优化设置

进入拓扑优化工作环境后，单击【Topology Optimization（A5）】下的【Analysis Setting】，出现图 13-5 所示的拓扑优化设置详细窗口。

（1）定义【Definition】

① 最大迭代次数【Maimum Number Of Iterations】，默认值为 500。

② 最小归一化的密度【Minimum Normalized Density】，默认值为 0.001。

③ 收敛精度【Convergence Accuracy】，默认为 0.1%。

（2）求解控制【Solver Controls】

求解类型【Solver Type】目前有程序控制【Program Controlled】、启发式的序列凸规划法【Sequential Convex Programming】和优化准则法【Optimality Criteria】。

（3）求解控制【Output Controls】

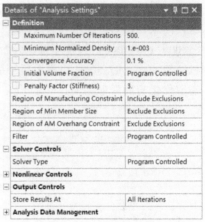

图 13-5　拓扑优化设置

储存结果方式【Store Results At】，包括全迭代【All Iterations】、最后迭代【Last Iterations】、等间隔点迭代【Equally Spaced Points】和指定循环率迭代【Specified Recurrence Rate】。

13.4　设计结果与验证

13.4.1　拓扑优化求解结果

根据优化目标和约束设置，在求解收敛的情况下可得到拓扑优化求解结果。在求解项下加入拓扑密度【Topology Density】和拓扑单元密度【Topology Elemental Density】，其中拓扑密度优化结果如图 13-6 所示。在拓扑密度或拓扑单元密度详细栏中，可以查看优化结果、占比、迭代次数及可见性，在显示优化区域【Show Optimized Region】，可选择显示所有区域【All Regions】、优化保留区域【Retained Region】和优化移除区域【Removed Region】，如图 13-7 所示。

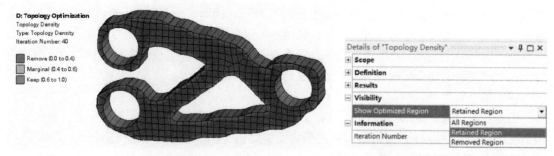

图 13-6 拓扑密度优化结果　　　　　　　图 13-7 显示优化区域设置

13.4.2　拓扑优化结果验证分析

目前，ANSYS 拥有强大的几何处理能力，可以直接处理任意优化结果，比如把带有网格节点的有限元模型直接转化为几何模型，这为处理优化结果及验证设计带来了方便。一方面，取得合理虚拟优化模型拓扑形状后，右键单击【Topology Density\Elemental Density】→【Export…】→【STL Files】→【命名】保存，导出的 STL 格式模型文件可以导入 SpaceClaim 编辑，把网格文件转换为实体模型文件进行处理。另一方面，优化结果可以不用先进行格式转换，而是直接右键单击【Topology Optimization】→【Results】→【Transfer to Design Validation System（Geometry）】转移验证分析系统进行设计验证，如图 13-8 所示。然后进行模型替换、材料施加、网格划分、边界设置等后，进行求解和后处理，如图 13-9 和图 13-10 所示，分别为模型优化前后变形结果。

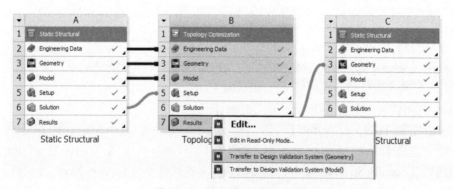

图 13-8　拓扑优化结果验证分析

图 13-9　优化前变形

图 13-10　优化后变形

13.5　拓扑优化实例——汽车轮毂

13.5.1　问题描述

如图 13-11 所示，一个直径为 ϕ380mm、宽度为 200mm、5 个 ϕ22mm 螺栓孔的汽车轮毂，螺栓孔固定，外圆柱面受压力 $p=5$MPa 作用，材料为结构钢，弹性模量 $E=2\times10^5$MPa，泊松比 $\mu=0.3$，试对汽车轮毂进行拓扑优化，使得轮毂在减少一定质量的条件下刚度最大。

图 13-11　汽车轮毂简化模型

13.5.2　汽车轮毂静力分析

（1）创建汽车轮毂静力分析模块

在工具箱【Toolbox】的【Analysis Systems】中双击或拖动结构静力分析系统【Static Structural】到项目分析流程图，并修改项目名称为"汽车轮毂静力分析"，如图 13-12 所示。

（2）导入汽车轮毂几何模型

① 进入 DesignModeler 建模模块。右键单击【Geometry】，弹出菜单，选择【New DesignModeler Geometry...】，启动 DesignModeler 建模模块。

图 13-12　创建静力分析系统

② 导入汽车轮毂几何模型。

在【DesignModeler】中点击下拉菜单【File】→【Import External Geometry File...】，如图 13-13

所示，弹出对话框，选择导入模型文件"ch13\example\car hub.agdb"，则在结构树【Tree Outline】中出现【Import1】，右击该对象，在弹出菜单中点击【Generate】，导入汽车轮毂模型如图 13-14 所示。

图 13-13　导入外部模型　　　　图 13-14　导入汽车轮毂模型结果

（3）建立有限元模型

① 进入 Mechanical 模块。

在项目管理界面，双击【Model】，进入 Mechanical 模块。

② 设置单位。

依次点击【Home】→【Tools】→【Units】，勾选【Metric（mm, kg, N, s, mV, mA）】。

③ 赋予几何模型材料属性。

右键单击导航树中【Mesh】，在弹出菜单中选择【Generate Mesh】，生成如图 13-15 所示的网格。

④ 施加边界条件。

右键单击导航树的【Static Structural】，选择弹出菜单的【Insert】→【Fixed Support】，选择 5 个螺栓孔为固定端。

右键单击导航树的【Static Structural】，选择弹出菜单的【Insert】→【Pressure】，在工具栏【Details of "Pressure"】中的【Scope】→【Geometry】选择轮毂外圆柱面，点击【Apply】，【Definition】→【Magnitude】输入数值"5MPa"，施加边界条件结果如图 13-16 所示。

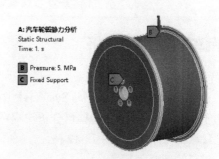

图 13-15　网格模型　　　　图 13-16　施加边界条件结果

（4）求解计算

① 添加需要计算的结果。

右键单击导航树的【Static Structural】→【Solution】，选择弹出菜单的【Insert】→【Deformation】→【Total】，添加变形计算。同理，右键单击导航树的【Static Structural】→【Solution】，选择弹

出菜单的【Insert】→【Stress】→【Equivalent（von-Mises）】，添加冯-米塞斯等效应力计算。

② 进行求解计算。

右键单击【Solution】→【Solve】进行求解计算。

（5）查看结果

① 单击【Solution】→【Total Deformation】，汽车轮毂变形如图 13-17 所示。

② 单击【Solution】→【Equivalent Stress】，汽车轮毂应力如图 13-18 所示。

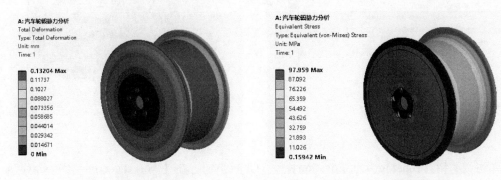

图 13-17　汽车轮毂变形图　　　　　　　　图 13-18　汽车轮毂应力图

13.5.3　汽车轮毂拓扑优化

（1）添加拓扑优化模块并与静力分析关联

右键单击 A 分析系统【Solution】，如图 13-19 所示，在弹出菜单依次选择【Transfer Data To New】→【Topology Optimization】，单击左键，创建拓扑优化分析系统 B，如图 13-20 所示。双击【Model】，进入【Mechnical】模块。

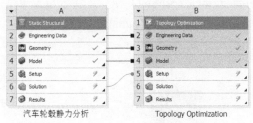

图 13-19　创建拓扑优化分析系统并传递数据　　　　图 13-20　建立的拓扑优化分析系统

（2）拓扑优化设置

① 设置优化区域。

单击结构树【Topology Optimization】→【Optimization Region】，如图 13-21 所示，在【Details of "Optimization Region"】窗口中，点击【Exclusion Region】→【Geometry】，选择除了轮毂端部的两个圆面的其余所有表面，如图 13-22 所示。

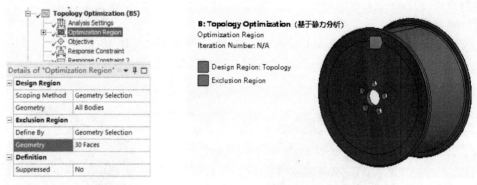

图 13-21 设置优化区域   图 13-22 显示优化区域

② 设置优化目标。

单击结构树【Topology Optimization】→【Objective】，在【Worksheet of "Objective"】窗口中，设置【Response Type】= "Compliance"，【Goal】= "Minimize"，如图 13-23 所示。

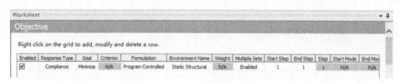

图 13-23 设置优化目标

③ 设置响应约束。

单击结构树【Topology Optimization】→【Response Constraint】，如图 13-24 所示，设置响应约束，在【Details of "Response Constraint"】窗口中，设置【Definition】→【Response】= Mass，【Definition】→【Percent to Retain】=30%。

④ 插入并设置制造约束。

选择菜单【Environment】，在【Optimization】区域点击【Manufacturing Constraint】图标，在下拉菜单中选择【Cyclic】，如图 13-25 所示。设置【Number of Sectors】为 "5"，【Axis】为 "X Axis"，如图 13-26 所示。

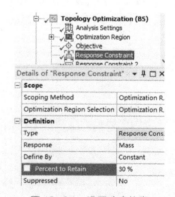

图 13-24 设置响应约束

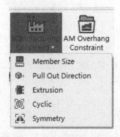

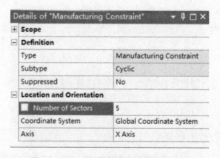

图 13-25 插入圆周对称制造约束   图 13-26 设置圆周对称制造约束

⑤ 显示拓扑优化设置。

单击结构树【Topology Optimization】，在图形窗口显示拓扑优化设置，如图 13-27 所示。

（3）求解与结果显示

① 求解。

右击结构树【Topology Optimization】，在弹出菜单选择【Solve】进行拓扑优化求解。

② 拓扑密度结果显示。

单击【Solution（B6）】→【Topology Density】，拓扑密度分布如图 13-28 所示。

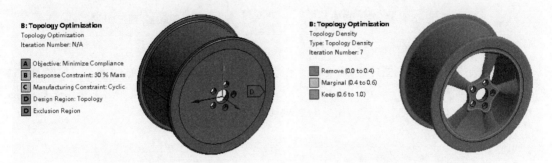

图 13-27　显示拓扑优化设置　　　　　　　图 13-28　拓扑密度分布云

13.5.4　汽车轮毂优化验证分析

（1）创建验证分析模块

① 右键单击拓扑分析模块【Results】→【Transfer to Design Validation System（Geometry）】，创建验证分析系统，如图 13-29 所示。

图 13-29　创建验证分析系统

② 右键单击 B 分析系统【Results】→【Update】，数据传递到 C 分析系统。

③ 右键单击 C 分析系统【Geometry】→【Refresh】，接收 B 分析系统数据。

（2）编辑拓扑优化模型

① 进入 SpaceClaim 模块。

在 C 分析系统上，右击【Geometry】→【Edit Geometry in SpaceClaim...】，进入 SpaceClaim 几何工作环境。

② 进入二维草绘模式。

点击菜单【Design】→【Mode】的图标 🖉，进入二维草绘模式，选择草绘平面为轮毂外端面，如图 13-30 所示。在浮动工具条 🔲🔲🔲🔲 中点击 🔲，使草绘平面正对屏幕，如图 13-31 所示。

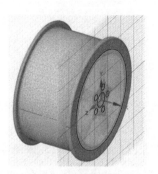

图 13-30 选择草绘平面

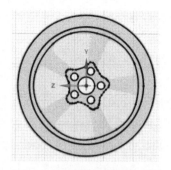

图 13-31 使草绘平面正对屏幕

③ 绘制要切除的几何形状。

点击选项卡【Create】图标，绘制一条通过轮毂中心和螺栓孔圆心的直线，如图 13-32 所示；点击选项卡【Edit】→【Select】，选择刚绘制的直线，按右键，在弹出菜单中选择【Set as Mirror Line】，如图 13-33 所示，使之为对称线。

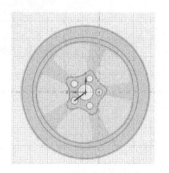

图 13-32 绘制对称线

图 13-33 设置镜像线

点击选项卡【Create】→【Line】，绘制一条直线边，屏幕会自动绘制其对称直线。点击选项卡【Create】的三点圆弧图标，绘制两条圆弧。点击选项卡【Modify】中的图标，对直线与两个圆弧的连接处倒合适的圆角，如图 13-34 所示，点击选项卡【Modify】中的图标，选择删除对称线。

点击菜单【Design】，选择选项卡【Create】中的图标，进行环形阵列。选择需要阵列的图形，选择中心小孔的轴线为环形阵列的中心，在阵列设置窗口中设置【Circular count】=5，【Angle】=360°，如图 13-35 所示。完成设置，点击图形窗口的按钮☑，生成图形如图 13-36 所示。

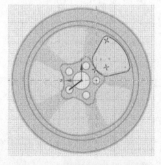

图 13-34 绘制去除材料轮廓

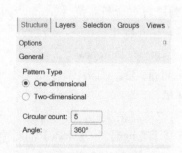

图 13-35 阵列设置

在结构树中，将拓扑优化模型（第 2 个 SYS-1）的勾选去除并抑制，如图 13-37 所示。

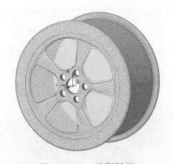

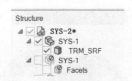

图 13-36　阵列结果　　　　　　　　图 13-37　抑制拓扑模型

点击选项卡【Edit】中的 Pull 图标，选择阵列图形，进行拉伸，在拉伸设置窗口中点击【Cut】，如图 13-38 所示，去除材料后轮毂模型如图 13-39 所示。

图 13-38　设置 Cut 方式进行拉伸　　　　图 13-39　去除材料后轮毂模型

（3）对拓扑验证模型进行有限元分析

① 进入 C 系统分析的 Mechanical 模块。

双击 C 系统分析的【Model】，弹出如图 13-40 所示的对话框，点击"是"，进入 C 系统分析的 Mechanical 模块，并调出 SpaceClaim 编辑好的拓扑优化验证模型，如图 13-41 所示。

图 13-40　更新数据对话框　　　　　　图 13-41　调出拓扑优化验证模型

② 赋予模型材料属性。

选择结构树【Model】→【Geometry】→【SYS-1\TRM_SRF】，在【Details of "SYS-1\TRM_SRF"】窗口中，设置【Material】→【Assignment】=Structural Steel。

③ 划分网格。

右键单击导航树中【Mesh】，弹出菜单，选择【Generate Mesh】，生成如图 13-42 所示的网格。

④ 施加边界条件。

右键单击导航树的【Static Structural】，选择弹出菜单的【Insert】→【Fixed Support】，选择 5 个螺栓孔为固定端。

右键单击导航树的【Static Structural】，选择弹出菜单的【Insert】→【Pressure】，在工具栏【Details of "Pressure"】中的【Scope】→【Geometry】选择轮毂外圆柱面，点击【Apply】，【Definition】→【Magnitude】输入数值"5MPa"，施加边界条件结果如图 13-43 所示。

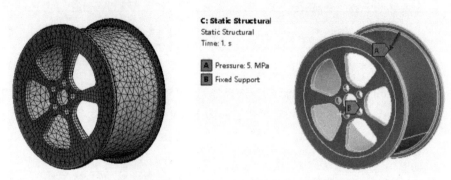

图 13-42　网格模型　　　　　　　　图 13-43　施加边界条件和负载

⑤ 求解计算。

添加需要计算的结果。右键单击导航树的【Static Structural】→【Solution】，选择弹出菜单的【Insert】→【Deformation】→【Total】，添加变形计算。同理，右键单击导航树的【Static Structural】→【Solution】，选择弹出菜单的【Insert】→【Stress】→【Equivalent（von-Mises）】，添加冯-米塞斯等效应力计算。

进行求解计算。右键单击【Solution】→【Solve】进行求解计算。

⑥ 查看结果。

单击【Solution】→【Total Deformation】，轮毂变形图如图 13-44 所示。

单击【Solution】→【Equivalent Stress】，轮毂应力图如图 13-45 所示。

图 13-44　拓扑优化后的轮毂变形图　　　　图 13-45　拓扑优化后的轮毂应力图

⑦ 优化效果分析。

表 13-1 列出了优化前后的性能参数及变化率，表中显示汽车轮毂经过拓扑优化，重量减少了 15%，最大应力增加了 0.09%，最大变形增加了 20.8%。

表 13-1　优化前后的参数及变化率

项目	重量/kg	最大应力/MPa	最大位移/mm
优化前	31.025	97.959	0.13204
优化后	26.369	98.046	0.15757
变化值	-4.656	+0.087	+0.02753
变化率	-15%	+0.09%	+20.8%

习题

13-1　简述拓扑优化流程。

13-2　如图 13-46 所示，一个尺寸为 200mm×100mm×20mm 的矩形板，两端固定，顶面受压力 p = 1MPa 作用，矩形板材料为结构钢，弹性模量 $E = 2×10^5$MPa，泊松比 μ = 0.3，要求分别按照以下目标对矩形板进行拓扑优化，使得其保留质量减少 70%，并对拓扑优化后的模型进行有限元分析。

① 保证矩形板刚度最大；

② 保证矩形板 1 阶固有频率最大；

③ 同时保证矩形板刚度和 1 阶固有频率最大。

13-3　如图 13-47 所示，一个尺寸为 200mm×100mm×20mm 的三孔矩形板，左边两孔固定，右边圆孔受向下的轴承力 P = 2000N 作用，矩形板材料为结构钢，要求分别按照以下目标对矩形板进行拓扑优化，使得其保留质量减少 70%，并对拓扑优化后的模型进行有限元分析。

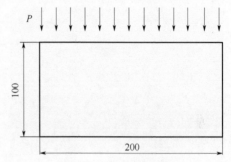

图 13-46　矩形板模型

① 保证矩形板刚度最大；

② 保证矩形板 1 阶模态频率最大；

③ 保证矩形板刚度和 1 阶模态频率最大。

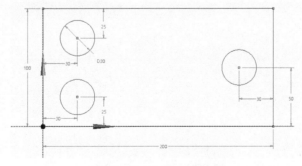

图 13-47　三孔矩形板模型

13-4　如图 13-48 所示三角托架（ch13\exe3-4\Bracket.scdoc），A 和 B 两个圆孔的内表面施加固定约束，另一个圆孔表面施加轴承力：F_X = 100N，F_Z = 150N，对其进行刚度最大的拓扑优化分析，使其质量减少 40%，并对拓扑优化后的模型进行应力和变形分析。

13-5　如图 13-49 所示圆盘（ch13\exe13-5\round dish.agdb），外圆均匀受到 6 个 20000N 的

力，内圆面固定，圆盘材料为结构钢，试求在满足使用条件下刚度最大、质量减少65%的拓扑优化模型，并进行验证。

图13-48　三角托架模型　　　　　图13-49　圆盘模型

第 14 章

ANSYS Workbench 尺寸优化

14.1　ANSYS Workbench 设计探索优化介绍

设计探索优化是将各种设计参数集成到分析过程中。基于实验设计技术（Design of Experiment, DOE）和变分技术（Variational Technology, VT），设计人员能快速地建立设计空间，并在此基础上对产品进行多目标驱动优化设计（Multi-Objective Optimization, MOO）、六西格玛设计（Design for Six Sigma, DFSS）、鲁棒设计（Robust Design, RD）等深入研究，从而改善各个不确定因素或参数来更好地提高产品的可靠性。设计探索优化以参数化的模型或组件为基础，参数可以是各种 CAD 模型参数、载荷参数、温度参数、结果变形参数、APDL 参数等。它还支持所有物理场优化，不仅包括结构、流体、电磁、热等单场优化，还包括多物理场耦合优化，通过设计点（可添加设点）的参数来研究输出或导出参数来拟合成响应面（线）的曲面（线）的方法对优化结果进行评估。

14.1.1　设计探索优化模块及流程

Workbench 优化主要包括两种方法：直接优化法和响应面优化法。设计探索优化提供以下模块：直接目标驱动优化【Direct Optimization】、相关参数【Parameters Correlation】、系统响应面【Response Surface】、响应面优化【Response Surface Optimization】和六西格玛分析【Six Sigma Analysis】，如图 14-1 所示。

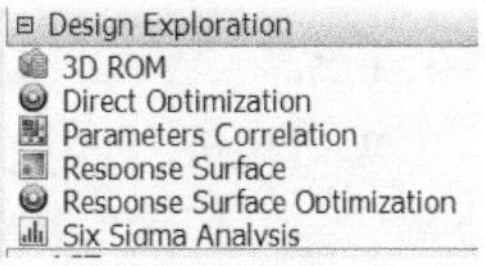

直接优化需大量采样并对每个样本点进行求解，求解速度较慢。而采用响应面优化，通过 DOE 技术，设计少量具有代表性的样本点计算，并拟合响应面函数，这样，进行响应面优化时，无须求解，因

图 14-1　设计探索优化模块

此优化速度是很快的，优化效率较高，故一般多采用这种优化方法，基于响应面优化分析流程图，如图 14-2 所示。其设计工作流程如下：

① 创建参数化模型；

② 进行静力学分析或模态分析；

③ 进行参数相关性分析；

④ DOE 实验设计；

⑤ 构建响应面；

⑥ 响应面优化。

如图 14-3 所示为一个完整的响应面优化项目概图，它反映了各模块之间的连接关系。

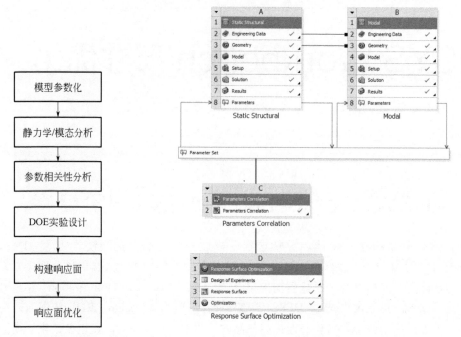

图 14-2　基于响应面优化流程　　　　　　图 14-3　多目标响应面优化项目概图

14.1.2　模型参数化

参数化建模是优化设计的基础，要进行尺寸优化必须使得模型优化尺寸及优化目标参数化。因此，优化设计模型的参数化包括两种参数：一种是输入参数，即设计变量参数，包括几何参数、材料参数、网格参数及载荷参数；另一种是输出参数，即响应目标参数，对于结构分析和模态分析，其结果可以是静态特性结果（应力、变形、质量），也可以是动态分析结果（固有频率等）。

14.1.2.1　Workbench 尺寸参数化建模

Workbench 尺寸参数化建模方法有两种：一种是在 Workbench 内部 DesignModeler 模块中建模；另一种是用其它 CAD 软件在 Workbench 外部建模，然后导入 Workbench。

方法 1　DesignModeler 建模参数化

例如，在 DesignModeler 中建立好一个矩形板三维模型，现在需要对其长度、宽度、厚度尺寸进行参数化。操作步骤如下：

① 尺寸参数化。

在 DesignModeler 模块中，点击结构树【Static Structural】→【Extrude1】→【Sketch1】，在【Details View】窗口中，出现两个尺寸 H2 和 V3，点击 H2 尺寸左边的方框，方框会出现字母"P"，同时会弹出对话框，如图 14-4 所示，对话框中默认参数名称为"XYPlane.H2"，可以把它改为意义明确的名称，这里改为"长度"，点击【OK】，完成矩形板长度尺寸的参数化。同理，点击 V3 尺寸，将参数名称改为"宽度"。点击结构树【Static Structural】→【Extrude1】，在【Details View】窗口中，将厚度尺寸"FD1，Depth"进行参数化，并改参数名称为"厚度"。

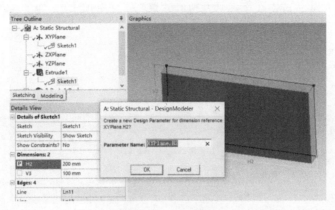

图 14-4　尺寸参数化

② 查看参数。

回到项目管理主界面，此时可以看到项目分析模块多了一行【A8：Parameters】并连接到【Parameter Set】，如图 14-5 所示，双击【Parameter Set】，进入到参数序列界面，如图 14-6 所示，共有 3 个输入参数：P1—长度，P2—宽度，P3—厚度。

图 14-5　生成参数序列

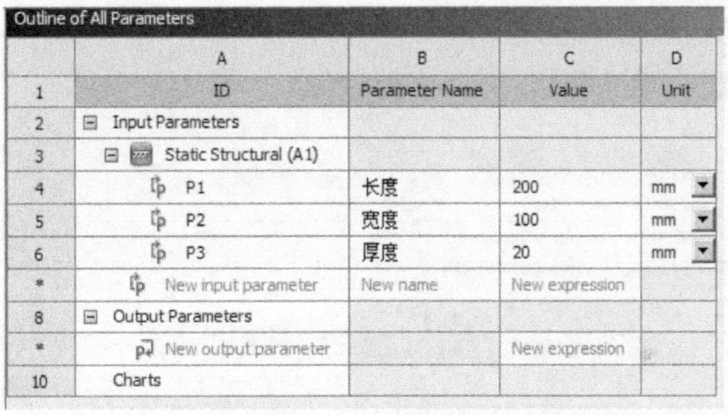

		ID	Parameter Name	Value	Unit
1		ID	Parameter Name	Value	Unit
2	⊟	Input Parameters			
3	⊟	Static Structural (A1)			
4		P1	长度	200	mm
5		P2	宽度	100	mm
6		P3	厚度	20	mm
*		New input parameter	New name	New expression	
8	⊟	Output Parameters			
*		New output parameter		New expression	
10		Charts			

图 14-6　参数列表

方法 2　外部 CAD 建模参数化

如果几何模型是采用外部 CAD 建模然后导入 Workbench，关键是如何让 Workbench 识别模型尺寸并进行参数化。同样以矩形板模型为例，下面通过 Creo 软件建模导入 Workbench 进行参数化，其步骤如下：

① 在 Creo 中对矩形板模型尺寸名称加标识。

在 Creo 软件中，如图 14-7 所示，双击模型尺寸"d2"，出现尺寸定义窗口，尺寸名称为"d2"，在名称前加前缀"DS_"，修改尺寸名称为："DS_d2"，如图 14-8 所示；同理，修改尺寸"d1"的尺寸名称为"DS_d1"，修改尺寸"d0"的尺寸名称为"DS_d0"，保存文件为"矩形板.prt"。

② 导入 Workbench。

在 DesignModeler 中，如图 14-9 所示，选择菜单【File】→【Import External Geometry Files…】，选择上面的矩形板 Creo 参数化模型"矩形板.prt"导入。在 DesignModeler 结构树右击【Import1】，点击弹出菜单的【Generate】，如图 14-10 所示，生成导入的矩形板模型。点击结构树的【Import1】，

在【Details View】窗口可以看到矩形板的 3 个尺寸，如图 14-11 所示，表明 DesignModeler 已经识别导入模型的尺寸。点击 3 个尺寸左边的方框，使之出现字母"P"，表明所选尺寸已参数化，如图 14-12 所示。

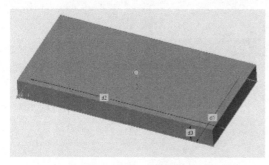

图 14-7 Creo 矩形板模型

图 14-8 修改尺寸名称

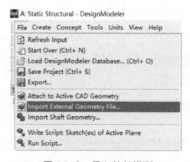

图 14-9 导入外部模型

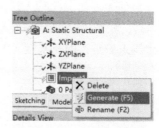

图 14-10 生成导入的模型

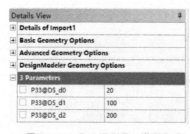

图 14-11 DM 识别导入模型尺寸

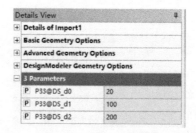

图 14-12 参数化模型尺寸

注意：

① 导入 Workbench 的 CAD 模型文件必须是 CAD 专用文件格式，如：Creo 零件模型是 prt 文件，不能是中性文件格式，否则不能提取其尺寸进行参数化，因此 Workbench 与相应的 CAD 软件必须版本兼容并建立连接。

② CAD 模型尺寸名称必须有"DS_"前缀，否则无法识别尺寸。

14.1.2.2 Workbench 响应结果参数化

对于机械结构优化设计，前期一般要进行静态和模态分析，其输出响应结果参数主要有质量、变形、应力和固有频率等，在优化设计时，为了考察尺寸参数对这些性能的影响，从而得到最优的尺寸，必须使响应结果参数化。

前期如果已经完成静力学分析，可以使质量、变形、应力等响应目标参数化。方法是在 Mechanical 界面中，单击结构树【Model】→【Geometry】，在【Details of "Geometry"】窗口中点击【Properties】→【Mass】左边的方框，使之出现"P"，如图 14-13 所示，完成质量参数化。单击结构树【Model】→【Static Structural】→【Solution】→【Total Deformation】，在【Details of "Total Deformation"】窗口中点击【Results】→【Maximum】左边的方框，使之出现"P"，如图 14-14 所示，完成最大变形参数化。单击结构树【Model】→【Static Structural】→【Solution】→【Equivalent Stress】，在【Details of "Equivalent Stress"】窗口中点击【Results】→【Maximum】左边的方框，使之出现"P"，如图 14-15 所示，完成最大应力参数化。

前期如果已经完成模态分析，可以使固有频率等响应目标参数化。一般使一阶模态频率参数化。方法是在 Mechanical 界面中，单击结构树【Model】→【Modal】→【Solution】→【Total Deformation】，在【Details of "Total Deformation"】窗口中点击【Information】→【Frequency】左边的方框，使之出现"P"，如图 14-16 所示，完成一阶固有频率参数化。

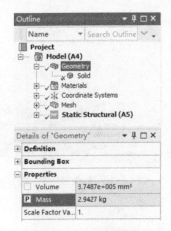

图 14-13　质量参数化

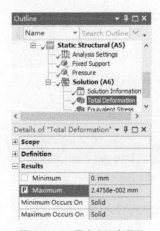

图 14-14　最大变形参数化

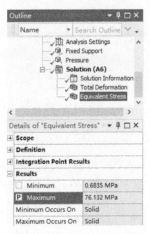

图 14-15　最大应力参数化

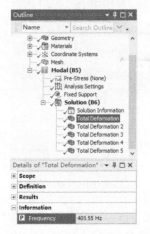

图 14-16　一阶固有频率参数化

14.1.3　相关性分析

相关参数（Parameters Correlation）系统用于确定输入参数的敏感性，是通过分析输入参数对每个输出参数的相关性和相对权重来确定其敏感性的响应面（Response Surface）系统。该系统主要用于直观地观察输入参数的影响，通过图（或图表）形式显示输入参数与输出参数的关系。

（1）相关参数类型

相关参数类型包括积差相关系数【Pearson】和秩相关系数【Spearman】，如图 14-17 所示。积差相关系数只适用于两变量呈线性相关时，其数值介于−1～1 之间，当两变量相关性达到最大，散点呈一条直线时取值为−1 或 1，正负号表明了相关的方向，如果两变量完全无关，则取值为零。秩相关系数是利用两变量的秩次大小做线性相关分析，对原始变量的分布不做要求，属于非参数统计方法，因此它的适用范围比 Pearson 相关系数要广得多。

（2）相关参数图表

① 线性相关矩阵图（Correlation Matrix）。

线性相关矩阵图【Correlation Matrix】用以提供参数对之间的线性相关信息，可以通过颜色在矩阵中的相关度指示，如图 14-18 所示，颜色越深，相关度越高，红色正相关，蓝色负相关。

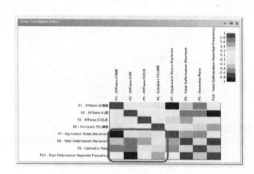

图 14-17　相关性类型　　　　图 14-18　线性相关矩阵图

② 灵敏度图（Sensitivities）。

灵敏度图（Sensitivities）可以以直方图或饼状图形式直观显示输入参数对响应参数的相对影响程度，如图 14-19 和图 14-20 所示。

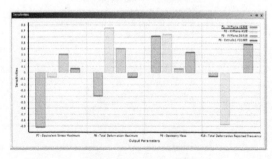

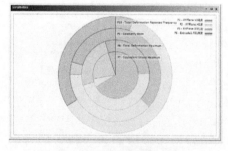

图 14-19　灵敏度直方图　　　　图 14-20　灵敏度饼状图

③ 测定直方图（Determination Histogram）。

测定直方图【Determination Histogram】表示输入参数与某个特定的输出参数的相关程度，如图 14-21 所示为输入参数与最大变形的相关程度，图 14-22 所示为输入参数与最大应力的相关程度。

④ 二次插值样条测定矩阵图（Determination Matrix）。

二次插值样条测定矩阵图【Determination Matrix】提供的参数对之间的非线性相关信息，可以通过颜色在矩阵中的相关度指示。将光标放在一个特定的点会显示两个相关的参数与方格的相关值，如图 14-23 所示。

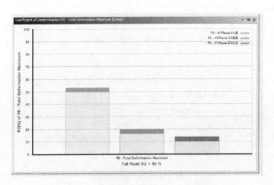

图 14-21　测定直方图（最大变形）

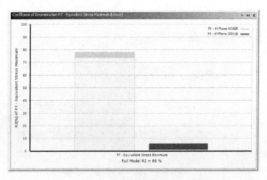

图 14-22　测定直方图（最大应力）

⑤　相关散点图（Correlation Scatter）。

相关散点图【Correlation Scatter】以两条趋势线显示样本散点图参数对，表示参数对线性和二次趋势之间的相关程度，如图 14-24 所示。

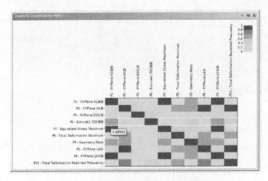

图 14-23　二次插值样条测定矩阵图

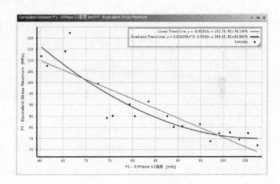

图 14-24　相关散点图

14.1.4　DOE 实验设计

实验设计（DOE，Design of Experiments）是响应面技术中的一个关键技术，它根据输入参数的数目采集设计参数样本，计算每个样本的响应结果，利用二次插值函数构造设计空间的响应面或响应曲线。样本点选取的位置好，则能够降低 DOE 计算成本，并提高响应面的精度。常用取点方法的共同点是都尽量用最有效的和最少量的样本点对设计空间进行填充，且试验样本点的位置满足一定的对称性和均匀性要求。

（1）实验设计类型与设计类型

实验设计类型包括中心组合设计【Central Composite Design】、优化空间填充设计【Optimal Space-Filling Design】、Box-Behnken 设计、用户自定义设计【Custom】、自定义取样设计【Custom+Sampling】和初始化稀疏网格【Sparse Grid Initialization】，如图 14-25 所示。

设计类型包括自动定义【Auto Defined】、以面为中心【Face-Centered】、可循环的【Rotatable】、VIF 优化【VIF-Optimality】和目标优化【G-Optimality】，如图 14-26 所示。

（2）实验设计结果图表

①　DOE 实验设计样本点计算结果。

如图 14-27 所示，为 DOE 实验设计样本点计算结果，它针对每个样本点进行有限元分析，计算需要一定的时间，计算结果反映了输入和输出参数的关系。

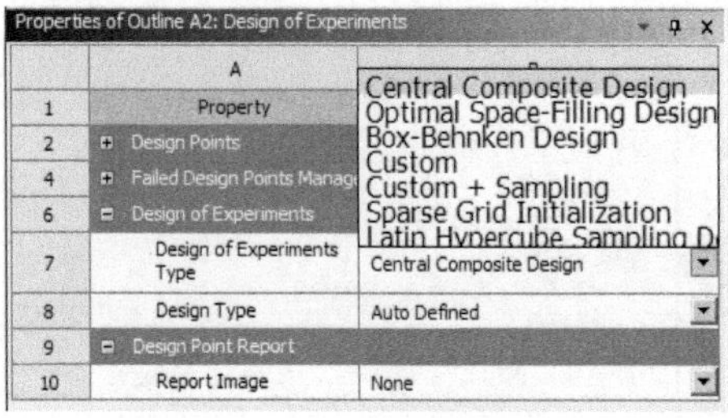

图 14-25　实验设计类型

图 14-26　设计类型

Table of Schematic D2: Design of Experiments (Central Composite Design : Auto Defined)

	A	B	C	D	E	F	G	H	I	J
1	Name	P1 - XYPlane .V2高度 (mm)	P2 - XYPlane.H1长度 (mm)	P6 - Extrude1.FD1厚度 (mm)	P7 - Equivalent Stress Maximum (MPa)	P8 - Total Deformation Maximum (mm)	P9 - Geometry Mass (kg)	P5 - XYPlane .L4半长 (mm)	P4 - XYPlane .L5半高 (mm)	P10 - Total Deformation Reported Frequency (Hz)
2	1	85	170	17	84.344	0.02314	1.7607	85	42.5	468.46
3	2	60	170	17	126.29	0.028271	1.1935	85	30	447.59
4	3	110	170	17	72.178	0.021776	2.3278	85	55	476.48
5	4	85	120	17	85.979	0.019641	1.1935	60	42.5	916.38
6	5	85	220	17	83.777	0.027753	2.3278	110	42.5	282.45
7	6	85	170	12	84.45	0.02315	1.2428	85	42.5	333.08
8	7	85	170	22	84.048	0.023129	2.2785	85	42.5	600.92
9	8	64.674	129.35	12.935	112.16	0.023174	0.72182	64.674	32.337	587.48
10	9	105.33	129.35	12.935	76.951	0.019009	1.2557	64.674	52.663	620.59
11	10	64.674	210.65	12.935	111.5	0.030576	1.2557	105.33	32.337	229.32
12	11	105.33	210.65	12.935	74.465	0.025489	2.1252	105.33	52.663	237.99
13	12	64.674	129.35	21.065	110.91	0.023154	1.1755	64.674	32.337	934.85
14	13	105.33	129.35	21.065	76.867	0.019014	2.045	64.674	52.663	992.26
15	14	64.674	210.65	21.065	110.25	0.030535	2.045	105.33	32.337	369.44
16	15	105.33	210.65	21.065	74.4	0.025471	3.4611	105.33	52.663	384.36

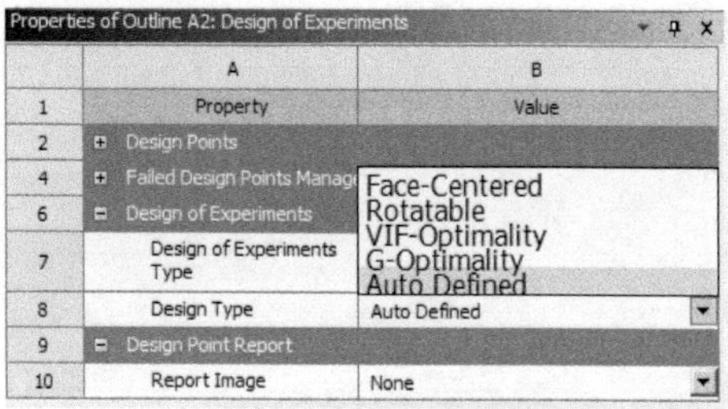

图 14-27　DOE 实验设计样本点计算结果

② 参数并行图。

参数并行图的 Y 轴代表所有输入和输出参数的图形显示。单击项目流程图中的【Design of Experiments】→【Charts】→【Parameters Parallel】，可以显示参数并行图，每条彩线代表一个实验设计点，如图 14-28 所示。

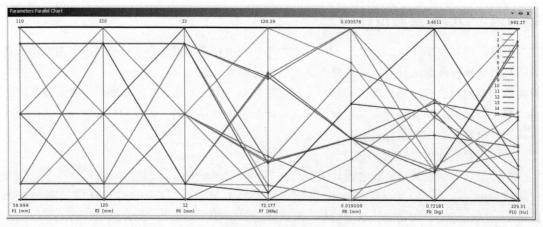

图 14-28　参数并行图

③ 设计点参数图。

单击项目流程图中的【Design of Experiments】→【Charts】→【Design Points VS Parameters】，可以显示设计点参数图，如图 14-29 所示，表示每个实验设计点的参数值。

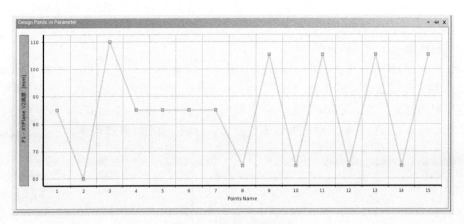

图 14-29　设计点参数图

14.1.5　响应面拟合

有了 DOE 实验设计点的数据，就可以利用它们来近似拟合输入输出参数的函数关系，来取代未知的真实函数关系。

（1）响应面类型

响应面拟合方法包括遗传聚合【Genetic Aggregation】、标准响应面全二次多项式【Standard Response Surface-Full 2nd-Order Polynomial】、克里金法【Kriging】、非参数回归【Non-Parametric Regression】、神经网络【Neural Network】和稀疏网格【Sparse Grid】，如图 14-30 所示。

（2）响应面拟合结果图表

① 拟合优度图（Goodness of Fit）。

在响应面大纲窗口中单击【Quality】→【Goodness of Fit】，可以得到拟合优度图，它可以评估响应面的精确度，反映的是预测值与观测值的吻合程度，如图 14-31 所示。

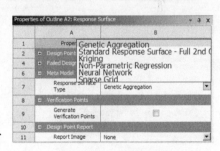

图 14-30　响应面类型

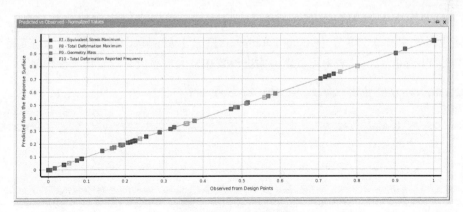

图 14-31　拟合优度图

② 蛛网图（Spider Chart）。

在大纲窗口中单击【Response Point】→【Spider】，可以得到蛛网图，如图 14-32 所示，它反映输入参数对输出参数的影响。

③ 响应曲线、曲面（Response）。

在响应面大纲窗口中单击【Response Point】→【Response】，在【Properties of Outline: Response】窗口中设置【Mode】为"2D"，可以得到输入输出参数响应曲线，如图 14-33 所示。如果设置【Mode】为"3D"，可以得到输入输出参数响应曲面，如图 14-34 所示。如果设置【Mode】为"2D Slices"，可以得到输入输出参数响应曲面切片图，如图 14-35 所示。

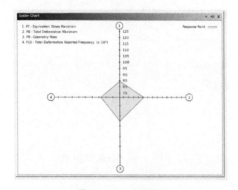

图 14-32　蛛网图

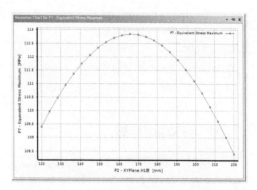

图 14-33　输入输出参数响应曲线

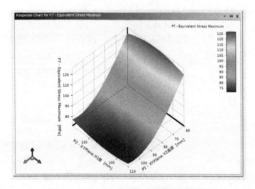

图 14-34　输入输出参数响应曲面

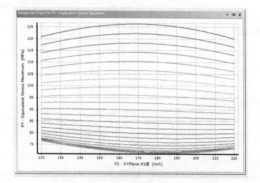

图 14-35　输出参数响应曲面切片图

④ 最大最小值查询（Min-Max Search）。

在响应面大纲窗口中单击【Output Parameters】→【Min-Max Search】，可以得到最大最小值表，如图 14-36 所示，从表中可以查询输出参数在最大最小值时的设计点参数。

	A	B	C	D	E	F	G	H	I	J
1	Name	P1 - XYPlane .V2高度 (mm)	P2 - XYPlane .H1长度 (mm)	P6 - Extrude1 .FD1厚度 (mm)	P7 - Equivalent Stress Maximum (MPa)	P8 - Total Deformation Maximum (mm)	P9 - Geometry Mass (kg)	P10 - Total Deformation Reported Frequency (Hz)	P4 - XYPlane .L5半高 (mm)	P5 - XYPlane .L4半长 (m)
2	⊟ Output Parameter Minimums									
3	P7 - Equivalent Stress Maximum	105.64	182.51	16.945	**71.385**	0.02296	2.4506	409.74	0.052921	0.091253
4	P8 - Total Deformation Maximum	110	120	14.684	78.008	**0.018171**	1.381	827.49	0.055	0.06
5	P9 - Geometry Mass	60	120	12	116.53	0.023579	**0.57865**	615.12	0.03	0.06
6	P10 - Total Deformation Reported Frequency	60	220	12	118.05	0.031803	1.132	**199.82**	0.03	0.11
7	P4 - XYPlane.L5半高	60	120.5	12.05	116.7	0.023613	0.58293	613.71	**0.03**	0.06025
8	P5 - XYPlane.L4半长	60.25	120	12.05	116.26	0.023519	0.59293	615.98	0.030125	**0.06**
9	⊟ Output Parameter Maximums									
10	P7 - Equivalent Stress Maximum	60	168.77	16.668	**126.32**	0.028132	1.1613	494.74	0.03	0.084386
11	P8 - Total Deformation Maximum	60	217.7	14.643	119.92	**0.031815**	1.3603	238.94	0.03	0.10885
12	P9 - Geometry Mass	110	220	22	77.023	0.02815	**3.9306**	374.67	0.055	0.11
13	P10 - Total Deformation Reported Frequency	110	220	22	79.532	0.018171	2.0756	**1151.1**	0.055	0.06
14	P4 - XYPlane.L5半高	110	197.84	12.832	74.454	0.024091	2.0654	263.34	**0.055**	0.098922
15	P5 - XYPlane.L4半长	91.75	220	12.667	79.325	0.027172	1.804	218.46	0.045875	**0.11**

图 14-36　最大最小值查询

⑤ 灵敏度图（Sensitivities）。

与相关性分析模块相同，灵敏度图（Sensitivities）可以以直方图或饼状图形式直观显示输入参数对响应参数的相对影响程度。

14.1.6　目标驱动优化

目标驱动优化【Goal Driven Optimization】系统简称 GDO。该系统通过对多个目标参数（输入或输出）进行约束，从给出的一组样本（设计点）中得出"最佳"的设计点。

目标驱动优化是设计探索优化的核心模块，优化算法包括筛选算法【Screening】、多目标遗传算法【MOGA】、二次拉格朗日非线性规划算法【NLPQL】、混合整数序列二次规划算法【MISQP】、自适应单目标法【Adaptive Single-Objective】、自适应多目标法【Adaptive Multiple-Objective】。

（1）目标驱动优化操作

① 目标约束。

目标驱动优化必须对相应的参数目标进行约束，每个参数目标只有一种约束类型，约束类型有多种可选。若没有约束得到满足，则优化问题无法进行。目标与约束的设置在【Outline of Schematic B4:Optimization】里，单击【Objectives and Constraints】→【Table of Schematic B4:Optimization】优化列表窗口，如图 14-37 所示。

图 14-37　目标约束设置

② 目标优化的输出。

通过确定输出参数目标的标准优化计算结束后，系统会自动从所有的结果中选出三组优化的候选设计，"星号"的数量指示了目标达到的程度，其中"星号"越多说明该参数越优，如图 14-38 所示。

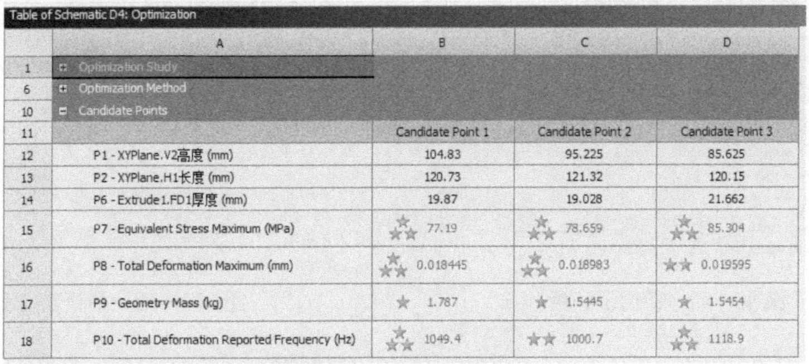

	A	B	C	D
1	□ Optimization Study			
6	□ Optimization Method			
10	□ Candidate Points			
11		Candidate Point 1	Candidate Point 2	Candidate Point 3
12	P1 - XYPlane.V2高度 (mm)	104.83	95.225	85.625
13	P2 - XYPlane.H1长度 (mm)	120.73	121.32	120.15
14	P6 - Extrude1.FD1厚度 (mm)	19.87	19.028	21.662
15	P7 - Equivalent Stress Maximum (MPa)	★★★ 77.19	★★★ 78.659	★★★ 85.304
16	P8 - Total Deformation Maximum (mm)	★★ 0.018445	★★ 0.018983	★★ 0.019595
17	P9 - Geometry Mass (kg)	★ 1.787	★ 1.5445	★ 1.5454
18	P10 - Total Deformation Reported Frequency (Hz)	★★ 1049.4	★★ 1000.7	★★ 1118.9

图 14-38　3 组优化候选点

③ 插入设计点。

得到最优设计点后，可以通过插入设计点的方法来验证所得结果的合理性。插入的方法：

在选中的候选点单击右键，从弹出的快捷菜单中选择【Insert as Design Point】，如图 14-39 所示。

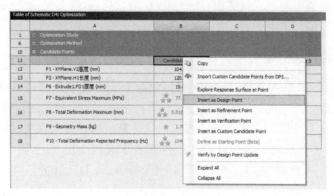

图 14-39　插入设计点

④ 更新计算设计点。

在插入设计点后，单击工具栏中的【B4:Optimization】关闭按钮，返回到 Workbench 主界面，双击参数设置中 Parameter Set 进入参数设置面，在 Workbench 工具栏里单击【Update All Design Points】更新计算所有设计点，如图 14-40 所示，系统会计算插入的设计点 DP1。

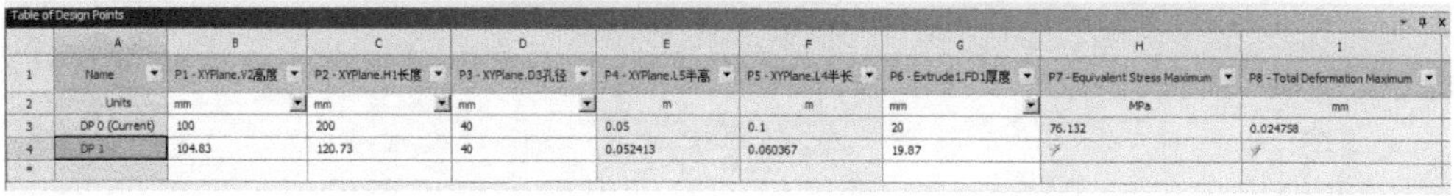

图 14-40　更新设计点

⑤ 应用设计点。

更新计算设计点后，可以看出更新计算的设计点不是当前设计点，即其尺寸参数没有应用到模型，把更新计算后的设计点应用到具体的模型中的方法为：在更新后的点即 DP1 组后单击右键，从弹出的快捷菜单中选择【Copy inputs to Current】，如图 14-41 所示；然后单击右键，从弹出的快捷菜单中选择【Update Selected Design Points】，如图 14-42 所示。

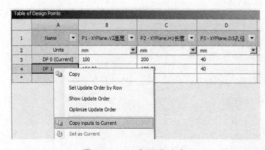

图 14-41　应用设计点

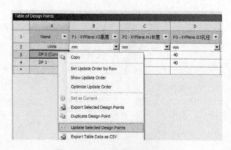

图 14-42　更新当前设计点

（2）目标驱动优化图表

① 候选点参数图（Candidate Points）。

候选点参数图【Candidate Points】显示的是三组优化的候选设计点参数图，如图 14-43 所示。

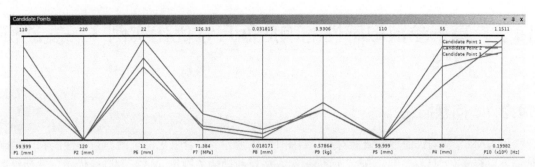

图14-43　候选点参数图

② 权衡图（Tradeoff）。

权衡图【Tradeoff】代表目标驱动优化中使用的样本组，一个方点代表一个样本点，图中的颜色显示与既定设计目标匹配程度，蓝色代表好，红色代表差，如图 14-44 所示。

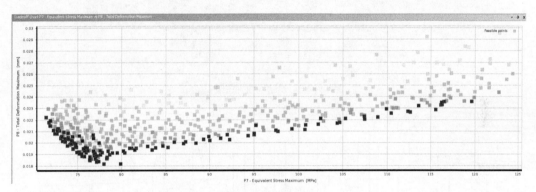

图14-44　权衡图

③ 样品图（Samples）。

样品图【Samples】是用来探索给定目标的样品组进行优化结果后处理的工具。样品图有两种显示模式：一种用【Candidate】候选点方式显示所有样品组，一种用【Pareto Fronts】帕累托前沿方式显示样本组。如图 14-45 所示，选用帕累托前沿模式，每条彩线代表一个样本点，图中为 1000 个样本点，蓝色代表好的结果，红色代表差的结果。

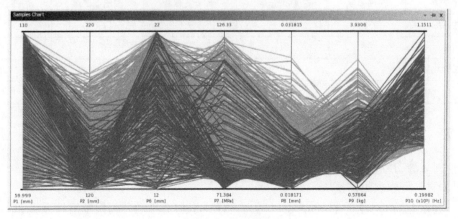

图14-45　样品图

14.2　基于参数敏感性的响应面尺寸优化实例——发动机曲轴

14.2.1　问题描述

以 EA888 发动机曲轴为研究对象，如图 14-46 所示，综合考虑曲轴的静力学性能和动力学性能，以轻量化为目标，利用响应面优化的方法对曲轴的关键尺寸进行多目标优化，发动机曲轴优化设计变量及说明如图 14-47 和表 14-1 所示。

图 14-46　发动机曲轴三维模型

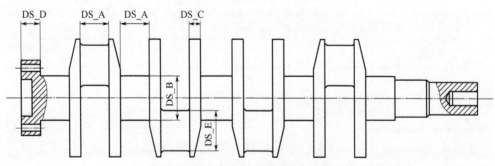

图 14-47　发动机曲轴优化设计变量

表 14-1　发动机曲轴优化设计变量说明

设计变量	轴颈厚度	主轴颈直径	平衡块厚度	输出端厚度	连杆颈直径
参数名称	DS_A	DS_B	DS_C	DS_D	DS_E
初始值/mm	38	60	20	25	55
下限/mm	34	54	16	21	51
上限/mm	42	60	24	29	59

14.2.2　发动机曲轴静力分析

（1）创建静力分析项目并导入曲轴参数化模型

① 创建几何模型组件模块。

在工具箱【Toolbox】的【Component Systems】中双击或拖动几何模型组件模块【Geometry】到项目分析流程图，并修改组件模块名称为"曲轴模型"，如图 14-48 所示。

② 进入 DesignModeler 建模模块。

右键单击【Geometry】，弹出菜单，选择【New DesignModeler Geometry...】，启动 DesignModeler 建模模块。

③ 导入曲轴模型并参数化。

曲轴模型

图 14-48　创建几何模型组件

如图 14-49 所示，在【DesignModeler】中点击下拉菜单【File】→【Import External Geometry File...】，弹出对话框，如图 14-50 所示，选择光盘的曲轴模型外部文件 "ch14\example\fenximoxing.prt"，则在结构树【Tree Outline】中出现【Import1】，右击该对象，在弹出菜单中点击【Generate】，生成曲轴三维模型，如图 14-51 所示。点选【Import1】，在【Details View】窗口中的【5 Parameters】中依次点选 5 个参数尺寸前面的方框，使方框中出现字母 "P"，表示该尺寸已参数化，回到项目主界面，如图 14-52 所示，出现参数序列【Parameter Set】，双击【Parameter Set】，显示参数尺寸，如图 14-53 所示。

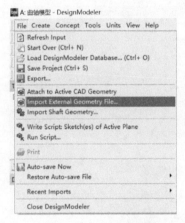

图 14-49　导入外部模型

图 14-50　选择曲轴模型

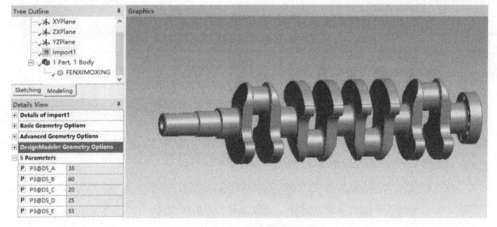

图 14-51　导入曲轴模型并参数化

④ 创建静力分析系统。

在工具箱【Toolbox】的【Analysis Systems】中双击或拖动结构静力分析系统【Static Structural】到项目分析流程图，并修改项目名称为 "压缩工况静力分析"，选择拖动【A2：Geometry】至【B3：Geometry】，使两个模块共享导入的曲轴模型，如图 14-54 所示。

图 14-52　曲轴参数化

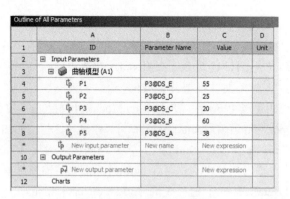

图 14-53　曲轴的输入参数

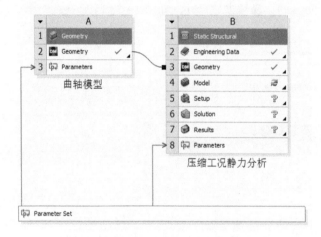

图 14-54　创建静力分析系统

（2）建立材料

双击【B2：Engineering Data】进入材料定义模块，如图 14-55 所示，建立材料 QT600-3 并定义其材料属性。

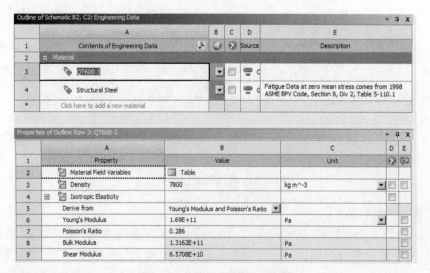

图 14-55　建立 QT600-3 材料

（3）进入【Mechanical】分配材料并提取质量为参数

双击【B4：Model】进入【Mechanical】，选择结构树【Outline】→【Geometry】→【FENXIMOXING】，在【Details of "FENXIMOXING"】中设置【Assignment】为材料"QT600-3"，如图 14-56 所示。

选择结构树中的【Geometry】，在【Details of "Geometry"】中点选【Properties】下的【Mass】左边的方框，使之参数化，如图 14-57 所示。

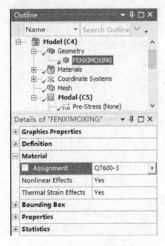

图 14-56　分配材料

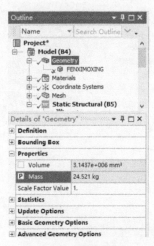

图 14-57　质量参数化

（4）网格划分

在【Mechanical】模块中，选择结构树中的【Mesh】，在【Details of "Mesh"】中选择【Defaults】→【Element Size】输入单元尺寸"5mm"，然后右键单击导航树中【Mesh】，弹出菜单，选择【Generate Mesh】，生成网格，如图 14-58 所示，点击【Details of "Mesh"】的【Statistics】，可以查看模型大小，如图 14-59 所示。

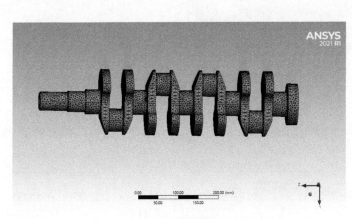

图 14-58　网格模型

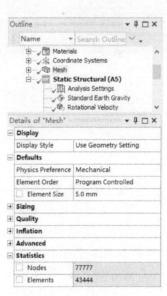

图 14-59　网格数量

(5) 边界条件的施加

① 施加重力。

右键单击导航树的【Static Structural】，选择弹出菜单的【Insert】→【Standard Earth Gravity】，选择曲轴三维模型，在【Details of "Standard Earth Gravity"】设置【Y Component】为"9806.6mm/s²"，如图 14-60 所示。

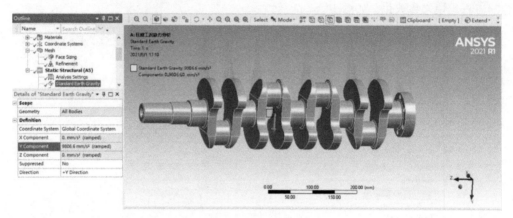

图 14-60　施加重力

② 施加角速度。

右键单击导航树的【Static Structural】，选择弹出菜单的【Insert】→【Rotational Velocity】，选择曲轴三维模型，在【Details of "Rotational Velocity"】设置【Z Component】为"636.8rad/s"，如图 14-61 所示。

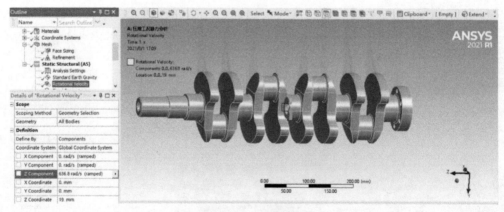

图 14-61　施加角速度

③ 施加固定约束。

右键单击导航树的【Static Structural】，选择弹出菜单的【Insert】→【Fixed Support】，选择法兰端面，如图 14-62 所示。

④ 施加圆柱约束。

右键单击导航树的【Static Structural】，选择弹出菜单的【Insert】→【Cylindrical Support】，选择所有主轴颈，在【Details of "Cylindrical Support"】设置【Radial】为"Fixed"，如图 14-63 所示。

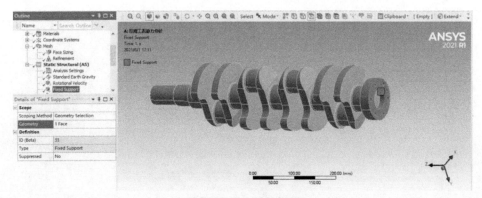

图 14-62　施加固定约束

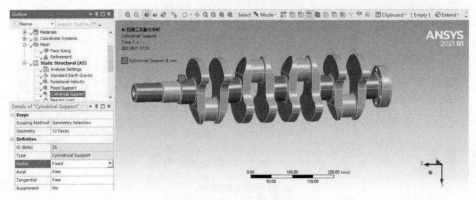

图 14-63　施加圆柱约束

⑤ 施加轴承力。

右键单击导航树的【Static Structural】，选择弹出菜单的【Insert】→【Bearing Load】，如图 14-64 所示，选择连杆颈施加力的半圆柱面，设置【Y Component】属性为 "45145N"。同理，在其它连杆颈施加相应大小的轴承力，如图 14-65～图 14-67 所示。

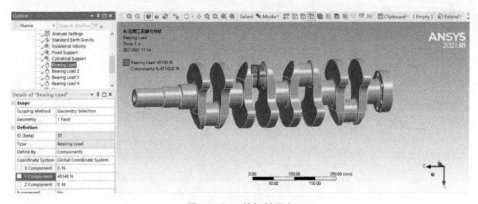

图 14-64　施加轴承力

⑥ 施加扭矩。

右键单击导航树的【Static Structural】，选择弹出菜单的【Insert】→【Moment】，选择曲轴法兰端圆柱面，并按图 14-68 设置好【Magtitude】属性。

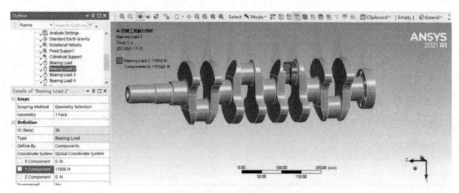

图 14-65 施加轴承力

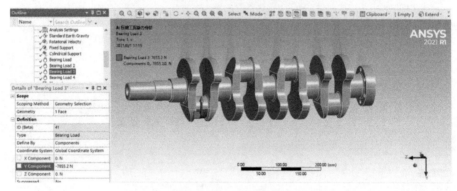

图 14-66 施加轴承力

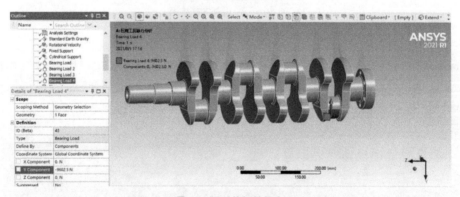

图 14-67 施加轴承力

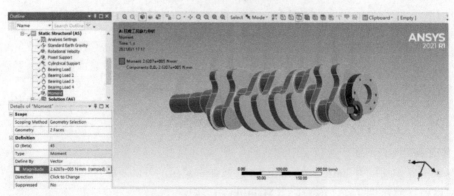

图 14-68 施加扭矩

⑦ 施加边界条件。

曲轴施加后的边界条件，包括位移约束和载荷，如图 14-69 所示。

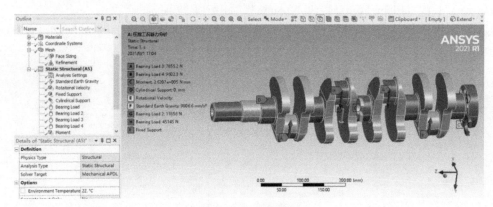

图 14-69　施加结果

(6) 求解计算结果

① 添加需要计算的结果。

右键单击导航树的【Static Structural】→【Solution】，选择弹出菜单的【Insert】→【Stress】→【Equivalent（von-Mises）】，添加冯-米塞斯等效应力计算。

② 进行求解计算。

右键单击【Solution】→【Solve】进行求解计算。如图 14-70 所示为曲轴等效应力，最大值在第二主轴颈与右端平衡块连接处。此处由于尺寸较小，其放大图如图 14-71 所示，发现反映应力最大处的红色区域小于一层网格，说明网格精度不够，需要进一步细分网格。

图 14-70　曲轴等效应力

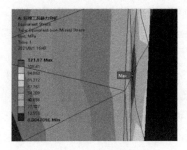

图 14-71　最大应力

(7) 局部细分网格重新求解

① 右击【Mesh】→【Insert】→【Sizing】，选择应力最大处的圆角面，并设置【Details of "Face Sizing"】的【Element Size】为"0.5mm"，如图 14-72 所示。

② 右击【Mesh】→【Insert】→【Refinement】，仍然选择应力最大处的圆角面，并设置【Details of "Refinement"】的【Refinement】为"1"，如图 14-73 所示。

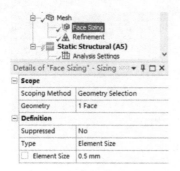

图 14-72　局部面网格大小设置

图 14-73　局部细分网格设置

③ 右键单击导航树中【Mesh】，弹出菜单，选择【Generate Mesh】，生成网格，如图 14-74 所示，点击【Details of "Mesh"】的【Statistics】，可以查看模型大小，如图 14-75 所示。

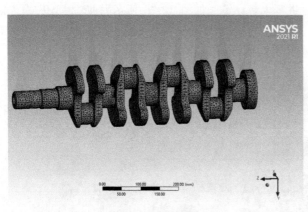

图 14-74　网格模型

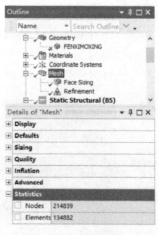

图 14-75　网格数量

④ 添加需要计算的结果。

右键单击导航树的【Static Structural】→【Solution】，选择弹出菜单的【Insert】→【Stress】→【Equivalent（von-Mises）】，添加冯-米塞斯等效应力计算。

右键单击导航树的【Static Structural】→【Solution】，选择弹出菜单的【Insert】→【Deformation】→【Total Deformation】，添加变形计算。

右键单击【Solution】→【Solve】进行求解计算。如图 14-76 所示为曲轴等效应力，最大值仍然在第二主轴颈与右端平衡块连接处。放大该处，如图 14-77 所示，此时，反映应力最大处的红色区域大于两层网格，说明网格精度足够，无需进一步细分网格。点选【Details of "Equivalent Stress"】的【Maximum】左边的方框，使之出现"P"字母，如图 14-78 所示，可使计算的最大应力参数化，供后续优化使用。

同理，如图 14-79 所示为曲轴变形云图，点选【Details of "Total Deformation"】的【Maximum】左边的方框，使之出现"P"字母，如图 14-80 所示，可使计算的最大变形参数化。

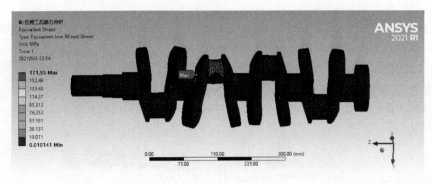

图 14-76　曲轴等效应力

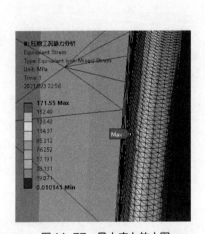

图 14-77　最大应力放大图

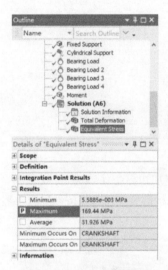

图 14-78　最大应力参数化

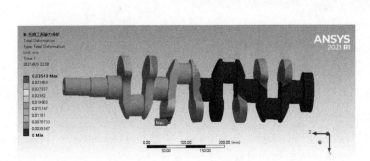

图 14-79　曲轴变形云图

图 14-80　最大变形参数化

14.2.3　发动机曲轴模态分析

（1）创建模态分析项目

在工具箱【Toolbox】的【Analysis Systems】中双击或拖动结构静力分析项目【Modal】到项目分析流程图，并修改项目名称为"模态分析"。

（2）共享数据

从"压缩工况静力分析"分析系统拖动【Engineering Data】和【Geometry】到"模态分析"分析系统，传递材料、几何模型等数据，实现两个分析系统共享数据，如图 14-81 所示。

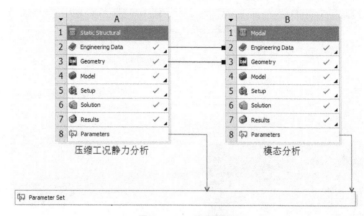

图 14-81　共享数据

（3）施加边界条件

模态分析需要施加边界条件只有位移约束，与【压缩工况静力分析】分析系统相同，如图 14-82 所示。

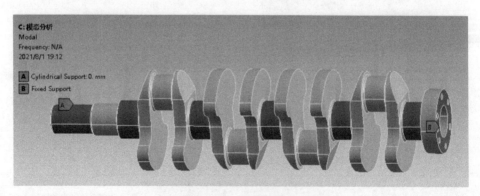

图 14-82　施加位移约束

（4）分配材料属性、划分网格

选择结构树【Outline】→【Geometry】→【FENXIMOXING】，在【Details of "FENXIMOXING"】中设置【Assignment】为材料"QT600-3"。

选择结构树【Outline】→【Mesh】，在【Details of "Mesh"】中选择【Defaults】→【Element Size】输入单元尺寸"5"，然后右键单击导航树中【Mesh】，弹出菜单，选择【Generate Mesh】，生成网格，点击【Details of "Mesh"】的【Statistics】，可以查看模型大小。

（5）分析设置并求解固有频率

① 分析设置并求解。

单击导航树【Outline】→【Modal（C5）】→【Analysis Settings】，如图 14-83 所示，在【Details of "Analysis Settings"】中，设置【Max Modes to Find】为"6"，即提取最大模态数为 6 阶。右击【Solution（C6）】，选择弹出菜单的菜单项【Solve】，进行求解。

② 查看固有频率。

左键单击导航树【Outline】→【Solution（C6）】，在【Graph】和【Tabular Data】窗口中分别显示曲轴前六阶模态固有频率柱状图和表格，如图 14-84 所示。

③ 查看各阶振型。

在【Graph】或【Tabular Data】窗口中单击鼠标右键，弹出菜单，点击【Select All】，再次单击鼠标右键，弹出菜单，点击【Create Mode Shape Results】，则在结构树【Solution（C6）】中出现六阶模态振型。右击【Solution（C6）】，在弹出菜单中点击【Evaluate All Results】，计算各阶振型。如图 14-85 所示为曲轴前六阶振型图。

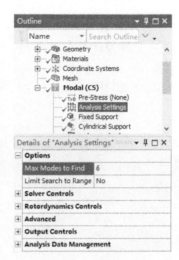

图 14-83　提取六阶模态

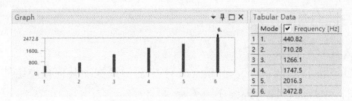

图 14-84　六阶模态固有频率

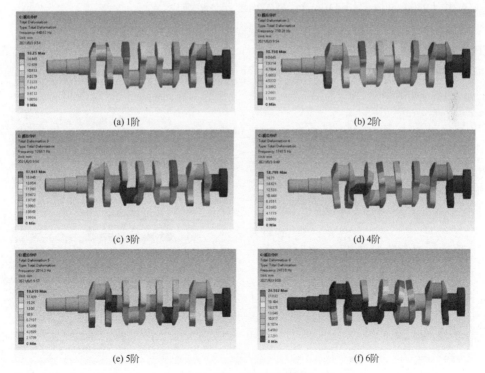

(a) 1阶　　　　　　　　　　　(b) 2阶

(c) 3阶　　　　　　　　　　　(d) 4阶

(e) 5阶　　　　　　　　　　　(f) 6阶

图 14-85　六阶模态振型图

④ 设置一阶固有频率为参数。

选择导航树【Outline】→【Modal（C5）】→【Solution（C6）】→【Total Deformation】，在【Details of "Total Deformation"】窗口中点选【Information】→【Frequency】左边方框，使之出现字母"P"，如图 14-86 所示，使得一阶固有频率参数化。

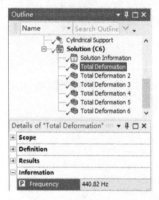

图 14-86　一阶固有频率参数化

14.2.4　相关性分析

（1）创建相关性分析模块

在工具箱【Toolbox】的【Component Systems】中双击或拖动几何模型组件模块【Parameters Correlation】到项目分析流程图，如图 14-87 所示。

（2）进行相关性分析设置

① 双击【Parameters Correlation】，进入相关性分析模块。

② 设置相关性分析类型。

在相关性分析大纲窗口中点击【A2：Parameters Correlation】，在【Properties of Outline：Parameters Correlation】窗口中设置【Correlation Type】为"Spearman"，【Number of Samples】为"50"，如图 14-88 所示。

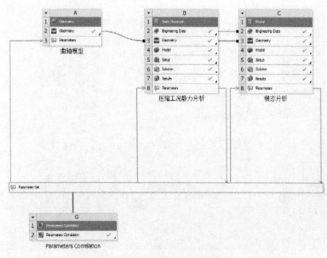

图 14-87　创建相关性分析模块

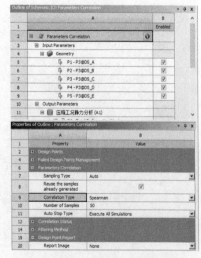

图 14-88　设置相关性分析类型

③ 设置设计参数的范围。

选择参数【A5：P1-P3@DS_A】，在【Properties of Outline：P1-P3@DS_A】窗口中设置尺寸 DS_A 的【Lower Bound】为"34"，【Upper Bound】为"42"。同理，按表设置好 5 个尺寸参数的上下限，如图 14-89 所示。

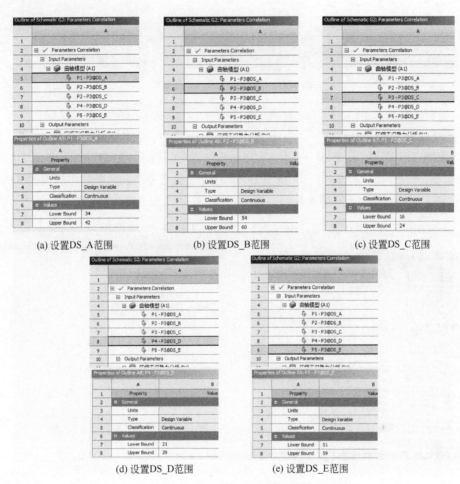

(a) 设置DS_A范围　　　　(b) 设置DS_B范围　　　　(c) 设置DS_C范围

(d) 设置DS_D范围　　　　(e) 设置DS_E范围

图 14-89　设置设计参数的范围

(3) 设计点设计并计算

① 查看相关性计算设计点。

点击工具栏【Preview】按钮，生成设计点；点击【A17：Outline of Schematic：Parameters Correlation】→【Design Points】，可以在【Table of Outline A17：Design Points】窗口中查看 50 个设计点，如图 14-90 所示。

② 进行相关性计算。

点击工具栏【Update】按钮，进行相关性计算，此时，需要花费较长时间，计算完毕，50 个设计点计算结果如图 14-91 所示。

图 14-90　查看相关性计算设计点

	A	B	C	D	E	F	G	H	I	P
1	Name	P1 - P3@DS_A	P2 - P3@DS_B	P3 - P3@DS_C	P4 - P3@DS_D	P5 - P3@DS_E	P6 - Total Deformation Maximum (mm)	P7 - Equivalent Stress Maximum (MPa)	P9 - Total Deformation Reported Frequency (Hz)	
2	1	37.126	59.529	16.119	21.472	54.83	0.032662	171.88	477.38	20.
3	2	41.717	59.195	17.107	25.308	57.137	0.028084	152.59	446.64	23.
4	3	39.688	54.836	22.507	28.449	55.413	0.039313	223.47	376.43	26.
5	4	41.195	59.443	23.594	24.873	51.303	0.043316	190.25	387.38	23.
6	5	34.135	54.188	17.802	22.106	58.501	0.03458	222.31	435.51	21.
7	6	34.685	55.593	23.061	25.481	56.479	0.040863	351.2	400.67	21.
8	7	35.94	55.344	17.931	25.903	53.855	0.038016	254.16	430.27	21.
9	8	41.877	54.609	19.002	25.148	56.124	0.033366	179.65	391.91	23.
10	9	35.005	59.07	18.459	26.502	57.545	0.033495	174.82	466.2	22.
11	10	35.775	57.858	20.834	22.327	57.875	0.035078	186.23	432.45	24.
12	11	34.414	54.449	16.421	27.638	55.874	0.035853	261.2	447.29	20.
13	12	36.811	57.499	20.332	26.787	53.949	0.038959	195.6	422.81	24.
14	13	35.275	56.663	20.674	25.737	51.087	0.044954	220.65	414.18	25.
15	14	36.627	58.073	21.455	26.124	53.135	0.041255	196.3	417.02	25.
16	15	36.49	59.71	17.24	26.368	58.328	0.030297	161.13	476.66	22.

图 14-91　相关性计算设计点结果

(4) 相关性计算结果

① 敏感性直方图。

在大纲窗口中单击【Charts】→【Sensitivities】，如图 14-92 所示。单击菜单【Tools】→【Options】，打开【Options】对话框，按图 14-93 进行设置直方图显示分辨率，点击【OK】，可以得到各个输入输出参数之间敏感性直方图，如图 14-94 所示，从图中可知：

图 14-92　选择敏感性直方图

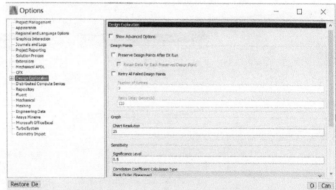

图 14-93　设置直方图显示分辨率

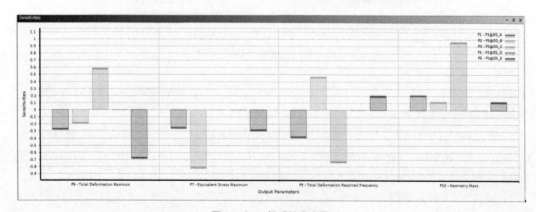

图 14-94　敏感性直方图

a. DS_A（轴颈厚度）、DS_B（主轴颈直径）、DS_C（平衡块厚度）、DS_E（连杆颈直径）与曲轴的质量、变形和一阶固有频率均有相关性，其中 DS_C（平衡块厚度）对这些目标的相关程度最高。

b. DS_A（轴颈厚度）、DS_B（主轴颈直径）、DS_E（连杆颈直径）与曲轴的应力具有相关性，其中 DS_B（主轴颈直径）对其相关程度最高。

由于 DS_D（输出端厚度）对以上目标均不敏感，因此优化时筛选掉此参数，以减少设计变量，加速优化。

② 线性相关矩阵图。

在大纲窗口中单击【Charts】→【Correlation Matrix】，如图 14-95 所示，可以得到各个输入输出参数之间线性相关矩阵图，如图 14-96 所示。

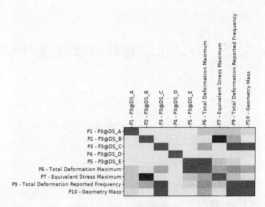

图 14-95　选择相关矩阵图　　　　　　　　　　图 14-96　相关矩阵图

③ 相关散点图。

在大纲窗口中单击【Charts】→【Correlation Scatter】，可以得到各个输入输出参数之间相关关系曲线散点图，如图 14-97 所示，在【Properties of Outline：Correlation Scatter】窗口中设置【X Axis】为"P1-P3@DS_A"，【Y Axis】为"P6-Total Deformation Maximum"，可以得到 DS_A（轴颈厚度）与最大变形的关系散点图，如图 14-98 所示。

图 14-97　选择并设置相关散点图

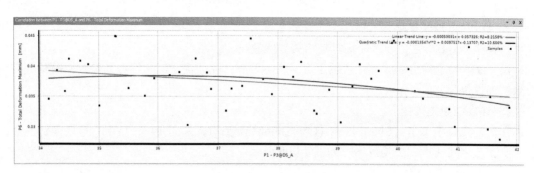

图 14-98　相关散点图

14.2.5　发动机曲轴尺寸优化设计

（1）创建响应面优化模块

将响应面优化模块【Response Surface Optimization】拖入项目流程图，如图 14-99 所示，该模块包括实验设计【Design of Experiments】、响应面拟合【Response Surface】和优化设计【Optimization】三部分并与参数序列自动连接。

（2）DOE 设计

① 进入 DOE 模块。

双击响应面优化模块【Response Surface Optimization】中的【Design of Experiments】单元格，进入 DOE 设计界面。

② 设置 DOE 类型。

在实验设计大纲窗口中点击【A2: Design of Experiments】，在【Properties of Outline: Design of Experiments】窗口中设置【Design of Experiments Type】为 "Optimal Space-Filling Design"，设置【Number of Samples】为 "10"，如图 14-100 所示。

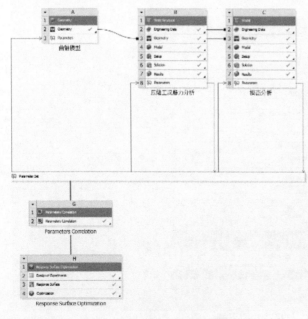

图 14-99　创建响应面优化模块

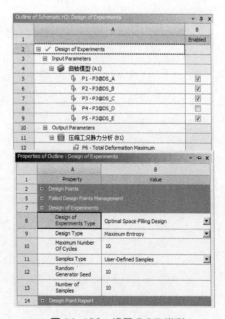

图 14-100　设置 DOE 类型

③ 设置设计参数的范围。

在图 14-100 中将输入参数【DS_D】的勾选项去除，选择参数【A5：P1-P3@DS_A】，在【Properties of Outline: P1-P3@DS_A】窗口中设置尺寸 DS_A 的【Lower Bound】为 "34"，【Upper Bound】为 "42"。同理，设置好保留 4 个尺寸参数的上下限，如图 14-101 所示。

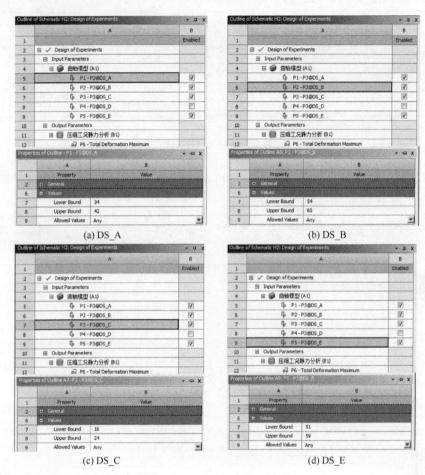

图 14-101　设置设计参数的范围

④ 实验设计点设计并计算。

点击工具栏【Preview】按钮，生成设计点；点击工具栏【Update】按钮，进行实验设计点的有限元分析计算，此时，需要花费较长时间，计算完毕，10 个设计点计算结果如图 14-102 所示。

1	Name	P1 - P3@DS_A	P2 - P3@DS_B	P3 - P3@DS_C	P5 - P3@DS_E	P6 - Total Deformation Maximum (mm)	P7 - Equivalent Stress Maximum (MPa)	P9 - Total Deformation Reported Frequency (Hz)	P10 - Geometry Mass (kg)
2	1 DP 1	34.4	56.7	17.2	53.8	0.03798	209.61	455.55	21.076
3	2 DP 1	36.8	57.3	23.6	52.2	0.049677	210.89	392.45	26.495
4	3 DP 1	40.8	56.1	18.4	55.4	0.031094	197.52	430.11	21.732
5	4 DP 1	38.4	57.9	18	58.6	0.02988	166.29	445.65	23.122
6	5 DP 1	36	54.3	20.4	56.2	0.038588	235.44	403.83	23.844
7	6 DP 1	41.6	58.5	21.2	54.6	0.035689	172.67	403.98	25.932
8	7 DP 1	37.6	59.7	18.8	53	0.037039	177.22	446.74	23.253
9	8 DP 1	35.2	59.1	22	57	0.03712	181.45	434.04	25.606
10	9 DP 1	39.2	54.9	19.6	51.4	0.041905	231.17	393.39	23.386
11	10 DP 1	40	55.5	22.8	57.8	0.03562	397.4	381.37	26.813

图 14-102　设计点计算结果

⑤ DOE 计算结果。

在大纲窗口中单击【Charts】→【Parameters Parallel】，可以得到参数之间并行图，每条彩线代表一个设计点，如图 14-103 所示。

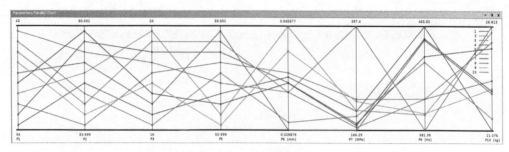

图 14-103　参数并行图

在大纲窗口中单击【Charts】→【Design Points vs Parameter】，可以得到设计点参数图，如图 14-104 所示为 10 个设计点的最大变形值。

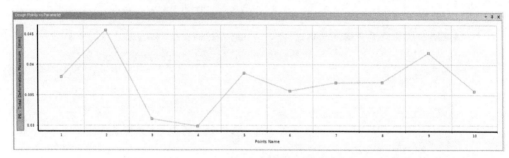

图 14-104　设计点参数图

（3）响应面拟合

① 进入响应面拟合模块。

双击响应面优化模块【Response Surface Optimization】中的【Response Surface】单元格，进入响应面拟合界面。

② 设置响应面类型。

在响应面大纲窗口中点击【A2: Response Surface】，在【Properties of Outline: Response Surface】窗口中设置【Response Surface Type】为"Kriging"，如图 14-105 所示。

③ 进行响应面拟合。

点击工具栏【Update】按钮，利用前面计算的实验设计点进行响应面拟合计算。

④ 响应面拟合结果——拟合优度（Goodness of Fit）。

在大纲窗口中单击【Quality】→【Goodness of Fit】，可以得到拟合优度图，它可以评估响应面的精确度，反映的是预测值与观测值的吻合程度，如图 14-106 所示，

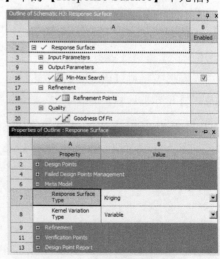

图 14-105　设置响应面类型

响应面拟合精度较高。

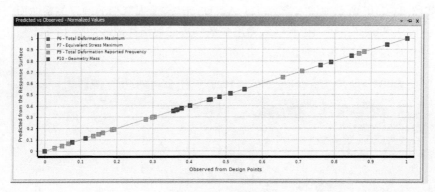

图 14-106　拟合优度

⑤ 响应面拟合结果——蛛网图（Spider Chart）。

在大纲窗口中单击【Response Point】→【Spider】，可以得到蛛网图，如图 14-107 所示，它反映输入参数对输出参数的影响。

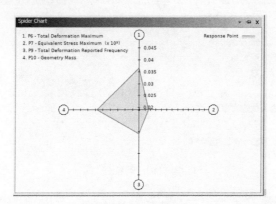

图 14-107　蛛网图

⑥ 响应面拟合结果——最大最小值查询（Min-Max Search）。

在大纲窗口中单击【Output Parameters】→【Min-Max Search】，可以得到最大最小值表，如图 14-108 所示，从表中可以查询输出参数在最大最小值时的设计点参数。

Table of Outline A16: Min-Max Search

	A	B	C	D	E	F	G	H	I
1	Name	P1 - P3@DS_A	P2 - P3@DS_B	P3 - P3@DS_C	P5 - P3@DS_E	P6 - Total Deformation Maximum (mm)	P7 - Equivalent Stress Maximum (MPa)	P9 - Total Deformation Reported Frequency (Hz)	P10 - Geometry Mass (kg)
2	Output Parameter Minimums								
3	P6 - Total Deformation Maximum	42	60	16	59	0.018875	974.47	474.35	22.207
4	P7 - Equivalent Stress Maximum	37.676	57.357	19.684	55.715	0.037837	-217.35	420.85	24.061
5	P9 - Total Deformation Reported Frequency	42	54	24	51	0.041821	1048.8	348.15	26.956
6	P10 - Geometry Mass	34	54	16	51	0.038541	886.82	448.87	19.095
7	Output Parameter Maximums								
8	P6 - Total Deformation Maximum	34.48	55.899	24	51	0.048213	541.1	391.9	25.884
9	P7 - Equivalent Stress Maximum	42	54	24	51	0.041821	1048.8	348.15	25.956
10	P9 - Total Deformation Reported Frequency	34	60	16	59	0.024454	870.15	509.21	20.669
11	P10 - Geometry Mass	42	60	24	59	0.027646	1066.4	408.99	28.539

图 14-108　最大最小值查询表

⑦ 响应面拟合结果——响应曲线、曲面（Response）。

在大纲窗口中单击【Response Point】→【Response】，在【Properties of Outline：Response】窗口中设置【Mode】为“2D”，可以得到输入输出参数响应曲线，如图 14-109 所示为输入参

数 DS_B 与最大变形的响应关系曲线。如果设置【Mode】为 "3D"，可以得到输入输出参数响应曲面，如图 14-110 所示为输入参数 DS_A、DS_B 与最大变形的响应关系曲面。如果设置【Mode】为 "2D Slices"，可以得到输入输出参数响应曲面切片图，如图 14-111 所示为输入参数 DS_A、DS_B 与最大变形的响应关系切片图。

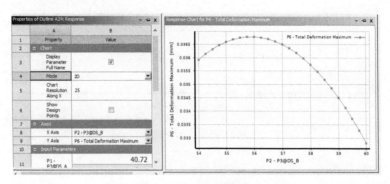

图 14-109　响应面曲线

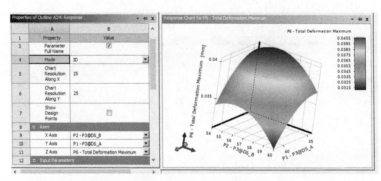

图 14-110　响应面曲面

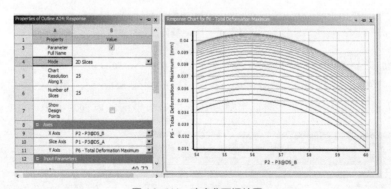

图 14-111　响应曲面切片图

（4）响应面优化

① 进入响应面优化模块。

双击响应面优化模块【Response Surface Optimization】中的【Optimization】单元格，进入响应面优化界面。

② 设置优化目标与约束。

在优化设计大纲中选择【A3：Objectives and Constraints】，在【Table of Schematic：

Optimization】优化列表窗口中选择【B3:Parameter】，从下拉列表选择优化目标【P6-Total Deformation Maximum】，在【Objective Type】下拉列表中选择目标类型为“No Objective”，在【Constraint Type】下拉列表中选择约束类型为“Values<=Upper Bound”，并在【Upper Bound】中输入变形上限“0.05” mm。

同样的方法，添加优化目标【P7-Equivalent Stress Maximum】，【Objective Type】目标类型为“No Objective”，在【Constraint Type】下拉列表中选择约束类型为“Values<=Upper Bound”，并在【Upper Bound】中输入应力上限“370” MPa。

添加优化目标【P9- Total Deformation Reported Frequency】，【Objective Type】目标类型为“No Objective”，在【Constraint Type】下拉列表中选择约束类型为“Values>= Lower Bound”，并在【Lower Bound】中输入 1 阶固有频率下限“300” Hz。

添加优化目标【P10-Geometry Mass】，【Objective Type】目标类型为“Minimize”。设置目标与约束结果如图 14-112 所示。

Table of Schematic G4: Optimization

	A	B	C	D	E	F	G
1	Name	Parameter	Objective		Constraint		
2			Type	Target	Type	Lower Bound	Upper Bound
3	P6 <= 0.05 mm	P6 - Total Deformation Maximum	No Objective		Values <= Upper Bound		0.05
4	P7 <= 370 MPa	P7 - Equivalent Stress Maximum	No Objective		Values <= Upper Bound		370
5	P9 >= 300 Hz	P9 - Total Deformation Reported Frequency	No Objective		Values >= Lower Bound	300	
6	Minimize P10	P10 - Geometry Mass	Minimize		No Constraint		
*		Select a Parameter					

图 14-112 设置优化目标与约束

③ 设置优化方法。

在优化设计大纲窗口中点击【A2：Optimization】，在【Properties of Outline：Optimization】窗口中设置【Method Name】为“Screening”，【Number of Samples】为“1000”，如图 14-114 所示。

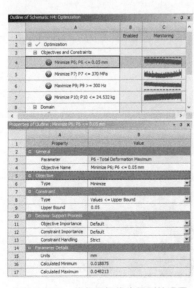

图 14-113 优化目标优先级别的设置

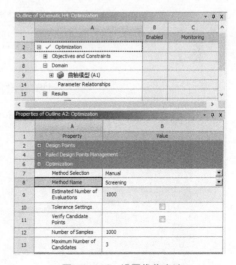

图 14-114 设置优化方法

④ 进行优化计算。

点击工具栏【Update】按钮，进行优化设计计算，由于响应面优化不再需要进行有限元分析，故其优化比直接优化快。

（5）优化结果分析

① 优化候选点。

在大纲窗口中单击【Results】→【Candidate Points】，则得到优化候选点表，如图 14-115 所示，表中列出 3 个最好的候选点。由于此次优化的目标为轻量化，因此，选择候选点 1 为最优解。

	A	B	C	D	E	F	G	H	I	J	K	L	M	N
	Reference	Name	P1-P3005_A	P2-P3805_B	P3-P3005_C	P5-P3805_E	P6-Total Deformation Maximum (mm)		P7-Equivalent Stress Maximum (MPa)		P9-Total Deformation Reported Frequency (hz)		P10-Geometry Mass (kg)	
							Parameter Value	Variation from Reference	Parameter Value	Variation from Reference	Parameter Value	Variation from Reference	Parameter Value	Variation from Reference
3	○	Candidate Point 1	34.724	56.112	16.333	52.156	0.03898	10.73%	342.46	31.13%	455.49	0.35%	15.13	-0.84%
4	○	Candidate Point 2	34.652	57.237	16.037	53.116	0.036841	4.67%	319.60	22.47%	468.78	3.28%	15.14	-0.71%
5	●	Candidate Point 3	35.3	55.62	16.07	54.921	0.034912	0.00%	261.16	0.00%	453.88	0.00%	15.25	0.00%

图 14-115　优化候选点

② 验证优化模型。

对候选点 1 的尺寸进行圆整处理，因此，最终优化模型尺寸分别为：DS_A=36；DS_B=59；DS_C=16；DS_D=25；DS_E=57。

在 Creo 软件中打开曲轴原始三维模型 "fenximoxing.prt"，选择【工具】→【参数】，打开【参数】对话框，编辑参数 DS_A=36；DS_B=59；DS_C=16；DS_D=25；DS_E=57。经重新生成模型后保存为文件名 "youhuahoumoxing.prt"，此即为优化后的曲轴模型，退出 Creo，回到 Workbench 曲轴优化项目文件，添加结构静力分析系统和模态分析，对优化后的曲轴模型进行静力分析和模态分析，其过程与前面相同，这里不再重复。

优化后曲轴静力分析结果，如图 14-116 所示为优化后曲轴 6 阶固有频率，其中 1 阶固有频率为 484.09Hz。如图 14-117 所示为优化后曲轴变形云图，如图 14-118 所示为优化后曲轴应力云图。

Tabular Data		
	Mode	☑ Frequency [Hz]
1	1.	484.09
2	2.	779.16
3	3.	1389.8
4	4.	1828.
5	5.	2202.9
6	6.	2441.9

图 14-116　优化后曲轴 6 阶固有频率

图 14-117　优化后曲轴变形云图

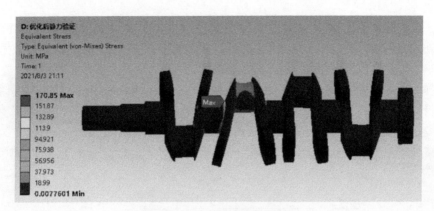

图 14-118　优化后曲轴应力云图

③ 优化效果分析。

表 14-2 列出了优化前后的参数及变化率，表中显示曲轴经过优化，各项性能指标均有改善：重量减少了 14.29%，最大应力减少了 0.41%，最大变形减少了 12.33%，1 阶固有频率提高了 9.82%。

表 14-2　优化前后的参数及变化率

项目	输入参数				输出参数			
	轴颈厚度/mm	主轴颈直径/mm	平衡块厚度/mm	连杆颈直径/mm	重量/kg	最大应力/MPa	最大位移/mm	一阶固有频率/Hz
优化前	38	60	20	55	24.532	171.55	0.03543	440.82
优化后	36	59	16	57	21.027	170.85	0.03106	484.09
变化率	−5.26%	−1.67%	−20%	3.64%	−14.29%	−0.41%	−12.33%	9.82%

习题

14-1　Workbench 尺寸优化有哪几种方法？各有什么特点？

14-2　Workbench 基于相关性尺寸优化的流程是什么？

14-3　一个截面为矩形的钢梁上垂直作用有两个 1000N 的集中载荷，作用点分别在梁中点处的顶面和侧面的中点，梁的一端为铰支，另一端为滑动支撑。梁的受力情况及截面尺寸（单位：mm）如图 14-119 所示。已知：梁截面尺寸初值：$H = 30mm$；$W = 20mm$，取值范围：$20mm \leq H \leq 30mm$；$10mm \leq W \leq 30mm$，要求设计这个梁的截面尺寸，使其自重最轻，但最大应力不能超过 200MPa，1 阶模态频率不能小于 70Hz，梁材料弹性模量 $E = 200000MPa$。

图 14-119　梁受力情况与界面尺寸图

14-4　数控机床主轴结构如图 14-120 所示（ch14\exe14-4\youhuaqian.prt），材料为 45 钢，主轴边界条件如图 14-121 所示，主轴端部承受切向力 $B = 2039N$，径向力 $F = 358N$，轴向力

D = 453N；齿轮键槽承受圆周力 E = 1881N，径向力 C = 685N；主轴近似看做一个简支梁，前轴承安装处为固定端，释放一个转动位移约束，施加其余位移约束；后轴承安装处为活动端，除了释放一个转动自由度，还要释放一个沿轴向的位移约束，施加其余位移约束。要求首先对主轴进行静力分析及模态分析，然后完成参数相关性分析及响应面优化。优化模型如下：

优化目标：主轴轻量化，即主轴质量最小为目标函数。

设计变量：设计变量及范围如表 14-3 所示。

约束条件：主轴最大变形 $D_{max} \leqslant 0.005$mm、最大应力 $\sigma_{max} \leqslant 50$MPa 及一阶固有频率 $\omega_{min} \geqslant 1000$Hz。

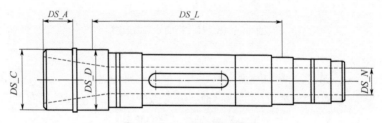

图 14-120　主轴结构示意图

图 14-121　主轴边界条件

表 14-3　尺寸优化范围　　　　　　　　　　　　　　　mm

参数	优化前参数	优化范围
DS_N	40	35~45
DS_L	256.5	230~280
DS_A	45	35~55
DS_C	90	75~95
DS_D	90	75~95

可靠性分析篇

第 15 章

可靠性基本概念与理论

15.1 概述

可靠性设计是一门新兴的工程学科，涉及机械、数学、工程力学、计算机软件等学科，需要掌握机械设计、概率论与数理统计、应力-强度理论、损伤模型与疲劳寿命、计算机应用软件等专业的基础知识。进入 21 世纪以来，可靠性设计的重要性不断提高，为了适应市场经济的发展需求，越来越多的企业为了争取顾客而积极提高其产品的可靠性。因为高可靠性的产品在使用过程中不仅能够保证其性能实现，而且发生故障的次数少，安全性高，给产品赋予了极强的市场竞争力。因此，诸多专家断言：今后产品竞争的焦点就是可靠性。

可靠性是产品的主要质量指标，是今后世界市场产品竞争的焦点，也是今后质量管理的主要发展方向。我国政府明文提出：将发展可靠性技术和提高机电产品可靠性作为振兴机械工业的主要奋斗目标，并把可靠性列入四大共性技术（设计、制造、测试、可靠性）。

那么，可靠性设计与常规设计究竟有何区别？ 概括地讲：可靠性既是目的（产品质量指标），又是方法或手段，它是以可靠性设计的手段达到可靠性质量指标的目的，这是它区别于其他一切设计方法的主要特点。另外，可靠性设计具有明确的可靠性指标值，常用的产品可靠性指标值有：产品无故障性、耐久性、维修性、可用性和经济性。

常规设计法只按定值变量设计，用安全系数弥补设计参数的不确定性，这里就有很大的主观性和盲目性，往往使设计的产品尺寸、材料和能源消耗大、成本高。而可靠性设计则考虑了设计变量诸如材料、载荷、几何尺寸等的分散性和随机性，其实质是如实地把设计变量当作随机变量来处理，使设计结果更加客观实际，更准确地评判机械零件强度储备或失效概率。

同时，可靠性设计也是一门多学科交叉的新兴边缘学科，它以概率论和数理统计为基础，是综合运用系统工程学、安全工程学、人机工程学、价值工程学、运筹学、环境工程学、电子工程学、机械工程学、质量管理、计算机技术等综合知识来研究和提高产品的可靠性，从而使产品设计的功能参数更加符合客观实际。

15.1.1 可靠性发展历程

可靠性研究起源于第二次世界大战，德国提出并运用了串联模型得出火箭系统的可靠度，这成为第一个运用系统可靠性理论指导的生产活动。当时美国海军统计，运往远东的航空无线电设备有 60%不能工作，在此期间，因可靠性问题损失飞机达 2.1 万架，是被击落飞机的 1.5 倍。由此，引起了人们对可靠性问题的重视，通过大量的现场调查和故障分析，研究人员制订了相应的对策，诞生了可靠性这门学科。

1950 年，美国军事部门开始系统地进行可靠性研究，美国国防部（Department of Defense, DOD）建立可靠性研究组，1952 年，美国国防部、工业部门和有关学术部门联合成立了 AGREE（电子设备可靠性顾问组，Advisory Group on Reliability of Electronic Equipment）小组；1955 年，IEEE（美国电气和电子工程师协会）建立可靠性与质量控制分会；1962 年，美国举办第一届可靠性与维修性国际年会。在 20 世纪 60 年代后期，美国约 40%的大学设置了可靠性工程课程。当时美国等发达国家的可靠性研究工作比较成熟，标志性成果是阿波罗登月计划成功。除美国外，苏联、日本、英国、法国、意大利等一些国家，也相继从 20 世纪 50 年代末或 60 年代初开始了可靠性的研究工作。

从美国 AGREE 发表《军用电子设备可靠性》的"AGREE"报告以来，可靠性工程的发展已经经历了 60 多年，在这期间，航天、核能、计算机、电子系统及大型复杂机械装备等方面的重大技术进展，都与可靠性工程有密切关系。为提高产品质量，降低产品成本，许多国家在可靠性上的投资日益增加，其中以日本、美国最为显著。

日本的可靠性设计是从美国引进的，以民用产品为主，强调实用化，日本科技联盟是其全国可靠性技术的推广机构。对于机械可靠性设计，主要依靠固有技术，通过可靠性试验及使用信息反馈，不断改进，达到可靠性增长。可靠性理论的应用主要针对出现问题的部分。

英国国家可靠性分析中心成立了机械可靠性研究小组，从失效模式、使用环境、故障性质、筛选效果、维修方式、数据积累等七个方面阐明机械可靠性应用的重点，提出了几种机械系统可靠性的评估方法，并强调重视数据积累。由欧盟支持的欧洲可靠性数据库协会成立于 1979 年，其可靠性数据库交换、协作网遍布欧洲各国，收集了大量机械设备和零部件的可靠性数据，为进行重大工程规划和设备的研发、风险评估提供了依据。

我国对可靠性科学的研究与应用工作予以了高度重视。1986 年 11 月 25 日，原机械工业部发布的《关于加强机电产品可靠性工作的通知》加速了我国机电产品可靠性工作的推广和应用，1990 年，原机械电子工业部印发的"加强机电产品设计工作的规定"中明确指出：可靠性、适应性、经济性三性统筹作为我国机电产品设计的原则。如今，可靠性的观点和方法已成为质量保证、安全性保证、产品责任预防等不可缺少的依据和手段，也是我国工程技术人员掌握现代设计方法所必须掌握的重要内容之一。

15.1.2　可靠性定义

人们对于可靠性（Reliability）的一般理解，就是认为可靠性表示零件、部件或系统等产品，在正常使用条件下的工作是否长期可靠，性能是否长期稳定的特性，即可靠性是产品质量的重要指标，它标志着产品不会丧失工作能力的可靠程度。

可靠性的定义是：产品在规定的条件下和规定的时间内，完成规定功能的能力。它包括四个要素：

（1）研究对象

产品即为可靠性的研究对象，一般包括系统、机器、部件等，可以是非常复杂的东西，也可以是一个零件。如果对象是一个系统，则不仅包括硬件，而且也包括软件和人的判断、操作等因素在内。

（2）规定的条件

它包括使用时的环境条件（如温度、湿度、气压等）、工作条件（如振动、冲击、噪声等）、动力、负荷条件（如载荷、供电电压、输出功率等）、储存条件、使用和维护条件等。"规定的条件"不同，产品的可靠性也不同。例如，同一机械使用时载荷不同，其可靠性也不同；同一设备在实验室、野外（寒带或热带、干燥地区或潮湿地区）、海上、空中等不同环境条件下的可靠性也是各不相同的；同一产品在不同的储存环境下储存，其可靠性也各不相同。

（3）规定的时间

时间是表达产品可靠性的基本因素，也是可靠性的重要特征。一般情况下，产品"寿命"的重要量值"时间"是常用的可靠性尺度。一般说来，机械零部件经过筛选、整机调试和跑合后，产品的可靠水平经过一个较长的稳定使用和储存阶段后，便随着使用时间的增长而降低。时间愈长，故障（失效）愈多。对于一批产品，若无限制地使用下去，必将全部失效，也就是说它们的失效概率是 100%。

（4）规定的功能

它是指表征产品的各项技术指标，如仪器仪表的精度、分辨率、线性度、重复性、量程等。不同的产品其功能是不同的，即使同一产品，在不同的条件下其规定功能往往也是不同的。产品的可靠性与规定的功能有密切关系，一个产品往往具有若干个功能。完成规定的功能是指完成这若干项的全体，而不是指其中的一部分。

15.1.3 可靠性设计的基本内容

可靠性设计是可靠性工程的一个重要分支，因为产品的可靠性在很大程度上取决于设计的正确性。在可靠性设计中要规定可靠性和维修性的指标，并使其达到最优。目前，进行可靠性设计大致包括以下几个方面：

① 根据产品的设计要求，确定所采用的可靠性指标及其量值。

② 进行可靠性预测。可靠性预测是指在设计开始时，运用以往的可靠性数据资料计算机械系统可靠性的特征量，并进行详细设计。在不同阶段，系统的可靠性预测要反复进行多次。

③ 对可靠性指标进行合理的分配。首先，将系统可靠性指标分配到各子系统，并与各子系统能达到的指标相比较，判断是否需要改进设计。然后，再把改进设计后的可靠性指标分配到各子系统。按照同样的方法，进而把子系统分配到的可靠性指标分配到各个零部件。采用最优化方法进行系统的可靠性分配，是当前可靠性研究的重要方向之一，称为可靠性优化设计。

④ 把规定的可靠性直接设计到零件中去。

15.1.4 可靠性设计的特点

可靠性设计具有以下特点：

① 传统设计方法是将安全系数作为衡量安全与否的指标，但安全系数的大小并没有同可靠度直接挂钩，这就有很大的盲目性。可靠性设计与之不同，它强调在设计阶段就把可靠度直接引进到零件中去，即由设计直接确定固有的可靠性。

② 传统设计方法是把设计变量视为确定性的单值变量并通过确定性的函数进行运算，而可靠性设计则把设计变量视为随机变址并运用随机方法对设计变量进行描述和运算。

③ 在可靠性设计中，由于应力和强度都是随机变量，所以判断一个零件是否安全可靠，就以强度大于应力的概率大小来表示。

④ 传统设计与可靠性设计都是以零件的安全或失效作为研究内容，因此，两者间又有着密切的联系。可靠性设计是传统设计的延伸与发展。在某种意义上，也可以认为可靠性设计只是在传统设计的方法上把设计变量视为随机变量，并通过随机变量运算法则进行运算而已。

15.2　可靠性基础概念

15.2.1　可靠性与故障率

为了定量地描述产品的可靠度，把 N 作为寿命测试的部件数，$R(t)$ 和 $Q(t)$ 分别是可靠度和故障率。当时间超过 t 时，有 $N_{Q(t)}$ 个产品失效和有 $N_{R(t)}$ 个产品正常工作，则产品的可靠度和故障率可被定义为：

$$R\left(t\right)=\frac{N_{R(t)}}{N} \tag{15-1}$$

$$Q\left(t\right)=\frac{N_{Q(t)}}{N} \tag{15-2}$$

因 $N_{R(t)}+N_{Q(t)}=N$，有

$$R\left(t\right)+Q\left(t\right)=1 \tag{15-3a}$$

或

$$R\left(t\right)=1-Q\left(t\right) \tag{15-3b}$$

从上面的方程中，可看出产品的可靠度与时间有关。这样，根据不同时段内产品的故障数可绘制出图形，如图 15-1 所示。

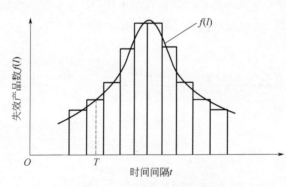

图 15-1　产品失效概率密度函数

在图 15-1 中横坐标表示时间，纵坐标表示某一段时间内出现故障的产品数，图形表示产品的故障概率的分布情况。若该图中的时间段越来越小，纵坐标值形成一条连续的曲线叫失效概率密度函数，这里用 $f(t)$ 表示。它定义为 t 时间附近单位时间内失效的产品数与产品总数之比，即

$$f\left(t\right)=\frac{1}{N}\times\frac{N_{Q(t)}}{\mathrm{d}t} \tag{15-4a}$$

$$f\left(t\right)=\frac{d}{\mathrm{d}t}\left[\frac{N_{Q(t)}}{N}\right]=\frac{d}{\mathrm{d}t}Q\left(t\right) \tag{15-4b}$$

其包含
$$Q(t) = \int_0^t f(t)\,\mathrm{d}t \tag{15-5}$$

将式（15-5）代入式（15-3b），得

$$R(t) = 1 - Q(t) = 1 - \int_0^t f(t)\,\mathrm{d}t = \int_t^\infty f(t)\,\mathrm{d}t \tag{15-6}$$

如果间隔时间足够小，图 15-1 中函数曲线将变为图 15-2，AA 线左边的区域和右边的区域分别与 $Q(t)$、$R(t)$ 的值相对应。

从上面的讨论中可知：$N_{Q(t)} = NQ(t)$，$N_{R(t)} = NR(t)$

若图 15-2 中纵坐标随 N（所有的被测试零部件）增加而增加，$Q(t)$ 的区域代表出现故障的零部件数 $N_{Q(t)}$，阴影部分代表没有失效的零部件数 $N_{R(t)}$，而曲线 $f(t)$ 代表 $\mathrm{d}Q(t)$ 与 $\mathrm{d}t$ 的比。

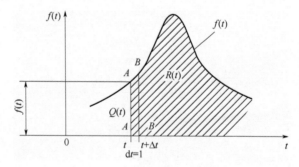

图 15-2 产品失效概率密度函数

从上面的讨论中可知，在 t 时刻的产品可靠度或失效概率可以根据故障概率密度函数 $f(t)$ 进行预计，但仍有一问题，就是如何知道当前正常工作而在下一个单位时间 Δt 内失效产品的概率呢？为了回答这个问题，引进与产品的可靠度有关的另一个重要概念，称之为产品的失效率，用 $\lambda(t)$ 表示即：

$$\lambda(t) = \frac{\text{从} t \text{到} (t+\Delta t) \text{内每单位时间失效的产品数}}{\text{在} t \text{时刻正常工作的产品数}} = \frac{1}{N_{R(t)}} \times \frac{\mathrm{d}N_{Q(t)}}{\mathrm{d}t} \tag{15-7}$$

比较式（15-4a）和式（15-7），可以看出 $\lambda(t)$ 和 $f(t)$ 有一不同之处：方程右侧的分母不相同。

因
$$\lambda(t) = \frac{1}{N_{R(t)}} \times \frac{\mathrm{d}N_{Q(t)}}{\mathrm{d}t} = \frac{1}{NR(t)} \times \frac{\mathrm{d}N_{Q(t)}}{\mathrm{d}t} , \quad N_{R(t)} = NR(t)$$

得到 $\lambda(t)$ 和 $f(t)$ 的关系：

$$\lambda(t) = \frac{1}{N_{R(t)}} \times \frac{\mathrm{d}N_{Q(t)}}{\mathrm{d}t} = \frac{1}{NR(t)} \times \frac{\mathrm{d}N_{Q(t)}}{\mathrm{d}t} = \frac{1}{R(t)} \left[\frac{1}{N} \times \frac{\mathrm{d}N_{Q(t)}}{\mathrm{d}t} \right] = \frac{f(t)}{R(t)} \tag{15-8}$$

$\lambda(t)$ 反映的是产品任意时刻的失效状态，对可靠性工程有非常实际的意义。

［**例 15-1**］假设有 100 个产品，在 5 年内有 4 个产品失效，在 6 年中有 7 个产品失效，求 5 年后产品的失效概率是多少？

解：若单位时间定义为一年，有：

$$\lambda(5) = \frac{7-4}{(100-4) \times 1年} = 0.0312 / 年$$

若单位时间定义为 1000h，则有：

$$\Delta t = 1年 = 8.76 \times 10^3 h$$

$$\lambda(5) = \frac{7-4}{(100-4) \times 8.76 \times 10^3 h} = 3.6 \times 10^{-6} / h$$

15.2.2　产品失效模型

在机械和电子产品的可靠性工程中，所有的产品都有失效的可能性，研究表明产品的失效率会遵循一些需要花很高的费用却很难发现的特定规律。例如，在 1952 年，英国彗星号引擎飞机投入使用，但从那时起到 1954 年，共发生 4 次坠机事件，且超过 80%的乘客死于事故。令人惊奇的是，在对损坏的飞机检查时，发现飞机的结构材料没有任何缺陷。然而，当发生第 5 次空中爆炸时，专家们发现飞机毁坏的形式和第 4 次很相似。经过一系列的调查和模拟测试，最终发现了原因，即因为材料的疲劳导致了事故的发生。当飞机在高空飞行时，封闭机舱内部有正常气压，但是飞机的外部有稀薄的大气，也就是说，当飞机在高空飞行时，机舱承受着内外不同的大气压，飞机着陆时内外大气压是平衡的。经过多次的飞行之后，机舱承受很多次压力循环脉动，直接导致金属材料因疲劳而损坏。

不同的产品有不同的失效模型，但大量的相关研究表明，几乎所有的机械和电子产品有很相似的失效模型，如图 15-3 所示。

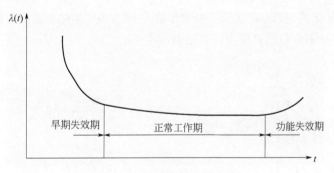

图 15-3　机电产品典型失效模型曲线

从图中可以看出$\lambda(t)$被分为 3 部分，即早期失效期、正常工作期和功能失效期。在早期失效期时，产品有较高的失效率，但是下降得很快；在正常工作期时，故障率很低且与时间变化的关系很小；在功能失效期时，由于寿命或疲劳的原因不能发挥其作用，故障率上升得快。

故障率曲线的 3 部分反映产品的 3 类失效模型，这些都有助于人们研究产品可靠性的性质。下面讨论与以上 3 部分相对应的 3 类失效模型的故障概率分布。

（1）指数函数

如果产品的失效率$\lambda(t)$是常数，如图 15-3 的中间部分，即

$$\lambda(t) = \lambda$$

可求得在 t 时刻产品的可靠度为：

$$R(t) = \mathrm{e}^{-\int_0^t \lambda(t)\mathrm{d}t} = \mathrm{e}^{-\lambda \int_0^t \mathrm{d}t} = \mathrm{e}^{-\lambda t} \tag{15-9}$$

$$f(t) = \lambda(t)R(t) = \lambda R(t) = \lambda \mathrm{e}^{-\lambda t} \tag{15-10}$$

一般来说，产品的随机故障率为常数时，则产品的故障模型服从指数分布，这已经被大量的事实所证明。

尽管故障概率分布可以使用随机变量的统计学规律进行描述，但是不能够反映某些重要的特性。为此，一般用两个特征值——期望 μ 和标准差 σ 来反映一些分布特性。对于指数分布，两个特征值是 $\lambda(t) = \dfrac{1}{\lambda}$ 和 $\sigma^2 = \left(\dfrac{1}{\lambda}\right)^2$。

（2）正态分布

正态分布现象在实际的生活中是非常普遍的。例如产品的性能参数，如零部件的应变、应力或零件的寿命通常服从正态分布的特征，因而多在数理统计中使用，其概率密度函数为

$$f(t) = \frac{1}{\sigma\sqrt{2\pi}} \mathrm{e}^{-\frac{1}{2}\left[\frac{t-u}{\sigma}\right]^2} \tag{15-11}$$

其中，μ 和 σ 是随机变量 t 的均值和标准差，则有

$$\mu = \int_{-\infty}^{\infty} t f(t)\mathrm{d}t$$

$$\sigma = \left[\int_{-\infty}^{\infty} (t-\mu)^2 f(t)\mathrm{d}t\right]^{\frac{1}{2}}$$

众所周知，μ 和 σ 是正态分布的两个关键参数，μ 决定集中的趋势或曲线对称轴的分布位置，而 σ 决定曲线的形状和分布的离散度，如图 15-4 所示。

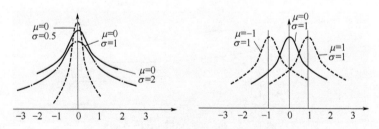

图15-4　σ 和 μ 对正态分布曲线形状的作用

当 $\mu = 0$，$\sigma = 1$ 时，则分布是标准正态分布，相应曲线如图 15-5 所示。

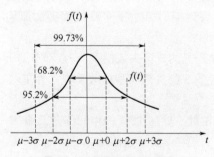

图15-5　标准正态分布曲线

对正态分布，失效概率可以表达为

$$Q(t) = \int_{-\infty}^{t} \frac{1}{\sigma\sqrt{2\pi}} e^{-\frac{1}{2}\left[\frac{t-\mu}{\sigma}\right]^2} dt \tag{15-12}$$

因　$R(t)+Q(t)=1$，所以

$$R(t)=1-Q(t) = \int_{t}^{\infty} \frac{1}{\sigma\sqrt{2\pi}} e^{-\frac{1}{2}\left[\frac{t-\mu}{\sigma}\right]^2} dt \tag{15-13}$$

故障率是

$$\lambda(t) = \frac{f(t)}{R(t)} = \frac{e^{-\frac{1}{2}\left[\frac{t-\mu}{\sigma}\right]^2}}{\int_{t}^{\infty} e^{-\frac{1}{2}\left[\frac{t-\mu}{\sigma}\right]^2} dt} \tag{15-14}$$

若在上面的方程中使 $\frac{t-\mu}{\sigma}=z$，则分布就会变为标准正态分布，其中 z 为相应的随机变量或标准变量。

（3）威布尔（Weibull）分布

威布尔分布最早是一个叫威布尔的瑞士人在研究钢球寿命时提出来的。如今威布尔分布已经被广泛应用于工程实际中。一般来说，零部件的疲劳寿命和强度可用威布尔分布描述，前面提到的正态分布和指数分布是威布尔分布的特殊形式。

对威布尔分布失效概率密度函数：

$$f(t) = \frac{b}{\theta}\left[\frac{t-\gamma}{\theta}\right]^{b-1} e^{-\left[\frac{t-\gamma}{\theta}\right]^b} \tag{15-15}$$

其中，b、θ、γ 分别是曲线的形状参数、尺度参数和位置参数，而上面的方程也称三参数的产品故障概率密度函数。三个参数中，γ 影响函数曲线的起始位置，若 $\gamma = 0$，则函数曲线从坐标系的原点开始；若 $\gamma < 0$，则函数曲线的起始点位置在 γ 轴的左侧，反之亦然。

因产品失效概率密度函数的形状，使 $\gamma = 0$，则方程（15-15）变为

$$f(t) = \frac{b}{\theta}\left[\frac{t}{\theta}\right]^{b-1} e^{-\left[\frac{t}{\theta}\right]^b} \tag{15-16}$$

上式称为两参数威布尔分布的产品故障概率密度函数，均值 $\mu = \theta\Gamma\left[\frac{1}{b}+1\right]$ 和均方差 $\sigma^2 = \theta^2\left[\Gamma\left(\frac{2}{b}+1\right) - \Gamma^2\left(\frac{1}{b}+1\right)\right]$，其中 $\Gamma(s) = \int_0^{\infty} x^{s-1}e^{-x}dx$。

对应的失效概率、可靠度和失效率分别为

$$Q(t) = \int_0^t f(t)dt = 1 - e^{-\left(\frac{t}{\theta}\right)^b} \tag{15-17}$$

$$R(t)=1-Q(t) = e^{-\left(\frac{t}{\theta}\right)^b} \tag{15-18}$$

$$\lambda(t) = \frac{f(t)}{R(t)} = \frac{b}{\theta}\left[\frac{t}{\theta}\right]^{b-1} \tag{15-19}$$

参数 b 和 θ 对分布曲线的作用如图 15-6 所示。

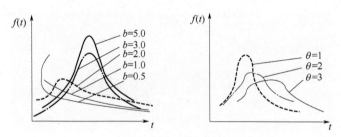

图 15-6　参数 b 和 θ 对失效概率曲线的影响

参数 b 和 θ 也对产品的故障率 $\lambda(t)$ 有较大的影响，从图中可以看出：当 $b<1$ 时，曲线的形状和早期故障部分很相似；当 $b=1$ 时，曲线的形状和图 15-3 的中间部分很相似；当 $b>1$ 时 $\lambda(1)$ 曲线的形状与图 15-3 中的最后部分相似。

正是由于上面的特性，威布尔分布被广泛地应用在这些经验分布中。

15.2.3　产品的平均寿命

产品的平均寿命即故障间隔时间 MTBF（Mean Time Between Failure），是另一个评判产品可靠性的非常有用的定量指标。换句话说，产品的平均寿命即产品无故障的工作时间。

在概率学中，随机变量的平均值定义为

$$\mu_t = \int_0^\infty tf(t)\,\mathrm{d}t \tag{15-20}$$

将 $f(t) = \dfrac{\mathrm{d}}{\mathrm{d}t}Q(t)$ 代入方程，得到

$$\mu_t = \int_0^\infty t\left[\frac{\mathrm{d}}{\mathrm{d}t}Q(t)\right]\mathrm{d}t = \int_0^\infty \left\{\frac{\mathrm{d}}{\mathrm{d}t}\left[1 - R(t)\right]\right\}\mathrm{d}t = -\int_0^\infty t\left[\frac{\mathrm{d}}{\mathrm{d}t}R(t)\right]\mathrm{d}t$$

或

$$\mu_t = tR(t)\big|_{t=0}^{t=\infty} + \int_0^\infty R(t)\,\mathrm{d}t$$

当 t 趋近于 ∞ 时，$R(\infty) = 0$，从而有

$$\mu_t = \int_0^\infty R(t)\,\mathrm{d}t \tag{15-21}$$

显然对于一种产品有：

$$\mathrm{MTBF} = \mu(t) = \int_0^\infty R(t)\,\mathrm{d}t \tag{15-22}$$

根据这个方程，正态分布、指数分布以及威布尔分布的 MTBF 分别计算如下：

正态分布：$\mathrm{MTBF} = \mu_t = \displaystyle\int_0^\infty \int_0^\infty \frac{1}{\sigma\sqrt{2\pi}}\mathrm{e}^{-\frac{1}{2}\left[\frac{t-\mu}{\sigma}\right]^2}\,\mathrm{d}t\mathrm{d}t \tag{15-23}$

指数分布：$\mathrm{MTBF} = \mu_t = \displaystyle\int_0^\infty R(t)\,\mathrm{d}t = \int_0^\infty \mathrm{e}^{-\lambda t}\,\mathrm{d}t = \frac{1}{\lambda} \tag{15-24}$

威布尔分布：$\mathrm{MTBF} = \mu_t = \displaystyle\int_0^\infty R(t)\,\mathrm{d}t = \int_0^\infty tf(t)\,\mathrm{d}t = \theta\,\Gamma\left(\frac{1}{b}+1\right) \tag{15-25}$

15.3　零件机械强度可靠性设计

15.3.1　应力–强度干涉模型

对于机械产品，导致产品失效的一些物理载荷如应力、压力、冲击等统称为应力，为与标准差符号区别，本章用 S 表示应力；阻止失效发生的力称为强度，用 δ 表示。设应力和强度的概率密度函数分别是 $f(S)$ 和 $g(\delta)$，两条曲线有一部分相交，如图 15-7 所示。

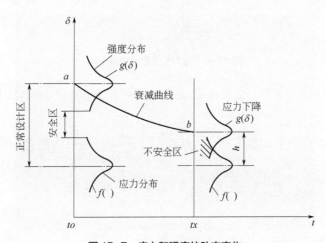

图 15-7　应力和强度的动态变化

从图 15-7 中可以看出阴影部分是导致失效的区域，即应力和强度的干涉区域，从图中可知：

① 即使在设计安全系数大于 1 的情况下，仍然存在产品失效的可能性。

② 若材料的强度和工作应力的分布变得越来越离散，干涉区域将会不断地加大且产品的可靠性会下降。

③ 若材料的力学性能足够好，工作应力也相对稳定，干涉区域就会减少，产品的可靠性就增加。

应力和强度的干涉模型反映了基于概率论科学的设计本质，即任何设计都存在失效概率或者说产品的可靠性都小于 1。然而，这一点在一般的常规设计中反映不出来。因为在常规设计中，只要人为给定一个安全系数，产品就被认为不会发生失效。可靠性设计能反映事实，所以得到了快速的发展和广泛的应用。

15.3.2　用分析法进行可靠性预计

由上面的讨论中可知，产品的可靠度主要依据应力和强度的干涉程度。若已知产品应力和强度的概率可靠性分布，就可根据干涉模型获得产品的可靠度。若产品的应力小于强度，故障就不会发生，反之亦然。因此，产品的可靠度就是应力小于强度的可能性，即

$$R = P(\delta > S) = P\big[(\delta - S) > 0\big] \tag{15-26}$$

其中，S 和 δ 分别表示应力和强度。

由于相同原因，产品的失效概率就是应力大于强度的可能性，即

$$F = P(S > \delta) = P\big[(\delta - S) < 0\big] \tag{15-27}$$

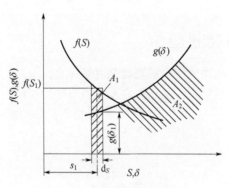

图15-8　应力和强度的相互干扰

为了根据 $f(S)$ 和 $g(\delta)$ 评估产品的可靠度,放大图15-7中 $f(S)$ 和 $g(\delta)$ 的部分干涉区域,如图15-8所示。

假设 x 轴上 S_1 处有一个小单元 $\mathrm{d}S$,S_1 落在 $\left[S_1 - \dfrac{\mathrm{d}S}{2}, S_1 + \dfrac{\mathrm{d}S}{2}\right]$ 的概率为 A_1 的面积值,即

$$P\left\{\left[S_1 - \frac{\mathrm{d}S}{2}\right] \leqslant S \leqslant \left[S_1 + \frac{\mathrm{d}S}{2}\right]\right\} = f(S_1)\mathrm{d}S = A_1 \tag{15-28}$$

强度 δ 大于应力 S_1 的概率是

$$P(\delta > S_1) = \int_{S_1}^{\infty} g(\delta)\mathrm{d}\delta = A_2 \tag{15-29}$$

由于两个随机变量 S 和 δ 是相互独立的,所以 S_1 落在区间 $\left[S_1 - \dfrac{\mathrm{d}S}{2}, S_1 + \dfrac{\mathrm{d}S}{2}\right]$ 和强度 δ 大于应力 S_1 的概率是

$$\mathrm{d}R = f(S_1)\mathrm{d}S\int_{S_1}^{\infty} g(\delta)\mathrm{d}\delta$$

上述方程 S_1 是随机量,对任意应力,产品可靠度和失效率为

$$R = P(\delta > S) = \int_{-\infty}^{\infty} f(S)\left[\int_{S_1}^{\infty} g(\delta)\mathrm{d}\delta\right]\mathrm{d}S$$

$$F = P(\delta \leqslant S) = \int_{-\infty}^{\infty} f(S)\left[\int_{S}^{\infty} g(\delta)\mathrm{d}\delta\right]\mathrm{d}S \tag{15-30}$$

从上面的讨论中,可以总结为:如分别已知应力和强度的概率密度函数,就可以预计出产品的可靠度和失效率。例如,若应力与强度服从正态分布,概率密度函数可分别表示为

$$f(S) = \frac{1}{\sigma_S \sqrt{2\pi}} \mathrm{e}^{-\frac{1}{2}\left[\frac{S - \mu_S}{\sigma_S}\right]^2}$$

$$g(\delta) = \frac{1}{\sigma_\delta \sqrt{2\pi}} \mathrm{e}^{-\frac{1}{2}\left[\frac{\delta - \mu_\delta}{\sigma_\delta}\right]^2}$$

式中,μ_S、μ_δ 和 σ_S、σ_δ 分别为应力 S 和强度 δ 的平均值和标准差。

产品的可靠度维持如下关系：

$$R = \frac{1}{\sqrt{2\pi}} \int_{-\infty}^{R} \mathrm{e}^{-\frac{z^2}{2}} \mathrm{d}Z = \phi(Z_R) \tag{15-31}$$

式中，Z_R 为一个可靠度指标，可通过下式获得：

$$Z_R = \frac{\mu_\delta - \mu_S}{\sqrt{\sigma_\delta^2 + \sigma_S^2}} \tag{15-32}$$

[例 15-2] 零件强度和应力服从正态分布，均值为 $\mu_\delta = 180\text{MPa}$，$\mu_s = 130\text{MPa}$，标准差为 $\sigma_\delta = 22.5\text{MPa}$，$\sigma_s = 13\text{MPa}$，试预计零件的可靠度。若强度的标准差减少到 14MPa，则可靠度将变为多少？

解：根据式（15-32），有

$$Z_R = \frac{\mu_\delta - \mu_s}{\sqrt{\sigma_\delta^2 + \sigma_s^2}} = \frac{180 - 130}{\sqrt{22.5^2 + 13^2}} = 1.924$$

查标准正态分布表得到正态分布的可靠度指标：

$$R = \phi(Z_R) = \phi(1.924) = 0.9726 = 97.26\%$$

若强度的标准差减少为 14MPa，则有

$$Z_R = \frac{180 - 130}{\sqrt{14^2 + 13^2}} = 2.618 \qquad R = \phi(2.618) = 0.9956 = 99.56\%$$

当应力和强度的标准偏差减少时，零件的可靠度就会增加，这个特性在常规的安全系数法中无法反映出来。

15.3.3　受拉零件静强度的可靠性设计

在机械设计中受拉零件较多，作用在零件上的拉伸载荷 $P(\overline{P}, \sigma_P)$、零件的计算截面积 $A(\overline{A}, \sigma_A)$、零件材料的抗拉强度 $\delta(\overline{\delta}, \sigma_\delta)$ 均为随机变量，且一般呈正态分布。若载荷的波动小，则可按静强度问题处理，失效模式为拉断，其静强度可靠性设计步骤如下：

① 选定可靠度 R。

② 计算零件发生强度破坏的概率 F：$F = 1 - R$。

③ 由 F 值查标准正态分布表得到 Z_R 值。

④ 查询零件强度的分布参数 μ_δ、σ_δ。在进行正态函数分布的代数运算时，可按相关公式计算，见表 15-1。

⑤ 列出应力 S 的表达式。

⑥ 计算工作应力。由于截面尺寸 A 是要求的未知量，因此工作应力可表达为 A 的函数。

⑦ 将应力、强度、Z_R 均代入方程得：

$$Z_R = \frac{\mu_\delta - \mu_S}{\sqrt{\sigma_\delta^2 + \sigma_S^2}}$$

求得截面积参数的均值。

表 15-1 独立随机变量的代数运算公式

代数函数	均值 μ_δ	标准差 σ_δ
$z = a$	a	0
$z = ax$	$a\mu_x$	$a\sigma_x$
$z = x+a$	$\mu_x + a$	σ_x
$z = x \pm y$	$\mu_x \pm \mu_y$	$\sqrt{\sigma_x^2 + \sigma_y^2}$
$z = xy$	$\mu_x\mu_y$	$\approx \sqrt{\mu_x^2\sigma_y^2 + \mu_y^2\sigma_x^2}$
$z = x/y$	μ_x / μ_y	$\approx \sqrt{\mu_x^2\sigma_y^2 + \mu_y^2\sigma_x^2} / \mu_y^2$
$z = x^2$	$\mu_x^2 + \sigma_x^2 \approx \mu_x^2$	$\sqrt{4\mu_x^2\sigma_x^2 + 2\sigma_x^4} \approx 2\mu_x\sigma_x$
$z = x^3$	$\mu_x^3 + 3\mu_x\sigma_x^2 \approx \mu_x^3$	$3\mu_x^2\sigma_x$
$z = 1/x$	$1/\mu_x$	$\approx \sigma_x / \mu_x^2$

[**例 15-3**] 设计一拉杆，承受拉力 $P \sim N(\mu_P, \sigma_P^2)$，其中 $\mu_P = 40000\text{N}$，$\sigma_P = 1200\text{N}$，取 45 钢为制造材料，查表知 45 钢的抗拉强度数据为 $\mu_\delta = 667\text{MPa}$，$\sigma_\delta = 25.3\text{MPa}$，服从正态分布。求拉杆的截面尺寸，设拉杆取圆截面，其半径为 r，求 μ_r、σ_r。

解：① 选定可靠度为 $R = 0.999$。

② 计算零件发生强度破坏的概率。

$$F = 1 - R = 1 - 0.999 = 0.001$$

③ 查询标准正态分布表，得 $Z_R = 3.09$。

④ 45 钢强度的分布参数为

$$\mu_\delta = 667\text{MPa}, \quad \sigma_\delta = 25.3\text{MPa}$$

⑤ 列出应力表达式为

$$S = \frac{P}{A} = \frac{P}{\pi r^2}$$

$$\mu_A = \pi\mu_r^2, \quad \sigma_A = 2\pi\mu_r\sigma_r$$

取拉杆圆截面半径得公差为 $\pm\varDelta_r = \pm 0.015\mu_r$，则可求得

$$\sigma_r = \frac{\varDelta_r}{3} = \frac{0.015}{3}\mu_r = 0.005\,\mu_r$$

$$\sigma_A = 2\pi\mu_r\sigma_r = 0.01\,\pi\mu_r^2$$

$$\mu_s = \frac{\mu_P}{\mu_A} = \frac{\mu_P}{\pi\mu_r^2} = \frac{40000}{\pi\mu_r^2}$$

$$\sigma_s = \frac{1}{\mu_A^2}\sqrt{\mu_P^2\sigma_A^2 + \mu_A^2\sigma_P^2} = \frac{1}{(\pi\mu_r^2)^2}\sqrt{(0.01\pi\mu_r^2)^2\mu_P^2 + \sigma_P^2(\pi\mu_r^2)^2}$$

$$= \frac{1}{\pi\mu_r^2}\sqrt{0.01^2\mu_P^2 + \sigma_P^2}$$

⑥ 计算工作应力，得

$$\mu_S = \frac{40000}{\pi\mu_r^2} = 12732.406\frac{1}{\mu_r^2}$$

$$\sigma_s = \frac{1}{\pi\mu_r^2}\sqrt{0.01^2\times40000^2+1200^2} = 402.634\frac{1}{\mu_r^2}$$

⑦ 将应力、强度及 Z_R 代入连接方程，得

$$Z_R = \frac{\mu_\delta-\mu_S}{\sqrt{\sigma_\sigma^2+\sigma_S^2}} = \frac{667-12732.406/\mu_r^2}{\sqrt{25.3^2+402.634^2/\mu_r^4}} = 3.09$$

或

$$\frac{667\mu_r^2-12732.406}{\sqrt{25.3^2\mu_r^4+402.634^2}} = 3.09$$

化简后得

$$\mu_r^4 - 38.710\mu_r^2 + 365.940 = 0$$

解得

$$\mu_r^2 = 22.301 \text{ 和 } \mu_r^2 = 16.410$$

或

$$\mu_r = 4.722\text{mm} \text{ 和 } \mu_r = 4.050\text{mm}$$

代入连接方程验算，取 $\mu_r = 4.722\text{mm}$，舍去 $\mu_r = 4.050\text{mm}$

$$\sigma_r = 0.005\mu_r = 0.005\times4.722\text{mm} = 0.0236\text{mm}$$

$$r = \mu_r \pm \Delta_r = 4.722\text{mm} \pm 3\sigma_r = (4.722\pm0.0708)\text{mm}$$

因此，为保证拉杆的可靠度为 0.999，其半径应为 $(4.722\pm0.0708)\text{mm}$

为进一步分析设计计算结果，可把它与常规设计做一比较。

⑧ 与常规设计比较。为了方便比较，拉杆的材料不变，且仍使用圆截面，取安全系数 $n=3$，则有

$$S = \frac{P}{\pi r^2} \leqslant [S] = \frac{\mu_\delta}{n} = \frac{667}{3}\text{MPa} = 222.333\text{MPa}$$

即有

$$\frac{40000}{\pi r^2} \leqslant 222.333, \quad r^2 \geqslant \frac{40000}{\pi\times222.333} = 57.267$$

得拉杆圆截面的半径为 $r\geqslant7.568\text{mm}$

显然，常规设计结果比可靠性设计结果大了许多。如果在常规设计中采用拉杆半径为 $r=4.722\text{mm}$，即可靠性设计结果，则其安全系数变为

$$n \leqslant \frac{\mu_\delta\pi r^2}{F} = \frac{667\times\pi\times(4.722)^2}{40000} = 1.168$$

这从常规设计来看是不敢采用的，而可靠性设计采用这一结果，其可靠度竟达到 0.999，即拉杆破坏的概率仅有 0.1%。但从连接方程可以看出，要保证这一高的可靠度必须使 μ_δ、σ_δ、μ_s、σ_s 值保持稳定不变。即可靠性设计的先进性是要以材料制造工艺的稳定性及对载

荷测定的准确性为前提条件。

⑨ 敏感度分析。如果本例题的其他条件不变，而载荷及强度的标准差即 σ_s、σ_δ 值均增大，通过具体计算就可以明显看出，由于载荷和强度值分散性的增加，可靠度将迅速下降。因此，当载荷及强度的均值不变时，只有严格控制载荷和强度的分散性才能保证可靠性设计结果能更好地应用。

以上解析解的求解，可以利用 MATLAB 编写程序实现，代码如下所示。

```
Code
clear all
syms r;
alpha=0.03;
R=0.999; zr=norminv (R);
miuD=667; sgmaD=25.3;
miuP=40000; sgmaP=1200;
miuA=pi* r^2;
sgmaA=diff (miuA, r) * alpha *r/3;
miuS=miuP/miuA;
sgmaS=sqrt ((miuP^2* sgmaA^2+miuA^2*sgmaP^2)/(miuA^2+sgmaA^2))/miuA;
[r]=solve ((miuD-mius)/sqrt (sgmaD^2+sgmaS^2)-zr);
r=vpa (r)
Run
r=
4.7407361964439992578479915234762
-4.7407361964439992578479915234762
```

15.3.4　梁的静强度可靠性设计

受集中载荷力 P 作用的简支梁，如图 15-9 所示。力 P、跨度 l、力作用点位置 a 均为随机变量。它们的均值及标准差分别为：载荷 $P(\mu_P, \sigma_P)$，梁的跨度 $l(\mu_l, \sigma_l)$，力作用点位置 $a(\mu_a, \sigma_a)$。

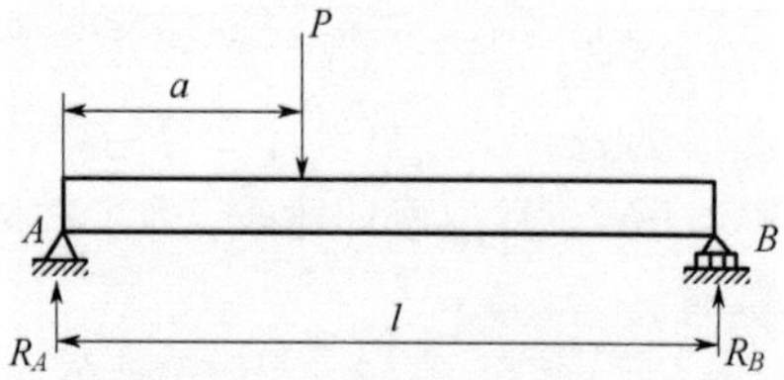

梁的静强度可靠性设计步骤与上面介绍的拉杆的设计步骤类似。

① 选定可靠度 R。

② 计算 $F = 1 - R$。

③ 按 F 值查标准正态分布表得到 Z_R。

④ 确定强度分布参数 μ_δ、σ_δ。

⑤ 列出应力 S 的表达式。梁的最大弯矩发生在载荷力 P 的作用点处，其值为

图15-9　受集中载荷的简支梁

$$M = \frac{Pa(l-a)}{l} \tag{15-33}$$

式中，P、l、a 如图 15-9 所示。

最大弯曲应力则发生在该截面的底面和顶面，其值为

$$S = \frac{MC}{I}$$

式中，S 为应力，MPa；M 为弯矩，N·mm；C 为截面中性轴至梁的底面或顶面的距离，mm；I 为梁截面对中心轴的截面二次矩，mm^4。

⑥ 计算工作应力。将已知量代入上述应力公式，其中包括待求的梁截面的尺寸参数，例如梁截面的高度。

⑦ 将应力、强度的分布参数代入连接方程，求未知量。

[例 15-4] 设计一工字钢简支梁，工字钢的尺寸符号如图 15-10 所示，已知参数如下：

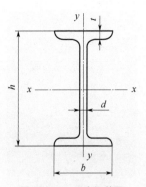

图 15-10　工字梁截面

● 跨距：$l = (3048 \pm 3.175)\text{mm}$，$\mu_l = 3048\text{mm}$，$\sigma_l = 1.058\text{mm}$；

● 梁上受力点至梁一端支承的距离：

$a = (1828.8 \pm 3.175)\text{mm}$，$\mu_a = 1828.8\text{mm}$，$\sigma_a = 1.058\text{mm}$；

● 载荷：$\mu_P = 27011.5\text{N}$，$\sigma_P = 890\text{N}$；

● 工字钢强度：$\mu_\delta = 1171.2\text{MPa}$，$\sigma_\delta = 32.794\text{MPa}$。

试用可靠性设计方法，在保证 $R = 0.999$ 条件下确定工字钢的尺寸。

解：查询《机械设计手册》，工字钢截面尺寸关系有：

$$\frac{b}{t} = 8.88, \quad \frac{h}{d} = 15.7, \quad \frac{b}{h} = 0.92$$

因此

$$\frac{I}{C} = \frac{bh^3 - (b-d)(h-2t)^3}{6h} = 0.0822\,h^3$$

令 $\sigma_h = 0.01\,\mu_h$，则 $\mu_{I/C} = 0.0822\,\mu_h$ 和 $\sigma_{I/C} = 0.002466\,\mu_h$。

具体计算步骤如下：

① 给定 $R = 0.999$。

② 求 $F = 1 - R = 0.001$。

③ 按 F 值查标准正态分布表得到 $Z_R = 3.09$。

④ 强度分布参数已给定：

$$\mu_\delta = 1171.2\text{MPa}, \quad \sigma_\delta = 32.794\text{MPa}$$

⑤ 列出应力表达式：

$$\left.\begin{array}{l} \mu_S = \dfrac{\mu_M}{\mu_{I/C}} \\[2mm] \sigma_S = \sqrt{\left[\dfrac{2}{\mu_{I/C}}\right]^2 \sigma_M^2 + \left[\dfrac{-\mu_M}{\mu_{I/C}^2}\right]^2 \sigma_{I/C}^2} \end{array}\right\} \tag{15-34}$$

⑥ 计算工作应力：

$$\mu_M = \mu_P \mu_a \left(1 - \frac{\mu_a}{\mu_l}\right) = 19759452.48\text{N} \cdot \text{mm}$$

因而

$$\mu_S = \frac{19759452.48}{0.0822\mu_h^3} = \frac{240382633.6}{\mu_h^3}$$

求 σ_M^2：

$$\sigma_M^2 = \left(\frac{\partial M}{\partial P}\right)^2 \sigma_P^2 + \left(\frac{\partial M}{\partial a}\right)^2 \sigma_a^2 + \left(\frac{\partial M}{\partial l}\right)^2 \sigma_l^2$$

$$= \left[\frac{a(l-a)}{2}\right]^2 \sigma_P^2 + \left(P - \frac{2Pa}{l}\right)^2 \sigma_a^2 + \left(\frac{Pa^2}{l^2}\right)^2 \sigma_l^2$$

$$= \left[\frac{1828.8 \times (3048 - 1828.8)}{3048} \right]^2 \times 890^2 \, (\text{N} \cdot \text{mm})^2$$

$$+ \left(27011.5 - \frac{2 \times 27011.5 \times 1828.8}{3048} \right)^2 \times 1.058^2 \, (\text{N} \cdot \text{mm})^2$$

$$+ \left(\frac{27011.5 \times 1822.8^2}{3048^2} \right)^2 \times 1.058^2 \, (\text{N} \cdot \text{mm})^2$$

$$\approx 4.240 \times 10^{11} \, (\text{N} \cdot \text{mm})^2$$

故 $\sigma_M = 651160 \text{N} \cdot \text{mm}$

将以上有关值代入式（15-34），得

$$\sigma_S = \sqrt{ \left(\frac{2}{\mu_{I/C}} \right)^2 \sigma_M^2 + \left(\frac{-\mu_M}{\mu_{I/C}^2} \right)^2 \sigma_{I/C}^2 }$$

$$= \sqrt{ \left\{ \left(\frac{1}{0.0822 \mu_h^3} \right)^2 \times 4.240 \times 10^{11} + \left[\frac{-19759452.48}{(0.0822 \mu_h^3)^2} \right]^2 \times (0.02466 \mu_h^3)^2 \right. }$$

$$= \frac{10712453.33}{\mu_h^3}$$

⑦ 将应力、强度分布参数代入连接方程，求未知量 $\overline{h}$，有

$$Z_R = \frac{\mu_\delta - \mu_s}{\sqrt{\sigma_\delta^2 + \sigma_S^2}} \frac{1171.2 - 240382633.6 / \mu_h^3}{\sqrt{32.794^2 + (10712453.33 / \mu_h^3)^2}} = 3.09$$

解上式可求得 $\mu_h = 62.154 \text{mm}$，这时可靠度满足 $R = 0.999$。

以上解析解的求解，可以利用 MATLAB 编写程序实现，代码如下所示。

```
Code
clear all
format short
sgmaL=3.175/3;sgmaA=3.175/3; % mm
sgmaP=890; % N
sgmaD=32.794; % MPa
% %
syms MbthdPAL
% b=8.88*t; h=15.7*d; b=0.92*h
b=0.92*h; d=h/15.7; t=b/8.88; C=h/2;
I=(b*h^3-(b-d)*(h-2* t)^3)/12; I=vpa(I); IC=I/C;
sgmah=0.01*h; sgmah=vpa(sgmah); % if
sgmaIC=diff(IC)* sgmah;
% %
R=0.999; zr=norminv(R),
% %
M=P*A*(1-A/L);
varM= (diff(M, 'P'))^2* sgmaP^2+(diff(M, 'A'))^2* sgmaA ^2+(diff(M, 'L'))^2* sgmaL^2;
L=3048; % mm
A=1828.8; % mm
P=27011.5; % N
```

```
D=1171.2; % MPa
varM=eval(varM); M=eval (M); S=M/IC;
% %
vars=(2/IC)^2* varM+(-M/(IC^2))^2* sgmaIC^2;
% D:sgmaD; zr, S, varS,
S ans=eval(varS);
% % the solve function only accepts a vary(h)
ft=@(h)((D-eval(S))·/sqrt(sgmaD^2+eval(varS))-zr);
h=fsolve(ft, [2]);
% % the solve function only accepts a vary(h)
h=h(1), b=0.92*h, d=h/15.7, t=b/8.88
Run
zr=3.0902
h=63.5115
b=58.4306
d=4.0453
t=6.5800
```

习题

15-1　什么是产品的可靠性？研究可靠性有何意义？

15-2　什么是可靠度？如何计算可靠度？

15-3　什么是失效率？如何计算失效率？失效率与可靠度有何关系？

15-4　可靠性分布有哪些常用的分布函数？试写出它们的表达式。

15-5　试述浴盆曲线的失效规律和失效机理，如果产品的可靠性提高，浴盆曲线有何变化？

15-6　强度的可靠性设计与常规静强度设计有何不同？

15-7　可靠性设计的基本内容是什么？

15-8　为什么按静强度设计分析为安全零件，而按可靠性后会出现不安全的情况？试举例说明。

15-9　简述机械零件静强度可靠性设计的步骤。

15-10　假设有 100 个产品，在 5 年内有 10 个产品失效，在 6 年中有 15 个产品失效，求 5 年后产品的失效概率是多少？

15-11　有 1000 个零件，已知其失效为正态分布，均值为 500h，标准差为 40h。求：$t=400h$ 时，其可靠度、失效概率为多少？经过多少小时后，会有 20%的零件失效？

15-12　零件的强度 δ 和应力 S 服从正态分布，均值和标准差分别为：$\mu_\delta=200MPa$，$\sigma_\delta=25MPa$，$\mu_S=140MPa$，$\sigma_S=13MPa$，试预计零件的可靠度。若强度的标准差减少到 14MPa，则可靠度将变为多少？

15-13　已知一受拉圆杆承受的载荷为 $P\sim N(\mu_P, \sigma_P)$，其中 $\mu_P=60000N$，$\sigma_P=2000N$，拉杆的材料为某低合金钢，抗拉强度为 $\delta\sim N(\mu_\delta, \sigma_\delta)$，其中 $\mu_\delta=1076MPa$，$\sigma_\delta=42.2MPa$，要求其可靠度达到 $R=0.999$，试设计此圆杆的半径。

15-14　有一方形截面的拉杆，它承受集中载荷 P 的均值为 150kN，标准偏差为 1kN。拉杆材料的抗拉强度的均值为 800MPa，标准偏差为 20MPa，试求保证可靠度为 0.999 时杆件截面的最小边长（设公差为公称尺寸的 1.5%）。

第 16 章

ANSYS Workbench 的六西格玛可靠性分析

16.1　六西格玛可靠性分析简介

　　六西格玛理念最早于 1986 年由被誉为六西格玛之父的 Bill.Smith 在摩托罗拉公司提出，并作为摩托罗拉公司的产品质量考核标准。其含义是：在产品的结构性能服从正态分布的条件下，每一百万件产品中有 3.4 件产品失效的概率，这里所说的六西格玛质量水平是考虑了过程输出质量特性的分布中心相对目标值有±1.5σ 偏移的情况，上、下规格限之间包括 12σ，如图 16-1 所示为六西格玛质量分布示意图，表 16-1 为不同 σ 水平的合格率和缺陷率。

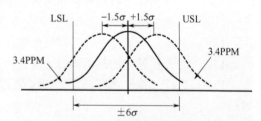

图 16-1　六西格玛质量分布图

表 16-1　不同 σ 水平的合格率与缺陷率

σ 水平	合格率/%	PPM 缺陷率
1.0	30.23	697700
2.0	69.13	308700
3.0	93.32	66810
4.0	99.379	6210
5.0	99.9767	233
6.0	99.99966	3.4

　　ANSYS Workbench 的设计探索优化（Design Exploration）含有 Six Sigma Analysis（SSA）模块，该模块基于 6σ 理论对有限元模型进行可靠性分析，主要用于评估产品性能的可靠性概率，如分析材料属性、几何尺寸、载荷等不确定性输入变量的概率分布对产品的性能如应力、

变形等的影响。判断产品是否符合六西格玛标准，并评测其可靠概率或失效概率。

16.2　六西格玛可靠性分析的基本步骤

运用 ANSYS Workbench 进行六西格玛可靠性分析的步骤如图 16-2 所示。第一步是建立有限元模型并选取模型中的结构参数作为输入变量，然后对模型进行加载并选取一些加载项作为输入变量，接着对模型进行求解并选定求解结果项作为输出变量。第二步是进行实验设计（DOE），首先要定义输入变量的分布类型和特征值的大小，然后选择样本的随机抽样方法，自动生成一定数量大小的样本；第三步是求解并查看响应分析结果，得到不同输入变量对响应结果的影响程度；第四步是设置合理的样本数并运行六西格玛计算，得出不同输入变量对输出变量的可靠度大小。

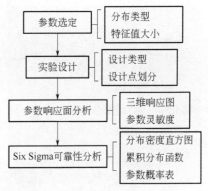

图 16-2　六西格玛可靠性分析步骤

16.3　六西格玛可靠性分析实例——连杆

16.3.1　问题描述

本例将对如图 16-3 所示的连杆进行有限元分析并进行六西格玛优化设计，目的是检查工作时连杆的安全因子是否大于 6，并且决定满足该条件的重要因素有哪些？通过设计确定连杆六西格玛性能。

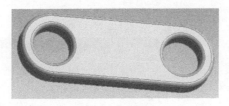

图 16-3　连杆模型

16.3.2　静力学分析

（1）创建结构静力分析项目

在工具箱【Toolbox】的【Analysis Systems】中双击或拖动【Static Structural】到项目分析流程图，并修改系统名称为"连杆静力分析"，如图 16-4 所示。

（2）导入几何模型

右击 A3【Geometry】，在弹出菜单单击【Import Geometry】→【Browse...】，选择光盘的连杆几何模型"ch16\example\con_rod.agdb"文件，如图 16-5 所示。双击 A3【Geometry】，进入 DesignModeler 建模模块，如图 16-6、图 16-7 所示分别为连杆截面尺寸和拉伸厚度尺寸，其中优化参数尺寸是连杆外径 R1、中心距 V2 以及连杆厚度 FD1。

回到项目管理界面，如图 16-8 所示，此时，分析小头孔出现参数序列【Parameter Set】，双击【Parameter Set】可以显示参数尺寸，如图16-9所示。

连杆静力分析

图16-4　创建模态分析系统

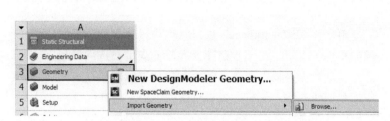

图16-5　导入连杆几何模型

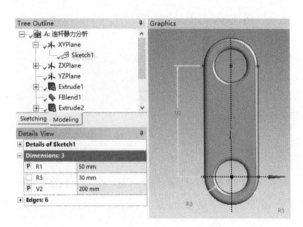

图16-6　连杆截面尺寸

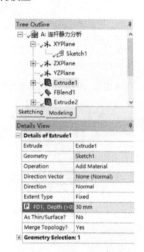

图16-7　连杆拉伸厚度尺寸

连杆静力分析

图16-8　导入参数化模型后的分析系统

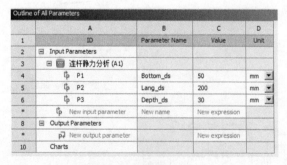

图16-9　显示参数尺寸

（3）划分网格

双击【Model】进入 Mechanical 模块，选择结构树中的【Mesh】，在【Details of "Mesh"】中选择【Defaults】→【Element Size】输入单元尺寸"10.0mm"，如图16-10所示。然后右键单击导航树中【Mesh】，弹出菜单，选择【Generate Mesh】，生成网格，如图16-11所示。

（4）施加边界条件

① 施加固定约束。

右键单击导航树的【Static Structural】，选择弹出菜单的【Insert】→【Fixed Support】，选

择连杆一端圆孔的小块圆弧面为固定端，如图 16-12 所示。

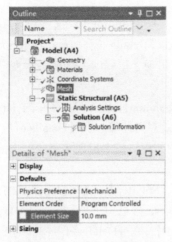

图 16-10　设置全局网格大小

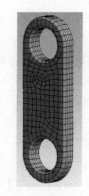

图 16-11　网格划分结果

② 施加载荷约束。

右键单击导航树的【Static Structural】，选择弹出菜单的【Insert】→【Force】，在工具栏【Details of “Force”】中的【Scope】→【Geometry】选择连杆另一端圆孔的小块圆弧面为施力面，如图 16-13 所示，在【Definition】→【Define By】选择“Components”，在【Y Components】输入数值“−10000N”，如图 16-14 所示。施加边界条件结果如图 16-15 所示。

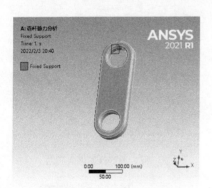

图 16-12　施加固定约束

图 16-13　施加力载荷

Details of "Force"

Scope	
Scoping Method	Geometry Selection
Geometry	1 Face
Definition	
ID (Beta)	29
Type	Force
Define By	Components
Applied By	Surface Effect
Coordinate System	Global Coordinate System
X Component	0. N (ramped)
Y Component	-10000 N (ramped)
Z Component	0. N (ramped)
Suppressed	No

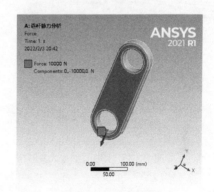

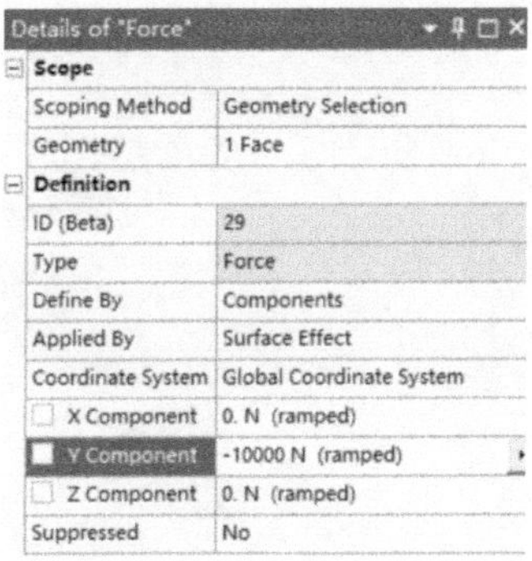

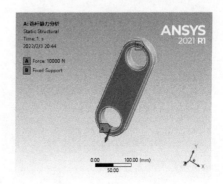

图 16-14　设置力的大小

图 16-15　施加边界条件结果

（5）求解及显示结果

① 添加需要计算的结果。

右键单击导航树的【Static Structural】→【Solution】，选择弹出菜单的【Insert】→【Deformation】→【Total】，添加变形计算。在【Details of "Total Deformation"】窗口中点击【Results】→【Maximum】前面的方框，使之出现字母"P"，即使最大变形作为输出参数，如图16-16所示。

右键单击导航树的【Static Structural】→【Solution】，选择弹出菜单的【Insert】→【Stress】→【Equivalent（von-Mises）】，添加冯-米塞斯等效应力计算。在【Details of "Equivalent Stress"】窗口中点击【Results】→【Maximum】前面的方框，使之出现字母"P"，即使最大应力作为输出参数，如图16-17所示。

右键单击导航树的【Static Structural】→【Solution】，选择弹出菜单的【Insert】→【Stress Tool】→【Max Equivalent Stress】，如图16-18所示，导航树出现【Stress Tool】，点击【Stress Tool】，展开显示【Safety Factor】，点击【Safety Factor】，在【Details of "Safety Factor"】窗口中点击【Results】→【Minimum】前面的方框，使之出现字母"P"，即使最小安全因子作为输出参数，如图16-19所示。

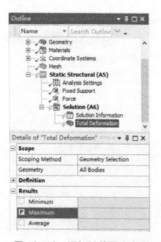

图16-16 添加计算最大变形

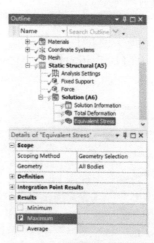

图16-17 添加计算最大应力

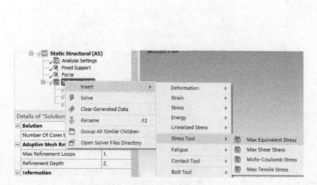

图16-18 插入应力工具

图16-19 使得最小安全因子参数化

② 进行求解计算。

右键单击【Solution】→【Solve】进行求解计算。

③ 查看结果。

单击【Solution】→【Total Deformation】，连杆变形如图 16-20 所示。

单击【Solution】→【Equivalent Stress】，连杆应力如图 16-21 所示。

单击【Solution】→【Stress Tool】→【Safety Factor】，连杆安全因子如图 16-22 所示，最小安全因子为 5.8769，接近期望值 6.0，在计算中包含认为的不确定性，因此下面将应用 Design Exploration 的六西格玛来分析。

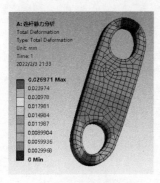 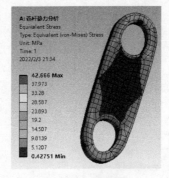 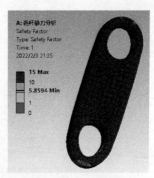

图 16-20　连杆变形　　　图 16-21　连杆应力　　　图 16-22　连杆安全因子

16.3.3　六西格玛分析

（1）创建六西格玛分析

双击工具箱【ToolBox】→【Design Exploration】→【Six Sigma Analysis】，创建六西格玛优化设计分析系统，如图 16-23 所示。

（2）DOE 设计

① 确定 DOE 类型。

双击六西格玛分析系统 B2【Design of Experiment（SSA）】，进入 Design of Experiment（DOE）模块，在窗口【Outline of Schematic B2：Design of Experiments（SSA）】中点击【Design of Experiment（SSA）】，在窗口【Properties of Outline：Design of Experiment（SSA）】确定【Design of Experiment Type】为"Central Composite Design"，如图 16-24 所示。

 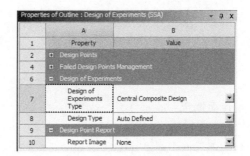

图 16-23　六西格玛分析系统　　　　图 16-24　DOE 分析类型

② 更改输入参数。

在窗口【Outline of Schematic B2：Design of Experiments（SSA）】中点击【P1-Bottom_ds】，在窗口【Properties of Outline：P1-Bottom_ds】将【Standard Deviation】改为"0.8"，如图 16-25 所示，参数 P1-Bottom_ds 为正态分布。同样，将参数 P2-Lang_ds、P3-Depth_ds 的标准差也改为"0.8"。

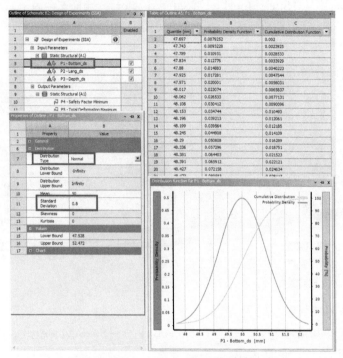

图 16-25　更改输入参数标准差

③ 更新数据。

单击工具栏的【Preview】按钮，如图 16-26 所示，可以在窗口【Table of Schematic B2:Design of Experiments（SSA）】中预览 16 个 DOE 设计点。点击工具栏的【Update】按钮，如图 16-27 所示，更新计算 16 个设计点结果，这个过程需要较长的计算时间，计算结果如图 16-28 所示。计算完成后，返回项目管理模块界面。

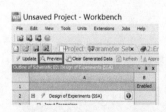

图 16-26　预览 DOE 设计点

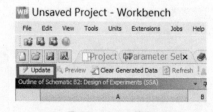

图 16-27　计算设计点

（3）响应面拟合

① 响应面类型。

在项目管理界面中双击【B3：Response Surface（SSA）】，进入【Response Surface】模块。在窗口【Outline of Schematic B3：Response Surface（SSA）】中点击【Response Surface

（SSA）】，在窗口【Properties of Outline：Response Surface（SSA）】确定【Response Surface Type】
为"完全二次多项式"，如图 16-29 所示。

	A	B	C	D	E	F	G
Table of Outline A2: Design Points of Design of Experiments							
1	Name	P1 - Bottom_ds (mm)	P2 - Lang_ds (mm)	P3 - Depth_ds (mm)	P4 - Safety Factor Minimum	P5 - Total Deformation Maximum (mm)	P6 - Equivalent Stress Maximum (MPa)
2	1 DP	50	200	30	5.8594	0.026971	42.666
3	2	47.528	200	30	4.5963	0.032233	54.392
4	3	52.472	200	30	7.0683	0.023735	35.369
5	4	50	197.53	30	5.8596	0.026927	42.665
6	5	50	202.47	30	5.8599	0.027011	42.663
7	6	50	200	27.528	5.3134	0.02966	47.051
8	7	50	200	32.472	6.3807	0.024727	39.18
9	8	47.99	197.99	27.99	4.4142	0.033535	56.635
10	9	52.01	197.99	27.99	6.1028	0.026161	40.965
11	10	47.99	202.01	27.99	4.4379	0.033584	56.332
12	11	52.01	202.01	27.99	6.1017	0.026235	40.972
13	12	47.99	197.99	32.01	5.1204	0.028919	48.824
14	13	52.01	197.99	32.01	7.0742	0.022579	35.34
15	14	47.99	202.01	32.01	5.1481	0.02896	48.561
16	15	52.01	202.01	32.01	7.073	0.022644	35.346

图 16-28　DOE 设计点计算结果

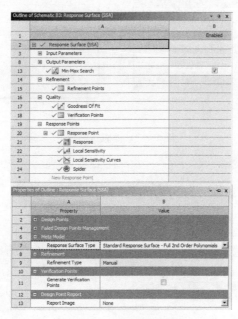

图 16-29　响应面类型设置

② 更新响应面计算。

单击工具栏的【Update】按钮，进行响应面的更新。

③ 查看响应面结果。

a．响应面拟合结果——拟合优度（Goodness of Fit）。

在大纲窗口中单击【Quality】→【Goodness of Fit】，得到拟合优度图，如图 16-30 所示，
响应面拟合精度较高。

b．响应面拟合结果——响应曲线、曲面（Response）。

在大纲窗口中单击【Response Point】→【Response】，在【Properties of Outline：Response】
窗口中设置【Mode】为"2D"，可以得到输入输出参数响应曲线，如图 16-31 所示为输入参数
P1-Bottom_ds 与最大变形的响应关系曲线。如果设置【Mode】为"3D"，可以得到输入输出参
数响应曲面，如图 16-32 所示为输入参数 P1-Bottom_ds、P2-Lang_ds 与最大变形的响应关系曲面。

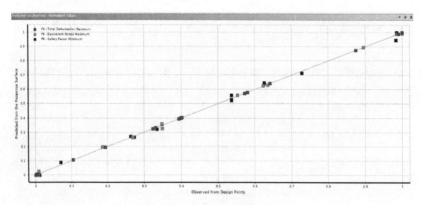

图 16-30　拟合优度

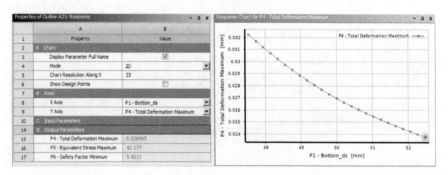

图 16-31　响应面曲线

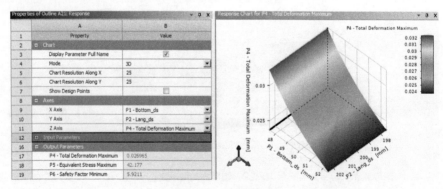

图 16-32　响应面曲面

c．响应面拟合结果——蛛网图（Spider Chart）。

在大纲窗口中单击【Response Point】→【Spider】，可以得到蛛网图，如图 16-33 所示，它反映输入参数（P1-Bottom_ds、P2-Lang_ds 和 P3-Depth_ds）对输出参数（连杆最大变形、最大应力和最小安全系数）的影响。

d．响应面拟合结果——敏感性直方图（Local Sensitivities）。

在大纲窗口中单击【Response Point】→【Local Sensitivities】，可以得到敏感性直方图，如图 16-34 所示，它反映输入参数（P1-Bottom_ds、P2-Lang_ds 和 P3-Depth_ds）与输出参数（连杆最大变形、最大应力和最小安全系数）的相关性。

（4）六西格玛计算

在项目管理界面中双击【B4：Six Sigma Analysis】，进入【Six Sigma Analysis】模块。

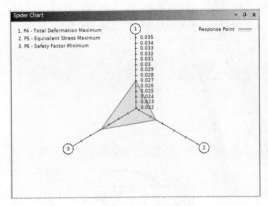

图 16-33　蛛网图

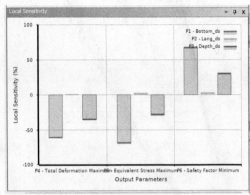

图 16-34　敏感性直方图

在窗口【Outline of Schematic B4：Six Sigma Analysis】中点击【Six Sigma Analysis】，在窗口【Properties of Outline：Six Sigma Analysis】更改【Number of Samples】为 "10000"，如图 16-35 所示。然后点击工具栏的【Update】按钮更新计算。

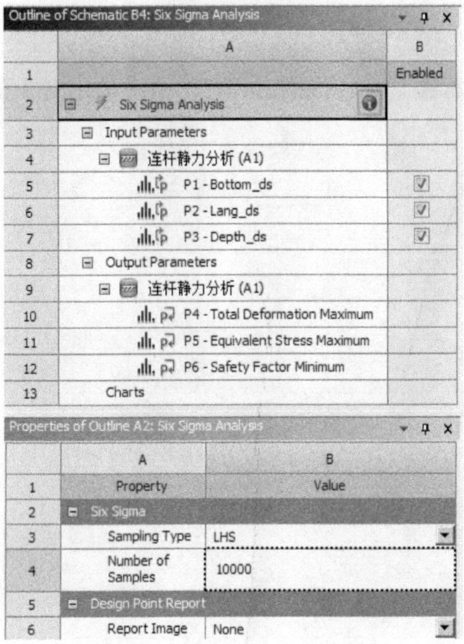

图 16-35　【Six Sigma Analysis】模块

(5) 查看结果

单击窗口【Outline of Schematic B4：Six Sigma Analysis】的参数 P5-Equivalent Stress Maximum，查看柱状图和累积分布函数图，如图 16-36 所示，左侧纵坐标为概率密度，右侧纵坐标为可靠度。从图中的应力取值分布图可知，最大应力取值在 65～75MPa 的概率最大，并且最大等效应力近似服从正态分布，证明模拟次数是充足的；从累积分布函数中得到的最大等效应力小于 50MPa 的可靠度约为 0.98766。

单击窗口【Outline of Schematic B4：Six Sigma Analysis】的参数 P6-Safety Factor Minimum，在窗口【Table of Outline A12：Statistics for P6-Safety Factor Minimum】中，在中间新建单元格中输入安全因子 "6"，如图 16-37 所示，表格显示安全因子低于 6 的可能性为 59.797%。

301

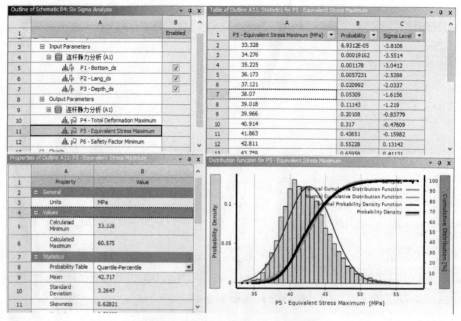

图 16-36 柱状图和累积分布函数图

	A	B	C
1	P6 - Safety Factor Minimum	Probability	Sigma Level
11	5.3978	0.12221	-1.164
12	5.5172	0.18731	-0.88786
13	5.6365	0.2695	-0.61432
14	5.7559	0.37366	-0.32218
15	5.8752	0.48317	-0.042191
16	6	0.59797	0.24809
17	6.1139	0.70583	0.54126
18	6.2332	0.80425	0.85688
19	6.3526	0.8775	1.1626
20	6.4719	0.93135	1.4859
21	6.5912	0.96173	1.7711
22	6.7106	0.98106	2.0762
23	6.8299	0.99225	2.4203
24	6.9493	0.99656	2.7026
25	7.0686	0.99943	3.2526
26	7.1879	0.99978	3.5115
27	7.3073	0.99987	3.649
28	7.4266	0.99993	3.8106
*			

图 16-37 安全因子概率

习题

16-1　六西格玛标准是什么?

16-2　ANSYS Workbench 六西格玛分析主要有哪些功能?

16-3　简述 ANSYS Workbench 六西格玛分析基本步骤。

16-4　利用 ANSYS Workbench 六西格玛模块对 3.8 节的支座实例模型（ch03\example2\支座静力分析）进行可靠性分析。模型中支座肋板厚度和弯板厚度尺寸均为正态分布,标准差为0.8。要求分析肋板厚度和弯板厚度对支座性能的影响,检查其工作时安全因子是否大于 4,确定其六西格玛性能。

参考文献

[1] 任继文，胡国良，龙铭. ANSYS 18.0 机械与结构有限元分析实例教程[M]. 北京：化学工业出版社，2018.

[2] 胡国良，任继文. ANSYS 11.0 有限元分析入门与提高[M]. 北京：国防工业出版社，2009.

[3] 胡国良，任继文，龙铭. ANSYS 13.0 有限元分析实用基础教程[M]. 北京：国防工业出版社，2012.

[4] 孟宪颐. 现代设计方法基础[M]. 北京：机械工业出版社，2016.

[5] 买买提明·艾尼，陈华磊，王晶. ANSYS Workbench18.0 有限元分析入门与应用[M]. 北京：机械工业出版社，2018.

[6] 天工在线. ANSYS Workbench17.0 有限元分析从入门到精通[M]. 北京：中国水利水电出版社，2018.

[7] 臧勇. 现代机械设计方法.第 2 版[M]. 北京：冶金工业出版社，2011.

[8] 房亚东，陈桦. 现代设计方法与应用[M]. 北京：机械工业出版社，2017.

[9] 叶南海，戴宏亮. 机械可靠性设计与 MATLAB 算法[M]. 北京：机械工业出版社，2018.

[10] 邓凡平. ANSYS 10.0 有限元分析自学手册[M]. 北京：人民邮电出版社，2007.

[11] 李黎明. ANSYS 有限元分析实用教程[M]. 北京：清华大学出版社，2005.

[12] 吕建国，胡仁喜，康士廷. ANSYS 15.0 机械与结构有限元分析从入门到精通[M]. 北京：机械工业出版社，2015.

[13] 倪栋. 通用有限元分析 ANSYS 7.0 实例精解[M]. 北京：电子工业出版社，2003.

[14] Saeed Moaveni. 有限元分析——ANSYS 理论与应用[M]. 欧阳宇，王崧，等译. 北京：电子工业出版社，2003.

[15] Daryl L. Logan. 有限元方法基础教程. 第 3 版[M]. 伍义生，吴永礼，等译. 北京：电子工业出版社，2003.

[16] 张朝晖. ANSYS 12.0 结构分析工程应用实例解析.第 3 版[M]. 北京：机械工业出版社，2010.

[17] Jiwen Ren, Honghai Zhang, Sheng Liu, et al. Simulations and Modeling of Planar Amperometric Oxygen Sensors[J]. Sensors and Actuators B. 2007, 123(1).

[18] Jiwen Ren, Juanlin Huang, Qiping Chen, et al. Analysis and research of in-wheel motor temperature field for electric vehicles[J]. International Journal of Electric and Hybrid Vehicles, 2018, 10(4): 319-333.

[19] Jiwen Ren, Feng Zhou, Naibin Wang, et al. Multi-Objective Optimization Design and Dynamic Performance Analysis of an Enhanced Radial Magnetorheological Valve with Both Annular and Radial Flow Paths [J]. Actuators 2022, 11, 120.

[20] 任继文，成佐明. 平板式汽车氧传感器冷启动热应力耦合场分析[J]. 仪表技术与传感器，2014, (7).

[21] 任继文，徐雅琦. 平板式极限电流型氧传感器热应力数值分析[J]. 仪表技术与传感器，2015, (2).

[22] 任继文，蔡福兵. 新型平板式汽车氧传感器的结构设计与数值模拟[J]. 仪表技术与传感器，2016, (7).

[23] 任继文，汪金虎. 某双离合变速器齿轮的接触应力分析[J].现代机械，2015, (4).

[24] Ren Jiwen, Dong Lianjie.Effect of Process Parameters on Residual Thermal Stress in Laser Sintering Process[C]. ISMR, 第三届 "现代铁路创新与可持续发展" 国际学术研讨会，2012.

[25] 任继文，殷金菊. 选择性激光烧结金属粉末瞬态温度场模拟[J]. 机床与液压，2012, (1).

[26] 任继文，刘建书. 工艺参数对 316 不锈钢粉末激光烧结温度场的影响[J].组合机床与自动化加工技术，2010, (8).

[27] 任继文.铈锆储氧材料在浓差型汽车氧传感器中的应用研究[J].仪器仪表学报，2010, 5: 1029-1034.

[28] Jiwen Ren, Jianshu Liu, Jinju Yin. Simulation of Transient Temperature Field in the Selective Laser Sintering Process of W/Ni Powder Mixture[C]. The 2010 International Conference on Intelligent Nondestructive Detection & Information Processing Technology (INDIP2010).

[29] 任继文，刘建书. 扫描路径对激光烧结温度场的影响[J].机床与液压，2010, (10).

[30] 丁立. 六西格玛的起源与发展[J]. 中国商界，2009, (1): 224.

[31] 龚淼，杨念萱，程晓明. 高质量来源于六西格玛（6Sigma）——一个新的管理理念[J]. 汽车与配件，2003, (7): 22-23.